龙芯中科介绍 ➜

通用处理器是信息产业的基础部件，是电子设备的核心器件。通用处理器是关系到国家命运的战略产品之一，其发展直接关系到国家技术创新能力，关系到国家安全，是国家的核心利益所在。

中科院计算所从2001年开始研制龙芯系列处理器，经过十多年的积累与发展，于2010年由中国科学院和北京市政府共同牵头出资，正式成立龙芯中科技术有限公司，旨在将龙芯处理器的研发成果产业化。

龙芯中科面向国家信息化建设的需求，面向国际信息技术前沿，以安全可控为主题，以产业发展为主线，以体系建设为目标，坚持自主创新，掌握计算机软硬件的核心技术，为国家安全战略需求提供自主、安全、可靠的处理器，为信息产业及工业信息化的创新发展提供高性能、低成本、低功耗的处理器。

龙芯中科公司致力于龙芯系列CPU设计、生产、销售和服务。主要产品包括面向行业应用的专用小CPU、面向工控和终端类应用的中CPU、以及面向桌面与服务器类应用的大CPU。为满足市场需求，龙芯中科设有安全应用事业部、通用事业部、嵌入式事业部和广州子公司。在国家安全、电脑及服务器、工控及物联网等领域与合作伙伴展开广泛的市场合作。

龙芯中科拥有高新技术企业、软件企业、国家规划布局内集成电路设计企业、高性能CPU北京工程实验室以及相关安全资质。

LOONGSON 龙芯

龙芯历程 ➜

2001
2001年5月
在中科院计算所知识创新工程的支持下，龙芯课题组正式成立

2001年8月
龙芯1号设计与验证系统成功启动Linux操作系统

2002
2002年8月
我国首款通用CPU龙芯1号（代号XIA50）流片成功

2003
2003年10月
我国首款64位通用CPU龙芯2B（代号MZD110）流片成功

2004
2004年9月
龙芯2C（代号DXP100）流片成功

2006
2006年3月
我国首款主频超过1GHz的通用CPU龙芯2E（代号CZ70）流片成功

2007
2007年7月
龙芯2F（代号PLA80）流片成功，龙芯2F为龙芯第一款产品芯片

2009
2009年9月
我国首款四核CPU龙芯3A（代号PRC60）流片成功

2010
2010年4月
由中国科学院和北京市共同牵头出资入股，成立龙芯中科技术有限公司，龙芯正式从研发走向产业化

2012
2012年10月
八核32纳米龙芯3B1500流片成功

2013
2013年12月
龙芯中科技术有限公司迁入位于海淀区温泉镇的中关村环保科技示范园龙芯产业园内

2015
2015年8月
龙芯新一代高性能处理器架构GS464E发布

2015年11月
发布第二代高性能处理器产品龙芯3A2000/3B2000，实现量产并推广应用

2017
2017年4月
龙芯最新处理器产品龙芯3A3000/3B3000实现量产并推广应用

2017年10月
龙芯7A桥片流片成功

龙芯CPU产品 ➡

	Big CPU 桌面/服务器类	Middle CPU 终端/工控类	Small CPU 专用类
2015年之前	LS3A1000 LS3B1500	LS2F LS2H LS2I	LS1A LS1B LS1C LS1D
2016年	LS3A/B2000		
2017年	LS3A/B3000	LS2K1000	LS1J0100 LS1E0300
2018年	LS7A1000		LS1B0500 LS1F0300
2019年	LS3A/B4000	LS2K2000	Application specific embedded SoC's
2020年	LS3C5000		

LOONGSON 龙芯

龙芯 CPU 开源计划与院校合作 ➡

在2016中国计算机大会期间，由教育部高等学校计算机类专业教学指导委员会和中国计算机学会教育专委会主办，由龙芯中科等单位承办的"面向计算机系统能力培养的龙芯CPU高校开源计划"在太原湖滨国际酒店举行。在活动中，龙芯中科宣布将GS132和GS232两款CPU核向高校开源。

将知识融会贯通，就离不开具体实践，在龙芯将GS132和GS232两款CPU核向高校和学术界开源后，大学老师可以基于龙芯平台设计实验课程，使学生可以在真实的CPU上运行真实的操作系统，在龙芯实验平台上启动操作系统并进行性能分析。龙芯还研发了CPU实验平台、操作系统实验平台、并行处理实验平台等数款龙芯教学平台，通过为高校提供完整的线上、线下实验环境，助力教学改革和计算机专业学生的系统能力培养，实现"设计真实处理器，运行真实操作系统"。

目前龙芯开源计划（LUP）正式接收高校申请，高校老师可以登录龙芯开源计划官方网站（http://www.loongson.cn/lup），下载《面向计算机系统能力培养的龙芯CPU高校开源计划试点院校申报书》，填写后发邮件到yangkun@loongson.cn。

一、龙芯 CPU开源内容

- 龙芯开源 CPU IP
  - GS132：单发射、32位，静态执行（三级流水），无cache、TLB
  - GS232：双发射、32位，乱序执行（五级流水），带cache、TLB
  - MIPS32 release1 兼容
  - 32/64 AXI 接口
- 提供配套说明文档
  - 使用说明手册、设计文档等
- 提供配套开发环境与实验平台
  - 线上、线下
- 使用限制
  - 仅限自用（教学、学术研究），不得提供给第三方
  - 不得用于盈利目的（商业用途）

二、实验平台系列拓展

多核
龙芯3号
多功能操作系统
教学实验系统

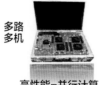
多路
多机
高性能-并行计算
教学实验系统

单片
SoC
嵌入式-物联网
综合实验系统

FPGA
CPU设计与体系结构
教学实验系统

LOONGSON 龙芯

★ ★ ★
"十三五"
国家重点出版物出版规划项目

龙芯中科
LOONGSON TECHNOLOGY
中国自主产权
芯片技术与应用丛书

龙芯

应用开发标准教程

靳国杰 张戈 胡伟武 ◉ 著

人民邮电出版社
北京

图书在版编目（ＣＩＰ）数据

龙芯应用开发标准教程 / 靳国杰，张戈，胡伟武著
. -- 北京 : 人民邮电出版社，2018.12（2021.4重印）
（中国自主产权芯片技术与应用丛书）
ISBN 978-7-115-49636-2

Ⅰ．①龙… Ⅱ．①靳… ②张… ③胡… Ⅲ．①微处理
器－系统设计－教材 Ⅳ．①TP332.2

中国版本图书馆CIP数据核字(2018)第235128号

内 容 提 要

建立自主的 IT 技术体系，核心是研制 CPU、操作系统，并且完成应用开发或迁移。本书全面讲述龙芯电脑的操作系统、软件环境和开发工具，汇集 Linux 领域的主流开发语言，采用龙芯在推广过程中的大量实际项目，展示从 X86 电脑向龙芯电脑迁移应用系统的经验和方法。

本书代表了龙芯最优秀的一线团队在研发和市场上探索的成果，具有很强的原创性、系统性和权威性。本书不仅适用于龙芯应用软件开发者，而且对 X86 电脑上的 Linux 开发者也有极强的启示意义。

◆ 著　　　　靳国杰　张　戈　胡伟武
　　责任编辑　俞　彬
　　责任印制　马振武
◆ 人民邮电出版社出版发行　　北京市丰台区成寿寺路 11 号
　　邮编　100164　　电子邮件　315@ptpress.com.cn
　　网址　http://www.ptpress.com.cn
　　固安县铭成印刷有限公司印刷
◆ 开本：787×1092　1/16
　　印张：24　　　　　　　　　　彩插：2
　　字数：520 千字　　　　　　　2018 年 12 月第 1 版
　　印数：5 801 – 6 100 册　　　　2021 年 4 月河北第 3 次印刷

定价：69.00 元

读者服务热线：(010)81055410　印装质量热线：(010)81055316
反盗版热线：(010)81055315
广告经营许可证：京东市监广登字20170147号

致 谢

本书的编写不仅是笔者的功劳，更是龙芯团队在近 10 年的软件开发实践中的集体成果，每一行代码、每一个案例背后都有一批工程师的智慧和经验，特别感谢龙芯公司系统研发部的高翔、王洪虎、彭飞、敖琪、傅杰、姚长力、李雪峰、汪雷，以及通用事业部的李超、赵雪峰、黄楷、朱宏勋对本书提供的帮助。

在写作过程中得到金山公司、神舟通用数据库等国产软件领军企业的大力协助。

人民邮电出版社的俞彬先生和任芮池编辑在全书的选题立意、素材组织、写作技巧方面给予了高屋建瓴的指导。

感谢多年以来为建设龙芯软件生态而付出努力和汗水的开拓者们！

前　言

　　中国人的电脑要使用自己设计的 CPU，这个曾经的梦想已经成为现实。龙芯 CPU 的性能不断提升，龙芯电脑和操作系统不断完善，龙芯公司已经把软件生态建设提升到发展战略的高度，全方位展开面向开发者的推广活动，建立龙芯应用公社，联合高校开展基于龙芯 CPU 的计算机基础教育，一场围绕中国自主设计 CPU 的 IT 生态建设大戏即将开演。

　　对于软件开发者来说，转移到龙芯电脑从事开发工作只是时间早晚的问题。在过去 30 年中，开发者在 Intel 和 Windows 联合打造的信息化基础平台上创造了难以胜数的应用软件，在面对龙芯这个新平台时难免会望而生畏。笔者接触的很多开发者在初次接触龙芯电脑时都有无从下手的感觉。如果有一本书能够针对有经验的开发者全面讲述龙芯电脑的操作系统、软件环境和开发工具，重点介绍龙芯电脑与 X86 电脑的差异，清晰梳理整个软件栈的组成关系，再辅之以翔实的案例展示向龙芯电脑上迁移应用系统的经验和方法，它无疑是极为必要和及时的。

　　笔者在近 10 年中一直从事龙芯电脑上的软件开发，深感现在专门讲解龙芯软件开发技术的著作十分匮乏，龙芯电脑的供应渠道还很有限，有志于投身龙芯生态的开发者长期处于"只闻其名，不见其面"的境地。为了推动开发者掌握龙芯电脑上的应用软件迁移、适配、优化技术，笔者特将多年的心得体会汇集成本书。本书具有以下特色。

　　1. 本书是首次全面介绍龙芯电脑、操作系统和软件环境的图书。以龙芯自有的操作系统 Loongnix 为开发平台，涵盖了 Java、中间件、数据库、浏览器、Qt、PHP、Python、Ruby、3D、Go、云平台等基础软件，内容基本上可以满足任何类型的编程开发。以往 X86 电脑上的软件，无论是基于 Windows 还是 Linux 开发，都可以参照本书提供的思路，快速迁移到龙芯电脑上。

　　2. 全面汇集了 Linux 开源领域的主流开发语言和平台工具。

不仅有传统的 Java、PHP、Python 等 Web 编程语言，还包含了 Node.js、Go 等互联网时代兴起的新语言，甚至包含了Hadoop、MongoDB、Docker 等云计算和大数据应用引擎。由此也可以看出龙芯的软件生态已经非常丰富、实用。

3. 技术理论和实践相结合，对每一种开发语言提供至少一个实际案例。从编写源代码开始，经过编译过程，直至在龙芯电脑上运行起来，逐步讲述每一个案例的实现细节。由于本书的写作目的是从全景介绍所有开发语言，而不准备深入讲解任何一门语言的具体细节，因此不会逐行讲解源代码，而是尽量概括地介绍这种语言的优点、适用的场景以及迁移到龙芯电脑上会遇到的典型问题和解决方法。这样的好处是能够在最短时间内给读者提供开发语言的选型参考，读者在本书的指引下能够选择出适合自己应用开发需求的编程语言，然后再寻找专门讲解这种编程语言的图书来深入学习。

4. 本书所选用的素材大部分来自于龙芯团队原汁原味的开发资料。针对每一种开发语言给出的案例程序都取材于某个真实的项目，大部分案例都基于实际使用的产品，例如龙芯应用公社、动态壁纸、应用程序打包器、Hadoop、NASA WorldWind、Docker 平台等，这些程序天天都在龙芯用户的电脑上运行着，笔者相信只有亲自开发的项目才有最强的教育意义。

5. 不仅重视功能开发，还提供了性能优化的思路。一款优秀的软件不仅要满足预定的功能，更要重视性能，在设计和编码阶段都要考虑性能问题。以往在 X86 电脑上开发应用软件时，出于时间和成本的考虑，人们往往来不及把软件本身进行深入的优化，这样在迁移到龙芯电脑上时很容易暴露性能问题。本书针对每一种开发语言都有一个"性能优化"的话题，讲述性能分析的方法和工具，找到性能瓶颈点，以及进行性能优化的手段。

生态建设的核心是价值传递，龙芯生态建设的当务之急就是把龙芯团队自身的价值传递给数以万计的开发者。对于每一位在X86 电脑上有经验的开发者，看完本书之后能够对龙芯电脑建立起清晰的认识，按照本书提供的渠道获取一台龙芯电脑，学习每一种开发语言和案例，掌握从 X86 电脑到龙芯电脑迁移应用系统的能力，进而将以往 X86 电脑的应用系统迁移到龙芯电脑上，一起为龙芯生态大厦添砖加瓦。

龙芯生态建设的高潮即将到来，愿以本书作为开场序幕，为加快自主信息化推波助澜。由于笔者水平和经验有限，虽然在写作本书的过程中投入了巨大的精力，并且邀请龙芯技术人员进行了多轮审阅，但是难免会存在疏漏，敬请读者批评指正。

靳国杰　张　戈　胡伟武
2018 年 10 月于龙芯公司

CONTENTS

目 录

CONTENTS
目　录

CONTENTS
目 录

第01章

龙芯电脑

　　龙芯 CPU 是中国人自己设计的中央处理器。CPU 是一台电脑中最重要的部件，可以说是整个电脑的"神经中枢"，电脑中其他部件都是在 CPU 的指挥下工作的。龙芯已经有将近 20 年的历史，龙芯 CPU 最开始是中国科学院计算技术研究所发起的一项科研工作，从 2010 年开始进行产品和市场推广，现在其性能已经达到能够满足日常应用处理的水平，办公、上网、娱乐、游戏都能应对自如，完全有能力替代国外的 CPU。笔者衷心希望大家支持中国人自己的 CPU，早日转向龙芯电脑完成每一天的工作。

　　读者以前从市场上买到的联想、戴尔、惠普等品牌电脑都是使用同一种类型的 CPU，那就是 X86 系列的 CPU，这是 Intel、AMD 生产的 CPU 的统称。基于 X86 系列的 CPU 生产的电脑总称为 X86 电脑。龙芯有和 X86 不同的 CPU，基于龙芯 CPU 生产的电脑总称为龙芯电脑。本章将介绍龙芯电脑和 X86 电脑的区别，龙芯电脑的特点、购买渠道，以及龙芯软件生态的基础知识。

学习目标

了解龙芯电脑的特点及其与市面上 X86 电脑的区别，掌握龙芯电脑产品种类、龙芯电脑主板架构、操作系统 Loongnix 以及进行应用开发的软件环境，为后面各章节学习应用开发奠定基础。

学习重点

重点掌握 CPU 在一台电脑中的地位和作用，了解 LoongISA、X86 等指令集的区别，明晰 Linux 操作系统的基本操作和命令，知晓购买龙芯电脑的渠道，掌握在龙芯电脑上进行日常操作的基本技能。

主要内容

龙芯 CPU 和 X86 的区别

指令集的概念

龙芯为什么不能运行 Windows

CPU 的复杂性

Loongnix 操作系统

龙芯软件生态

龙芯应用开发者的技能组成

龙芯应用开发环境

1.1 龙芯电脑和 X86 电脑的区别

龙芯电脑产品系列很丰富，包括台式机、笔记本电脑、服务器、平板电脑等各种形态，典型产品如图 1-1 所示。

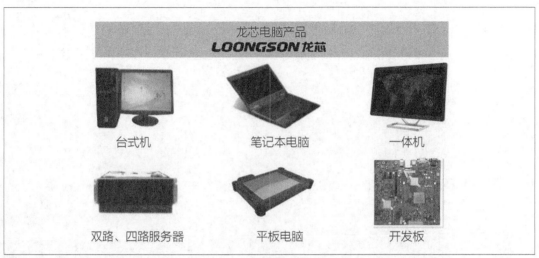

图 1-1　丰富的龙芯电脑产品

从外观上看，龙芯电脑和市场上购买的电脑好像没有什么不同，实际上有着本质的区别，那么，究竟龙芯电脑有哪些特色呢？

1. 龙芯电脑的 CPU 和 Intel、AMD 是不兼容的

Intel 设计和生产了 X86 的 CPU，最早是从 8086/80286/80386/80486/80586 开始，后来改换成奔腾、赛扬、酷睿、凌动、至强等型号名称，它们都运行相同的指令集，在功能上是"兼容的"。后来 Intel 把 X86 授权给 AMD、威盛等厂商，这些拿到授权的厂商也可以设计和生产与 X86 相兼容的 CPU，在本质上都是属于和 Intel 同类的 CPU，所生产的电脑可以统称为"X86 电脑"，也就是传统的个人计算机。联想、戴尔、惠普等品牌电脑都属于 X86 电脑。而龙芯 CPU 采用的是基于 MIPS 发展而来的 LoongISA 指令集，与 X86 系列的 CPU 是不兼容的，所以龙芯电脑和联想、戴尔、惠普是"不兼容"的电脑。

指令集只是对软件所包含指令的一种编码格式，对 CPU 的性能和功耗没有直接决定关系，只要 CPU 设计得足够精简高效，龙芯可以像 X86 一样以很低的功耗实现很高的功能。

> **提示！**
> "指令集"是指一种在 CPU 上运行的机器指令的二进制编码，计算机领域常说的 X86、ARM、MIPS 都是指不同的指令集。例如下面的一段 C 程序，执行了最简单的一个加法操作：
>
> ```
>     int add（int a，int b）
>     {
>         return a + b;
> ```

```
        }
```

如果编译成 X86 指令集，是以下的二进制编码，采用一条 lea 指令实现加法操作：

```
<add>:
   0:   8d 04 3e        lea     (%rsi, %rdi, 1), %eax
   3:   c3              retq
```

上面的代码中 "8d 04 3e" 就是 lea 指令的机器指令编码（以十六进制表示）。

而如果编译成 MIPS 指令集，则是完全不同的二进制编码：

```
<add>:
   0:   03e00008        jr      ra
   4:   00851021        addu    v0, a0, a1
```

可以看到 MIPS 指令的编码格式与 X86 的不同点是，X86 指令是不定长的，像 lea 指令有 3 个字节，retq 指令只有 1 个字节；而 MIPS 指令都是 4 个字节。

对于一个软件，如果已经编译成二进制的可执行文件，那么只能在一种固定指令集的 CPU 上运行。

2．龙芯电脑无法运行 Windows 操作系统

由于 Windows 操作系统是专门针对 X86 的 CPU 进行设计的，所以 Windows 操作系统只能在 "X86 兼容" 的电脑上运行，不能在龙芯电脑上运行。Windows 操作系统是微软公司的产品，是世界范围内个人计算机上运行最多的操作系统，而微软公司没有把 Windows 向龙芯上移植，所以不存在 "Windows for 龙芯" 的版本。那么龙芯电脑能够运行什么操作系统呢？答案是 Linux，这是一种开源的操作系统，所有源代码都在网络社区上公开下载，经过龙芯的工程师移植后在龙芯电脑上运行。所以，如果要使用龙芯电脑，实际上就是要使用 Linux 操作系统。龙芯电脑上运行的 Linux 操作系统有一个专门的名称 "Loongnix"，本书就是讲述在 Loongnix 上开发应用软件的技术。

3．龙芯电脑可以使用 X86 电脑的大部分外设硬件

龙芯电脑的机箱、显示器、键盘、鼠标都是和 X86 电脑通用的，从外观上无法区分是龙芯电脑还是 X86 电脑。只有在拆开机箱，看到 CPU 表面上的 Logo 之后才能知道这是一台龙芯电脑。市面上能够购买的大多数电脑硬件外设都能够在龙芯电脑上使用，例如硬盘、显卡、网卡、声卡、内存条、电源、音箱等。以前读者在 X86 电脑上 DIY（Do it yourself，指单独购买电脑配件组装成电脑整机）的经验都能够用到龙芯电脑上。

4．龙芯电脑 "更安全"

龙芯电脑运行的 Loongnix 操作系统根源于 Linux，这是由在开源社区上的几千名顶级程序员共同开发的操作系统，相比 Windows，它的漏洞更少，更加安全可靠。Linux 还提供了多用户的分级保护机制，在日常的办公处理中都是使用一个权限较低的 "普通用户" 身份，只有在进行安装软件、系统维护等工作时，才临时使用级别更高的 "管理员"，这也降低了系统出故障的概率。龙芯电脑在日常使用中几乎不需要安装防病毒软件，也从来不用担心会受到网上的钓鱼、木马、广告等恶意软件的侵扰，开机之后就是干净的桌面环境，非常适合于办公、开发、设计和写作书籍等，这是一个真正意义上的 "生产力工具"。

龙芯电脑的高安全性非常适合于在企业中的应用。一个典型案例是在 2018 年 4 月的一天，某市政府热线中心的所有 Windows 电脑全部因感染勒索病毒而停止工作，如果重新安装操作系统至少需要一天时间，热线服务面临瘫痪的危险，当时只有 3 台部署了龙芯电脑的座席不受病毒的影响，坚挺地支撑了热线服务的正常运营，避免了一场事故。

5．龙芯电脑"更便宜"

龙芯电脑面向开发者的销售价格和市面上的 X86 电脑基本处于同等价位水平。另外在软件方面，如果是购买 X86 电脑，用户还需要继续花钱购买 Windows、Office、Photoshop 等软件，这些软件的支出加起来也是一笔可观的费用，动不动就成千上万，甚至比电脑本身的价格还要贵。相比之下，龙芯电脑的操作系统 Loongnix 是免费下载使用的，内置包含了上千款优秀的开源软件，甚至像 WPS Office 这样重量级的办公软件产品也是面向个人用户免费下载，用户不用在软件上多花一分钱。

龙芯电脑因有上述优点，受到电脑厂家的广泛支持，目前清华同方、曙光等很多知名电脑厂家已经实现批量化的生产。在软件方面，龙芯与办公软件、中间件、数据库等国内数十个厂家磨合多年，形成了比较完整的软件生态环境，尤其是面向办公 OA 等各种信息化应用已经呈现面上铺开的势头。

1.2 龙芯电脑能运行 Windows 吗

自从微软公司在 20 世纪 90 年代将 Windows 推向世界，人们每天都在使用 Windows 从事生产、创作工作和娱乐。与此同时，世界上开始出现一个以开发软件为生的新群体"Windows 程序员"，他们工作的平台就是 Windows 操作系统，利用 Windows 提供的开发工具编写代码，创造出无穷无尽的应用程序，这些程序中有很多已成为软件精品。

读者一定会问，如果龙芯电脑能运行 Windows，不就可以像 X86 电脑一样运行 Windows 上的所有软件了吗？但是由于 X86 电脑的 CPU 都是 Intel 定义的 X86 指令集，而龙芯的 CPU 是 MIPS 指令集，使用术语来说就是两种 CPU"不兼容"。Windows 是专门针对 X86 设计的，只能在 X86 电脑上运行。所以在龙芯电脑上不能运行 Windows，只能对 Windows 说"no"。

除了 Windows 本身之外，所有 Windows 上的应用程序也是不能在龙芯电脑上直接运行的。典型的是 Microsoft Internet Explorer 浏览器、Microsoft Office 字处理、Adobe Photoshop 图像处理工具、Media Player 媒体播放器、腾讯 QQ 这些软件，以及很多传统的个人计算机专属的 Windows 游戏。这些软件都被编译成 X86 指令集的可执行程序，并且没有专门向龙芯电脑移植的版本。

那么，龙芯电脑能够运行什么操作系统呢？答案是 Loongnix。这是一种由开源程序员编写、龙芯团队定制维护的操作系统，有上万种应用软件可以使用，完全可以满足日常办公的需求，如图 1-2 所示。

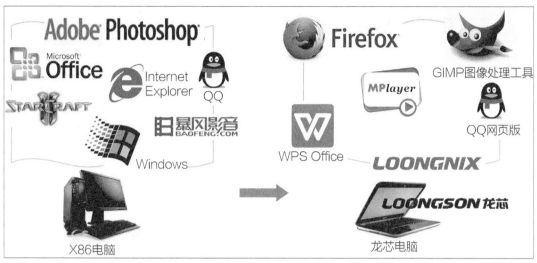

图 1-2 龙芯电脑的操作系统和应用软件

在 Loongnix 中，很多开源软件可以作为 Windows 软件的替代品，主要有以下几种。

1. Firefox 浏览器可以替代 Internet Explorer。

2. 金山 WPS Office 可以替代 Microsoft Office。

3. 图像处理工具 GIMP 可以替代 Adobe Photoshop。

4. MPlayer 可以替代暴风影音等媒体播放器。

5. 腾讯 QQ 可以在浏览器中使用 QQ 网页版。

6. 对于游戏，在 Linux 上也有很多优秀的游戏，如棋牌、动作、射击、3D 等。

笔者从 2010 年加入龙芯团队之日起就告别了 Windows，很多的日常工作都能够在 Loongnix 操作系统上完成，包括本书都是在龙芯电脑上使用金山 WPS Office 编写完成的。

> **提示！**
> 微软公司曾经将 Windows 8 移植到 ARM 平板电脑上，本意是想让 Windows 在移动计算领域得到普及，但是最后没有取得商业上的成功。主要原因在于，从用户角度看，ARM 平板电脑只有能够运行 PC 上的所有软件才有使用价值，这意味着除了 Windows 本身之外，所有的应用软件也需要移植到 ARM 上，像微软自家的 Office 也有 ARM 版本。但是，并不是所有的软件厂商都愿意做这个移植，因为一个软件要维护两种平台的代价是很高的，如果 ARM 平板电脑的市场占用率不足以抗衡传统 PC，那么移植 ARM 版本的软件不会有明显利益回报。
> 所以像 Adobe Photoshop 等很多的专业软件都没有移植到 ARM 平台，导致 ARM 电脑缺乏丰富的应用软件支持，用户很难对运行 Windows 的 ARM 平板电脑产生购买欲望，最后微软公司放弃了 ARM 产品线。
> 有了这个前车之鉴，微软公司再也没有向其他平台移植 Windows，包括龙芯电脑，所以"Windows for 龙芯"是很难实现的愿望，龙芯的长远目标还是基于 Loongnix 建设软件生态。

> **提示！**
> Loongnix 是专门为龙芯电脑开发的操作系统，只能在龙芯电脑上安装，不能在 X86 电脑上安装。如果读者要使用 Loongnix，手中就要有一台龙芯电脑。

1.3 龙芯电脑架构

1.3.1 电脑之心：CPU

CPU 是一台计算机中最重要的组件。虽然 CPU 看起来只是比巴掌还小的一块塑料片，但是，为什么说 CPU 是一台计算机的"神经中枢"呢？做 CPU 究竟难在哪里呢？本节将为读者进行技术上的解释。如果要从内到外清晰地认识一台计算机，最好的起点就是从 CPU 开始。

CPU 全称是中央处理器（Central Processor Unit），它是一个高复杂度的

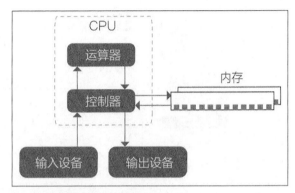

图 1-3 CPU 的结构和功能

集成电路，也是计算机中最重要的核心控制部件。CPU 的结构和功能如图 1-3 所示。

现代的 CPU 一般可以实现以下 4 方面功能。

1. 数值运算

这是 CPU 最核心的一个功能，因为计算机最根本的功能就是"计算"，也就是用户把计算任务输入电脑中，经过 CPU 中的数据运算功能进行加工处理，最后生成计算的结果。数据运算一般包括定点运算、浮点运算、逻辑运算 3 种，其中定点运算是对整型数据（也就是不带小数点的数据）进行计算，例如加减乘除等；浮点运算是对带有小数的数据进行计算，除了加减乘除之外，还有三角函数、求对数等高级运算功能；逻辑运算是对 CPU 中以二进制方式表示的数值进行与、或、非等布尔代数的操作。在高级的 CPU 中，还会实现多媒体计算、数字信号处理甚至 3D 图形等更丰富的指令。CPU 的数值运算功能主要是通过图 1-3 中的"运算器"实现的。

2. 内存访问

内存是在计算机中与 CPU 直接相连接的一块具有数据记忆功能的电路板，内存中存储的是 CPU 进行数值运算的输入数据、中间结果以及最终结果。因为现在计算机处理的计算任务都有很大的数据量，这些数据不可能都放在 CPU 中，所以就专门制作了用于存储大数据量的内存。CPU 在执行数值运算任务的过程中，要频繁访问内存中的数据，也就是从内存中读取数据或者向内存中写入数据，因此 CPU 要具有内存访问的功能。CPU 的内存访问功能主要是通过图 1-3 中的"控制器"实现的。

3. 外设控制

CPU 和内存共同承担了进行数据计算的核心功能，但并不是全部。对于一台完整的计算机来说，还需要具有其他方面的功能。例如，需要在机器断电的情况下保存计算的结果到硬盘上，在计算的

过程中将数据显示在一个图像屏幕中，以及将计算的数据通过网络传递到另外一台计算机上，还要能够让用户通过键盘、鼠标等方式控制计算机。这些功能称为计算机的"输入、输出"功能（Input/Output），人们发明了专门的设备来实现这些功能，称为输入、输出设备，统称为外部设备，简称"外设"。常见的外设有，用于存储数据的硬盘（Hard disk）、用于远程传输数据的网卡（Network Adapter）、用于输出图像信号的显卡（Display Adapter），以及用于处理用户输入的键盘、鼠标等设备。CPU 必须和这些外设打交道才能实现上述要求，这些外设都是在 CPU 的"控制器"操作下完成相应的功能。

4. 其他功能

除了上面所说的功能之外，CPU 还包含了很多细节的功能。例如：为了保护 CPU 在过高的功耗下不被烧毁而实现温度检测功能，方法是在 CPU 核心的部位放置一个温度检测单元，一旦发现 CPU 核心温度超过警戒线则自动停机；为了 CPU 能够灵活地适用于不同的主板而提供配置功能，比如设置主频的高低、处理核的数目以及数据 Cache 的大小；为了实现操作系统的安全机制，CPU 提供不同等级的运行级别，对内存的访问也实行分段、分页的保护式层次结构；为了在一台物理机器上运行多个隔离的操作系统而实现虚拟机（Virtual Machine）功能；为了支持图像识别等功能，CPU 还不断集成深度学习等人工智能算法模块。总之，在计算机的几十年发展过程中，计算机的结构发生了日新月异的变化，CPU 这个计算机中最核心的部件也是日益复杂化。

> **提示！**
> 操作系统的安全机制、虚拟机等概念涉及几门专业领域的知识，有需要的读者可以查找相关的书籍进行深入学习。对于一般的用户和应用软件开发者来说，则可以暂时忽略。

分析完 CPU 的组成结构，可以看到 CPU 是整个电脑中的"主控单元"，扮演着人的大脑的角色。从地位上来看，CPU 负责控制电脑中的其他部件。电脑中的内存和外部设备都是在 CPU 的指挥下完成数据通信和调度，如果把计算机比喻为一个人体，那么 CPU 就是大脑，外部设备就是四肢。从复杂度上来看，CPU 是整个主板上速度最快、计算量最大的芯片。当前主流的 CPU 的主频都在 1GHz 以上，像龙芯 3A3000 就达到 1.5GHz，而且包含 4 个独立的处理器核，理论上每秒最快能做几十亿次计算操作。对于日常生活中的电脑来说，大多数情况下，计算能力是过剩的。

由此可见，任何计算机都离不开 CPU 这个最重要的"神经中枢"。

接下来可以为读者解答，为什么 CPU 是一个世界难题。CPU 虽然看上去很小，但是制作起来非常困难。国际上现存的商业 CPU 设计公司数量本来就不多，能够研制桌面、服务器等高性能 CPU 的企业则少之又少，耳熟能详的以 Intel、AMD、ARM 公司为代表，在中国则有龙芯。高端芯片一直是各国竞争的技术高地，CPU 的主要难点体现在以下几方面。

1. CPU 是一个高度复杂的电路系统

CPU 是由晶体管按照一定的逻辑构成的数字电路，目前商用 CPU 的晶体管数量已经突破了 10 亿，这是什么概念呢？研究结果表明，人脑中的神经元数量是 860 亿左右。因此这样一个复杂的系统，对设计团队的技术能力、工程能力、管理能力都提出了高度的要求，往往需要十年以上的技术积累才能具备高端 CPU 的设计能力。表 1-1 是几种 CPU 的晶体管数量。

表 1-1　CPU 的晶体管数量

CPU	制程 /nm	核数	GPU	晶体管数量 / 亿	芯片面积 /mm^2
Haswell GT2 4C	22	4	GT2	14	264
AMD Vishera 8C	32	8	无	12	315
Intel Sandy Bridge 4C	32	4	GT2	9.95	216
Intel Lynnfield 4C	45	4	无	7.74	296
龙芯 3A3000	28	4	无	12	155.78

2. CPU 的生产制造需要较高的工艺条件

在 CPU 设计出来以后，还要经过一系列生产过程才能形成芯片产品。半导体制造技术可算得上人类制造技术中最尖端技术。从最核心的晶圆生产到封装测试，目前国内的生产条件与欧美日韩的企业相比还有一定差距。

下面以集成电路生产工艺中的一个重要概念"制程"进行讲解。制程是指半导体硅片上每两个晶体管中的栅极之间的最小距离，读者可以简单理解为间距越小则晶体管排列得越紧密，电子在从一个晶体管流动到下一个晶体管的时间就越短，所以相同的数字电路能够在更短的时序内完成预定的功能，那么 CPU 的主频就很容易提高上去，计算性能就能够得到提升。另外，也是更重要的，整个电路能够在更小的硅片上生产出来，所以功耗降低非常明显。

现在半导体行业已经逐步进入了 10nm 时代，龙芯 3A3000 使用 28nm 的制造工艺，相当于在一根头发丝的宽度上排布 1000 根电路连线。读者可能会问，龙芯是不是可以使用最好的工艺进行生产？事实上工艺越高，对于生产设备的要求也越高，成本也呈指数级增长。另外，高端集成电路制造设备主要来自 4 家生产商，即荷兰的 ASML、日本的 Nikon、日本的 Cannon、美国的 Ultratech。其中 ASML 垄断了 80% 的市场份额，最高端的设备售价高达 1 亿美元一台，Intel、三星的 14nm 生产线都是买自 ASML。但是，这些最尖端的生产工艺并不对所有厂商开放，不是想使用就能够用上的。

3. CPU 承载了计算机体系结构中日益发展的新功能

现代 CPU 虽然从 20 世纪 90 年代就确立了基本架构，但是在近年间伴随应用的发展而不断扩充新的功能。例如，为了支持多线程高效运行，提出超线程（Hyper-Threading）技术；为了支持数字信号处理和密集数据计算，提出 SIMD（Single Instruction Multiple Data）技术；为了降低功耗，提出 ACPI（Advanced Configuration and Power Management Interface）等电源管理技术；为了支持虚拟化、云计算，提出 VT-x 等技术；最近的潮流则是把图形处理器、人工智能、深度学习等算法都集成到 CPU 中。这样导致 CPU 越来越复杂，早就脱离了仅仅是"计算单元"的定义，而成为多种技术综合交叉的"微观巨系统"。

由于以上这些原因，CPU成为计算机中最难制作的部件。龙芯使用了近20年时间，已经逐渐追赶上了国外厂商的步伐，再有几年的发展时间极有希望攀升到国际水平的"天花板"。

1.3.2　龙芯 3A3000

龙芯CPU产品线包括"龙芯1号""龙芯2号""龙芯3号"三个系列。在信息化应用中主要是龙芯3号，基于64位多核架构，目前主推的是用于桌面终端的3A3000和用于服务器的3B3000（可制成双路、四路主板），很多龙芯电脑产品都是使用这个CPU，如图1-4所示。

3A3000芯片的尺寸是40mm×40mm，在顶部标有处理器的型号名称"龙芯3号"和商标

图1-4　龙芯 3A3000

"LOONGSON"，在底部则是有1121个金属焊点，这些金属焊点称为"引脚"，能够通过专用设备焊接到主板上，这样CPU就能够和主板上其他电子元器件进行数据通信。

在CPU内部是由大量晶体管组合成的复杂集成电路，一般人是没有机会拆开看的，只有通过观察版图进行了解。版图是指所有晶体管电路堆叠在一块半导体硅片上形成的结构，越是高端的CPU，其版图越复杂。3A3000的所有电路都是在一个面积为155.78 mm²的硅片上实现的，总共包含了大约12亿个晶体管。这么多的晶体管拥挤地排列在版图上，在图1-5中已经很难区分具体哪一个晶体管是什么作用了，只能够以模块的方式大体划分出不同的功能区域。图1-5展示了龙芯3A3000内部的电路版图。

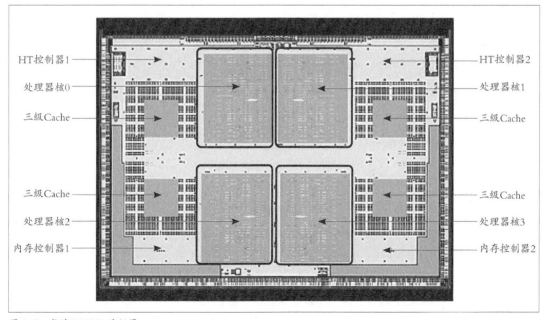

图1-5　龙芯 3A3000 的版图

龙芯 3A3000 包含以下功能模块。

1. 处理器核

处理器核是指 CPU 中执行数值运算功能的部件。3A3000 是一个四核 CPU，也就是在一个 CPU 中包含了 4 个能够独立执行数值运算功能的处理器核，编号是从 0 到 3。每个处理器核的最高主频是 1.5GHz。对于桌面电脑的 CPU 来说，一般四核就能满足使用要求了。

2. 三级 Cache

Cache 的直译是"高速缓存"，是 CPU 中用于存储数据的区域。虽然计算机中绝大部分的数据都是在内存和硬盘中保存，但是 CPU 内部也设计了一块容量较小的存储空间 Cache，Cache 中的内容是内存中数据的一个"局部缩影"，这样做的好处是，CPU 处理器核能够以非常快的速度访问 Cache，如果要访问的数据不存在于 Cache 中，转到内存中去访问。Cache 的发明极大地提高了计算机的性能。3A3000 的 Cache 是分成 3 级的，其中一级、二级 Cache 都是在每一个处理器核中私有的，而三级 Cache 是 4 个处理器核共享使用的。私有一级缓存是 64KB，私有二级缓存是 256KB，共享三级缓存是 4MB。三级 Cache 占据了 3A3000 版图上很大比例的晶体管面积，所以增大三级 Cache 会显著增加 CPU 的成本。

3. 内存控制器

内存控制器是 CPU 访问内存的通道，内存控制器有一定数量的引脚焊接到主板上，通过主板上的走线连接到主板上插入的内存条。3A3000 有两个独立的内存控制器，不仅支持 DDR2/3-1333 规范，而且支持内存数据校验（ECC 算法）。

4. HT 控制器

HT 控制器是 CPU 与外部设备之间的控制接口，通过引脚连接到主板上，与各种外部设备进行通信。3A3000 有两个独立的外设控制器，支持 HT 3.0 总线规范（HyperTransport）。HyperTransport 本质上是一种为主板上的集成电路互连而设计的端到端总线技术，目的是加快芯片间的数据传输速度。HyperTransport 技术以前主要在 AMD 的 CPU 上使用，现在龙芯 CPU 也兼容这种总线协议。

1.3.3 龙芯电脑主板

一台计算机的最主要功能是用于进行"计算"，实际上超过80%的计算工作都是由CPU完成的，剩下20%的工作才是主板上的其他芯片完成的。主板是计算机中的一块电路板，包括 CPU、内存条以及其他主要电路模块都在主板上，这样共同组合成一台完整的电脑。CPU 和主板都封装在机箱里，平时看不到，只有打开机箱，才能一睹 CPU 的"芳容"。图 1-6 是龙芯 3A3000 桌面台式机中广泛使用的电脑主板。

对于有一定电路基础的读者，深入了解主板有助于学习电脑的结构。从技术角度画出这个主板的逻辑框图，如图 1-7 所示。

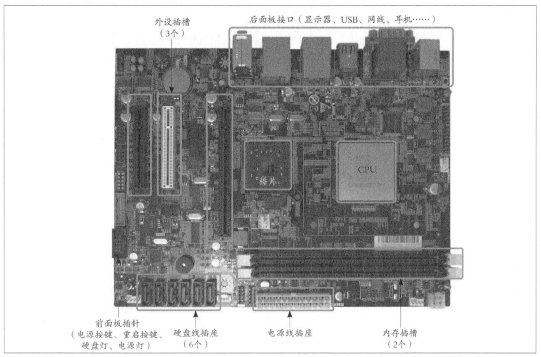

图 1-6　龙芯 3A3000 电脑主板（尺寸：24.5cm×18.5cm）

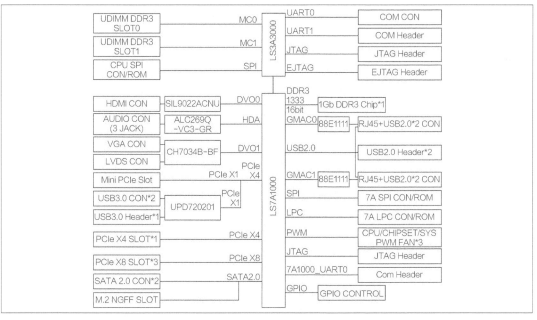

图 1-7　龙芯主板的逻辑框图

龙芯主板主要包括以下 3 个模块。

1. CPU 和内存插槽

处于图 1-7 正中间、最上面的芯片就是本书的主角——龙芯 3A3000 CPU。左侧与之相连接的是两个支持 DDR3 协议的内存插槽。

2. 桥片

3A3000 下面连接的是一个桥片 7A1000，这是龙芯自行研制的桥片。桥片是除了 CPU 之外最重要的集成电路芯片，它的作用主要是作为 CPU 和外部设备之间的桥梁，也就是计算机和外部设备之间的数据通道。现在的桥片往往都集成了大量常用的外设控制器，由专业厂商生产销售。有的厂商把桥片设计成两个独立的芯片：一个芯片用于集成高速的外设控制器，称为"北桥"，另一个芯片用于集成低速的外设控制器，称为"南桥"。北桥和南桥经常搭配着使用，习惯上称为"套片"，也称为"芯片组"，7A1000 在一个芯片中同时提供北桥、南桥的功能。

3. 各种接口

从 CPU 引出一个 UART 串行口，主要用于调试 CPU 和操作系统的运行状态，普通用户在日常办公中一般不使用这个接口。串行口会在主板的后面板上有一个插座。另外，CPU 还提供一个 BIOS 接口（基本输入输出系统），通常在主板上会连接一个支持 SPI 协议的 Flash 芯片（称为 ROM），存储一个最小软件，在计算机上电时执行最基本的初始化和引导操作系统的功能。

龙芯主板提供了两路显示器接口 VGA 和 HDMI，还有网络控制器、音频控制器，另外还预留了若干 PCIE 接口用于插接独立 PCIE 板卡设备。这些接口都在主板的后面板上提供相应的插座。主板还提供了硬盘接口，即高速串行 SATA 接口。对于移动设备，主板还提供了最多 12 个 USB 2.0 接口。

1.3.4 龙芯电脑有多快

一台电脑的运行速度在很大程度上取决于 CPU 的性能。龙芯 CPU 采用国际主流 MIPS 标准指令集，并在 MIPS 指令集基础上进行指令扩展，形成"兼容国际主流、自主发展指令集"的特色。龙芯已经得到 MIPS 指令集的永久商业授权。龙芯在 MIPS 原有的近 400 条指令基础上新增了 1000 多条指令，主要包括虚拟机指令、向量指令、数字信号处理指令、媒体指令等。从龙芯指令集的演进与发展过程来看，龙芯处理器已经在继续保持兼容 MIPS 的基础上逐渐发展为自主龙芯指令集 LoongISA。龙芯 CPU 在近几年中的性能提升路线如图 1-8 所示。

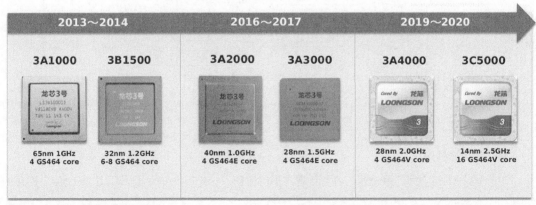

图 1-8　龙芯的性能提升路线

龙芯 3A3000 于 2017 年 4 月发布，性能超越国际主流中低端门槛，单核通用处理性能比 2014 年的产品提高 3~5 倍，SPEC CPU2006 分值为 10~11 分，超过 Intel 凌动系列和高端 ARM 系列。访存带宽为 10~13Gbit/s，与 Intel I5 相当。采用 MIPS 兼容的龙芯指令集 LoongISA，新一代自主微结构设计 GS464E，乱序执行四发射超标量处理器结构，综合设计复杂度达到与 Intel 的 IvyBridgy 及 AMD 的 Steamroller 相当的水平。片内所有功能模块（CPU、内存控制器等）均为自主设计。

使用 CPU 性能测试工具进行评估，在相同主频的条件下，龙芯达到与 AMD、Intel 部分型号相当的性能，如图 1-9 所示。

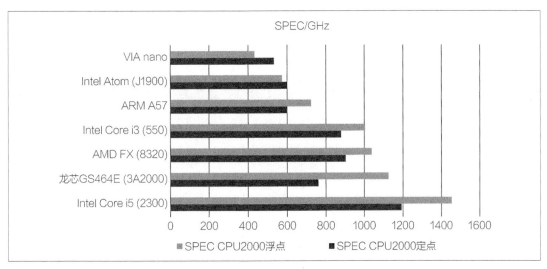

图 1-9　龙芯和其他 CPU 在同主频条件下的性能对比

龙芯团队继续优化设计、提高性能，第三代产品将在 2019 年或 2020 年推出，3A4000 继续使用 28nm 工艺，四核 2.0GHz，通用处理性能提高一倍。3C5000 使用 16nm 工艺，2.5GHz，16 核，单核性能再提高 20%~30%。整体达到 AMD 水平，具有一定的市场竞争力。

1.3.5　龙芯电脑哪里买

为了促进宣传推广和辅助高校教育，龙芯公司设立了一个"龙芯开发者计划"，定期举办面向开发者的活动。龙芯开发者计划的目标是通过"一个开放社区、一个开发者大会、一个应用公社"，共同构成开发者的生态根据地。在这个计划中，龙芯的开发者可以在龙芯社区进行技术交流和探讨，可以参加龙芯的开发者大会，可以通过龙芯应用公社来分享开发的小程序、小游戏。

如果读者有志向成为龙芯电脑的开发者，第一件工作就是要购买一台龙芯电脑。龙芯社区为开发者建立了专门的产品购买渠道，开发者可以用成本价甚至低于成本价的优惠价格购买到龙芯的产品。龙芯开发者商城供应组装好的龙芯电脑整机，可以方便地在线购买，一台 3A3000 电脑和市面上 X86 电脑的价格是不相上下的。图 1-10 是龙芯电脑的购买页面。

图 1-10　龙芯俱乐部的开发者商城

龙芯 3A3000 电脑的主要规格参数如表 1-2 所示。

表 1-2　龙芯 3A3000 电脑规格参数

项　目	参　数
中央处理器	龙芯 3A3000 处理器
内存	2×DDR3 U-DIMM 内存插槽
显示	支持显示输出：DVI-D/VGA 接口
扩展槽	1×PCIe 2.0 x16 扩展卡插槽 2× PCIe 2.0 x1 扩展卡插槽
存储	4×SATA 3.0Gb/s 接口
网络功能	RTL8111GN 千兆网卡
音频	Realtek® ALC 662 5.1 声道高清晰音频编码解码器
USB 接口	4×USB 3.0/2.0 连接端口 （2 个位于后侧面板，蓝色，2 个为前面板插针） 6×USB 2.0/1.1 连接端口 （2 个位于后侧面板，黑色，4 个为前面板插针）
背板 I/O 接口	1×RS232 COM 接口 1×VGA 接口 1×DVI-D 接口 2×USB 3.0 接口（蓝色） 1×LAN（RJ45）接口 2×USB 2.0 接口 3× 音频插孔
内部 I/O 接口	1× 前面板音频接口 1×USB 3.0 接口可扩展 2 组外接式 USB 3.0 接口 2×USB 2.0 接口可扩展 4 组外接式 USB 2.0 接口 1× 系统控制面板接口 1×MINIPCIE 接口 4×SATA 3Gb/s 连接接口 1× 中央处理器风扇电源插槽（1×4 -pin） 1× 机箱风扇接口（1×4 -pin） 1×24-pin EATX 主板电源插槽 1×4-pin ATX 12V 主板电源插槽
尺寸规格	"9.6×9.6"（M-ATX）（244×244）
操作系统	可安装 Loongnix / 中标麒麟 /deepin/ 普华等

龙芯电脑推荐安装的操作系统有很多种，首选推荐的是龙芯社区维护的开源版本 Loongnix，这个版本包含了大量面向开发者的编程环境和工具，非常适合于进行应用软件开发。另外，还有很多商业版本的国产操作系统也为个人用户提供免费下载，包括中标麒麟、深度 Deepin、普华等。本书所介绍的应用程序开发技术，对于 Loongnix 和其他操作系统都是适用的。在办公软件方面，金山 WPS Office 也对龙芯电脑的个人版和社区版提供了免费下载服务。

1.4 龙芯软件生态

在 IT 历史上，企业重视生态建设才能取得成功。做 CPU 的企业如果想要扩大使用群体，一定要完善外围的操作系统和应用软件生态。Intel 就是得益于和微软结成商业同盟，把 X86 电脑的操作系统 Windows 做到普通人也能够方便易用的水平，并且在几十年内保持对应用程序兼容，不断地培养 Windows 上的开发者，这样才能从 1990 年以后雄踞桌面电脑市场。反观其他一些企业，即使技术上比 Intel 高出一筹，但是如果只注重做单一的 CPU、电脑产品而不重视发展软件生态，都很难坚持，像 DEC、IBM、SGI 就属于这类企业。即使是做兼容 X86 产品的 AMD、威盛，也都因缺乏产业发展的主导权，只能是亦步亦趋地跟随 Intel 的脚步。

龙芯建设软件生态的核心工作，是为开发者提供优秀的开发工具，方便开发者快速生产高质量的软件产品。龙芯在操作系统和编程语言方面投入了大量研发工作。现在主流的开源编程语言都能够在龙芯电脑上运行，包括 C/C++、Java、Python、PHP、Ruby、Go、JavaScript、Flash、OpenGL 等。龙芯开发者对这些编程语言和相关工具进行了多年的深入优化，与龙芯 CPU 在架构和汇编语言层面高度磨合。

大量开源软件都在龙芯电脑上完成移植，像 Qt 图形库、Eclipse 集成开发环境、Tomcat 中间件、MySQL 数据库等大型软件，都有可运行的二进制文件。甚至像 Hadoop、Docker 这样的云计算平台也都有龙芯开发者在维护。龙芯软件生态如图 1-11 所示。

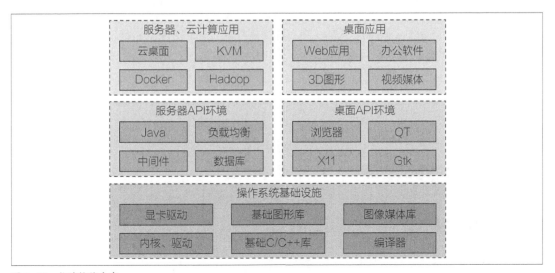

图 1-11 龙芯软件生态

龙芯开发者建立了应用商店，能够轻松获取大量的游戏、网络、视频等应用，如图 1-12 所示。

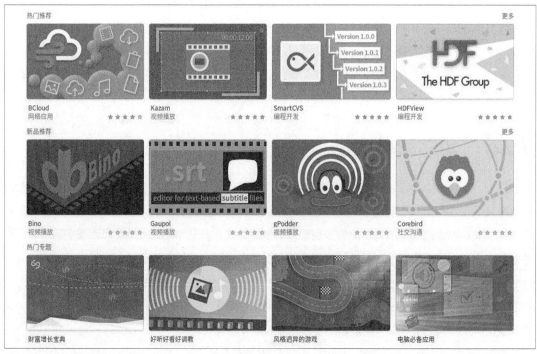

图 1-12　龙芯应用商店

可以看到，龙芯软件生态已经非常完善，可选择的编程工具和组件十分齐备，非常适合于在信息化应用中作为桌面和服务器的解决方案。

> **提示！**
>
> 软件生态是一个开放的集合，每一个硬件平台只有通过软件生态才能放大价值。经过多年的分分合合，如今 IT 领域的软件生态基本上是"两极化"：一个是"Wintel 生态"，即微软 Windows 和 Intel 联合起来控制的桌面、服务器生态；另一个是"AA 生态"，即 ARM 和 Android 体系联合控制的手机、平板电脑等移动计算生态。龙芯的长远目标是建立一个独立的 IT 技术生态体系，经过十多年的建设，现在已经有超过几百家合作伙伴，在龙芯电脑上进行开发的人员超过上万人，初步具备成体系的产业链与支撑服务能力。

1.5　龙芯开发者

1.5.1　两种程序员

在任何一个软件生态中，存在两种类型的开发者，也可以叫作两种程序员。一种叫作"系统软件程序员",这种程序员主要面对的是操作系统本身,工作的目标是把操作系统平台打造好。另一种叫作"应用软件程序员",他们工作的层面要比操作系统高一级,主要目标是开发无穷无尽的应用软件,每一种应用软件都使这个软件生态更加多姿多彩,如图 1-13 所示。

龙芯需要什么样的开发者?

系统软件程序员

使Linux的开源软件
在龙芯上和X86一样丰富

应用软件程序员

使龙芯上的应用软件
和Windows一样丰富

图 1-13 两种不同角色的开发者

一般来说,系统软件程序员的技术门槛要高于应用软件程序员。由于系统软件和底层硬件结合非常紧密,需要开发者对硬件设备、操作系统、编译器、体系结构、汇编语言都要有清晰的了解,并且对于所开发软件的性能要求非常苛刻,只要是计算机专业的基础课程都能派上用场,所以要求开发者的"基础素质过硬"。而应用软件程序员的技术要求则相对简单一些,只需要弄清楚功能需求,使用 Java、C/C++、Python 等某一种面向应用程序的编程语言正确地实现功能,一般就能够胜任开发工作。正因为如此,市面有不少书籍传授"21 天精通 Java",事实上只要稍加努力也不难做到,但是从来没有书籍号称"21天能够精通操作系统",系统软件程序员需要阅读的书单如图 1-14 所示。

对于龙芯的开发者来说,系统软件的开发者当然可贵,而应用软件的开发者更为重要。因为系统软件的开发是有一定边界的,只要把操作系统做到功能齐全、稳定可靠,能够满足普遍的使用要求,一般不太会有持续开发的工作任务,这时候系统软件程序员基本就是"完成使命"了。而应用软件则是没有边界的,不同领域、行业都需要大量的应用软件来支撑业务运行,而且是随着需求变化而不断维护升级的。社会越发达、经济发展水平越高,对应用软件开发的需求则越大。

应用软件开发者不仅需要吃透传统的 Java、C/C++ 等编程语言,还要掌握 Web 领域的JavaScript、HTML、CSS 等语言,更要追赶 jQuery、Bootstrap、AngularJS 等框架,应用软件程序员需要阅读的书单如图 1-15 所示。

MIPS Assembly Language
Understanding Linux Kernel
Unix Programming
Compiler Theory
Linkers and Loaders
Java Virtual Machine
OpenGL原理
浏览器原理
Media Encoding
Linux From Scratch
Cloud Computing

图 1-14 系统软件程序员的书单

Linux Shell脚本编程
Java编程基础
C/C++编程
Qt编程
JavaScript/HTML/CSS
jQuery,Bootstrap,AngularJS
PHP/Python/Ruby编程
OpenGL编程
MySQL
Hadoop的管理和部署
Docker的管理和部署

图 1-15 应用软件程序员的书单

总的来说，应用软件程序员会比系统软件程序员的学习任务更重，在建设软件生态的道路上付出更多的劳动。经过十多年的积累，龙芯的操作系统已经基本达到稳定状态，后面的推广工作需要将大量 X86 电脑上的应用软件移植到龙芯电脑上，在这个阶段唱主角的显然是应用软件开发者。

1.5.2 怎样成为龙芯开发者

本书的写作目的就是为读者介绍龙芯电脑的操作系统、软件平台、编程环境，使读者能够在短时间内学会在龙芯电脑上开发应用软件的技术，进一步促进龙芯软件生态的繁荣。

想成为龙芯开发者非常简单，只要执行以下步骤，如图 1-16 所示。

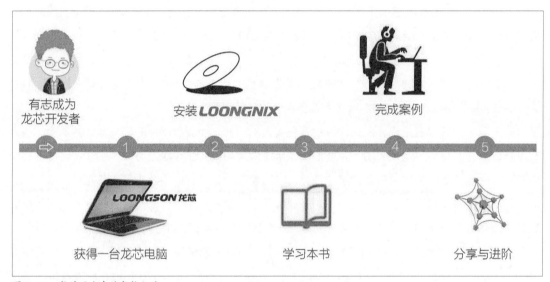

有志成为龙芯开发者　安装 LOONGNIX　完成案例

1　2　3　4　5

获得一台龙芯电脑　学习本书　分享与进阶

图 1-16　龙芯开发者的成长之路

STEP 1 获得一台龙芯电脑。由于龙芯 CPU 和 X86 是"不兼容的"，这个本质的不同点决定了不能在龙芯电脑上安装 Windows，也不能在 X86 电脑上安装 Loongnix。所以如果要进行 Loongnix 的应用开发，购买一台龙芯电脑是必要的，前文已经介绍了通过开发者计划购买龙芯电脑的渠道。

STEP 2 在龙芯上电脑安装 Loongnix。要熟悉基于 Loongnix 的开发环境，明白其和 Windows 开发环境的区别，以后就要在这样一个全新的环境中工作。

STEP 3 通过学习本书，掌握在龙芯电脑上开发应用软件的技术。如果读者只需要进行某种编程语言的开发，那么不必要从头到尾阅读全书，只需要直接跳到介绍这种语言的相关章节就可以学习开发。

STEP 4 通过实际案例不断增长经验。读者经过若干个项目的锻炼，对于龙芯电脑能够积累更多的使用经验和心得体会，这样就完成了从不熟悉到熟悉的转变，就会发现在龙芯电脑上开发应用的更多优势，以后会越来越喜欢龙芯电脑。

STEP 5 分享你的经验。可以在龙芯社区上注册账号，下载开发资料，与其他开发者进行交流，在获得一定的开发成果后则可以将之提交到社区上，让全世界的龙芯用户都能够受益于你的贡献，共同把龙芯生态建设得越来越好。

1.6 如何学习本书

只要有一定的经验，软件开发人员就可以在本书中找到合适的开发资料。如果想要快速胜任龙芯电脑的开发工作，一定的基础是必要的。

1. 掌握 Loongnix 的基本使用方法

由于 Loongnix 根源于 Linux，所以读者应事先掌握 Linux 的基本使用方法，尤其是对命令行工具要有一定的基础，市面上这类书籍已经很普及。如果读者在 X86 电脑的 Linux 操作系统中从事过软件开发，转型到龙芯电脑上后，面对的是一个熟悉的环境，不会遇到太大阻碍。

2. 掌握若干通用的编程语言

由于龙芯电脑上的编程语言都是在开源领域流行的，所以本书不再从零开始讲述 C/C++、Java、Go、Python 的语法细节，而主要是讲述已经编写好的代码在龙芯电脑上的移植过程。如果读者需要深入学习这些语言，可以阅读专门的书籍。

3. 动手完成项目案例开发

在案例部分会选用一些规模较大的实际项目，读者如果能够自己动手完成项目，亲眼看到整个项目的运行结果，对技术理解起来会更容易，也会得到更深刻的实际体会。

从下一章开始，我们将迈出在龙芯电脑上的第一步，安装 Loongnix 操作系统，开启一段通向新世界的旅途。

思考与问题

1. 龙芯电脑能不能安装 Windows？ X86 电脑能不能安装 Loongnix？

2. 龙芯 CPU 是基于什么指令集？

3. CPU 都有哪些功能？

4. 龙芯 3A3000 的性能达到什么水平？

5. 为什么说龙芯电脑更安全？

6. 龙芯为什么要建设软件生态？

7. 系统软件程序员和应用软件程序员有什么区别？

8. 龙芯的操作系统是基于什么开源软件移植的？

9. 本章有一个"应用软件程序员的书单"（见图 1-15），你对其中的哪些编程语言比较熟悉？

第**02**章

龙芯电脑的操作系统：Loongnix

操作系统是电脑的灵魂。现在从市场上买回来一台 X86 电脑，通常都会由生产厂商预先安装好一个软件，就是 Windows 操作系统。如果没有安装操作系统，电脑就无法运行多姿多彩的应用程序，用途几乎是零。所以如果把操作系统比作计算机的灵魂，那应用程序就是电脑的血肉。

X86 电脑上的操作系统是 Windows，我们已经非常熟悉。电脑的用户们每天都在使用 Internet Explorer 上网，在 Microsoft Office 中进行文字排版，和远方的朋友传递 QQ 即时消息，使用 Adobe Photoshop 处理高质量图像，在魔兽世界中体验惊心动魄的虚拟游戏。本章将介绍龙芯电脑的操作系统 Loongnix 和相关的软件。

学习目标

龙芯电脑自有的操作系统——Loongnix 的来源和版本、下载镜像、安装和基本使用过程。Loongnix 的常用工具软件，配置工具，安装软件的方法。

学习重点

重点掌握制作两种媒介（U 盘、光盘）的安装方法，在安装 Loongnix 的过程中设置磁盘分区的方法，设置远程登录、防火墙，能够使用内置的工具软件，使用命令行、图形工具两种方式安装软件。

主要内容

Linux 发行版的概念

Loongnix 的版本

安装 Loongnix

制作安装 U 盘、光盘

硬盘分区设置

开机和登录

设置远程登录

设置防火墙

安装软件

2.1 Loongnix 的来源和版本

龙芯电脑的操作系统是 Loongnix，属于 Linux 的一个发行版。Linux 是一套完全开放源代码的软件集合，而发行版（Distribution）是指基于社区上的 Linux 源代码进行编译，生成一系列的软件包，再针对特定用户的使用习惯加上各种应用软件，组合成一套完整的操作系统，再给它起一个有个性的名字。知名的发行版有 Ubuntu、Fedora、Debian 等。龙芯团队把社区上的 Linux 源代码进行移植，在龙芯电脑上重新编译，最后生成了适用于龙芯电脑的操作系统发行版 Loongnix。可以说 Loongnix 是属于众多 Linux 发行版中的一种产品。

Loongnix 可以在龙芯社区自由下载，完全免费，在任何龙芯品牌的桌面、服务器、笔记本电脑上安装。图 2-1 是 Loongnix 社区网站页面。

图 2-1　Loongnix 网站

Loongnix 采用在开放社区上协作开发的模式，龙芯开发者对 Loongnix 的核心软件进行深入的优化，不断改进 Loongnix 的使用体验，包括浏览器、Java 虚拟机、Qt 图形库等。无论是哪里的龙芯开发者，都可以注册账号，下载开发资料，对 Loongnix 进行改进和优化。社区欢迎开发者对 Loongnix 的使用问题进行测试反馈，有能力的开发者可以修改源代码来解决问题，并且把解决后的代码提交到社区上，经过多名同行程序员的审阅，下一个版本的 Loongnix 就可以消除这个问题。

正是经过这样的群体合作，Loongnix 已经发展成为一个质量优秀、体验良好的操作系统，受到龙芯用户的广泛认可。

Loongnix 的当前版本最开始是基于 2014 年 12 月 10 发布的 Fedora 21 进行移植的，到现在已经维护了 3 年多的时间。龙芯团队对 Loongnix 采取长期维护的技术路线，长期维护是指该发行版的核心软件包保持稳定，尽量不做大的变化，只做必要的问题修正和改进，这样做的意义是充分延长操作系统的生命周期，给用户提供一个稳定的基础平台，用户的应用软件能够在相当长的时间内运行在一套操作系统中，避免频繁升级操作系统导致应用软件发生不兼容的错误。就以 Windows XP 为例，Windows XP 发布的时间是 2001 年，到现在已经有 17 年的历史，虽然微软公司早就发布了 Windows 7/8/10，但是仍然有很多用户坚挺地喜欢使用 Windows XP。因为对于大多数用户来说，Windows XP 已经足够满足日常使用，而升级操作系统不只是重新安装电脑那么简单，还涉及备份和恢复上电脑的工作数据，学习适应新的界面风格，以及解决可能出现的应用软件兼容性问题。

龙芯团队现在的计划是准备维护 Loongnix 5 年甚至更长的时间，甚至在龙芯下一代 CPU 推出以后，Loongnix 仍然能够在新的电脑上运行，用户原有的所有应用软件都不受任何影响。

> **提示：关于桌面和服务器版本的区别**
>
> 读者可能已经了解 Windows 分成两个产品线，分别为面向桌面和服务器。桌面产品线有 Windows 95/98/XP，Vista 等，服务器产品线则有 Windows Server 2003/2008 等。那么 Loongnix 是否也分成桌面和服务器版本呢？
>
> 事实上，桌面和服务器两者之间并没有明显的技术界限，分成两个产品线的做法在更大程度上是一种人为设计的结果，无非是内置的应用软件会有所区别。比如桌面版本会内置浏览器、办公软件、输入法、游戏等应用软件，服务器版本会内置 Web 服务器、数据库等应用软件，这些应用软件很多都是既能在桌面版本上运行同时也能在服务器版本上运行的。早期曾经有很多人使用 Windows Server 2003 作桌面，这也证明了操作系统不必要强行划分成桌面版本和服务器版本。
>
> 龙芯电脑的操作系统 Loongnix 只有一个版本，内置了上述常用软件，既可以作为桌面操作系统，也可以作为服务器操作系统。

2.2 安装 Loongnix

2.2.1 下载 Loongnix 镜像文件

如果要在龙芯电脑上安装 Loongnix，第一步是下载 Loongnix 的镜像文件，按照以下步骤进行。

STEP 1 在任何一台能上网的电脑中（可以是 X86 电脑，也可以是龙芯电脑），打开浏览器，访问网址 http://www.loongnix.org/Loongnix，如图 2-2 所示。

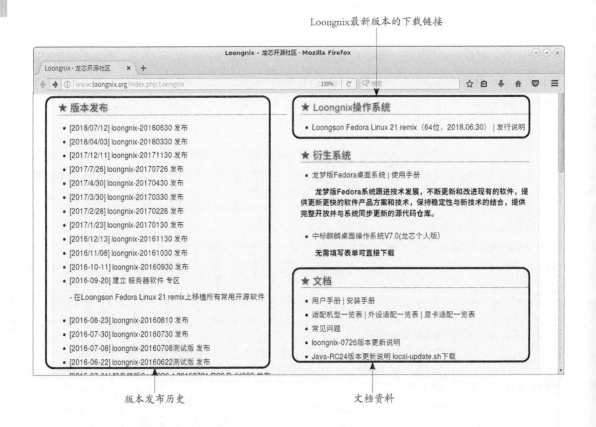

图 2-2　Loongnix 下载页面

STEP 2 在页面左侧的"版本发布"区域显示了所有 Loongnix 版本，可以了解 Loongnix 每一个版本的发布时间和升级内容。

STEP 3 在页面右侧下方的"文档"区域中提供了非常丰富的技术资料，包括 Loongnix 的用户手册、安装手册、适配机型列表、外设适配列表。Loongnix 是有多年开发历史的成熟产品，配套资料非常丰富，建议有兴趣的读者把这些资料下载并仔细阅读。

STEP 4 在页面右侧上方的"Loongnix 操作系统"区域中显示了可以下载的最新版本。Loongnix 一般以发布的日期作为版本编号，例如图中显示的最新版本是"Loongson Fedora Linux 21 remix（64 位，2018.06.30）"

STEP 5 单击 Loongnix 最新版本的链接，下载得到一个扩展名为 .iso 的文件，例如名称是 loongnix-20180630.iso，这个文件的大小是 2.1 GB，这是操作系统的"镜像文件"，将它保存到电脑上，一般位于"/home/loongson/ 下载 /loongnix-20180630.iso"，在下面的步骤中要使用，如图 2-3 所示。

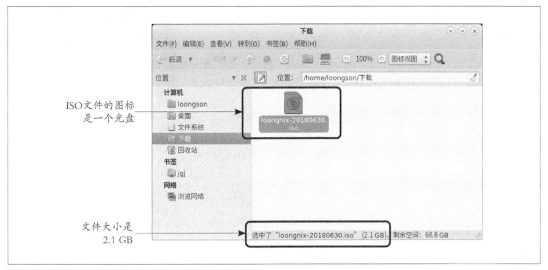

ISO文件的图标
是一个光盘

文件大小是
2.1 GB

图 2-3　Loongnix 镜像文件

提示！

　　ISO 文件是一种用于刻录光盘的"镜像文件"，这个文件中保存的是操作系统光盘上的所有数据。以前的操作系统主要使用光盘为载体进行发行和销售，但是光盘有制作成本高、容易损坏的缺点，渐渐地退出历史舞台了，现在买到的电脑已经很少装配光盘驱动器了。但是人们又需要把以前光盘上的内容保存到电脑上来使用，所以就想到了制作"镜像文件"的方法，使用专门的软件工具把光盘上的所有数据转换成一个扩展名为 .iso 的文件，这样就可以方便地在电脑上保存，也可以通过网络传输到其他电脑上。将来如果有需要，还可以使用专门的软件工具把 .iso 文件刻录成光盘来使用。

　　所以现在的操作系统已经很少销售光盘了，主要是通过 ISO 文件在网络上提供下载。

2.2.2　制作安装媒介：使用 U 盘或光盘

　　由于下载的 .iso 文件是一个安装镜像文件，无法在龙芯电脑上直接安装，需要首先制作一个可以在龙芯电脑用于安装操作系统的媒介。龙芯电脑支持两种安装媒介：U 盘或者光盘。读者可以任选两种媒介之一进行安装，由于现在光盘已经很少使用，所以推荐使用 U 盘的安装方式。下面对两种媒介的制作方法分别介绍。

1. 使用 U 盘制作安装媒介

　　需要按以下步骤执行。

STEP 1 准备一个 4GB 以上的 U 盘。各种品牌的 U 盘都可以使用，在龙芯电脑上都能够正常识别。有一点需要提醒读者，由于制作安装盘会擦除 U 盘上原有的所有数据文件，所以一定要确保 U 盘上的文件已经提前备份到别的电脑上。

STEP 2 准备一台电脑，运行 Linux 操作系统。这台电脑用于制作安装 U 盘。这台电脑可以是 X86

电脑（安装任何一种 Linux 发行版），也可以是一台已经安装好
Loongnix 的龙芯电脑。

STEP3 下载 ISO 镜像文件。在前一节中已经介绍了下载的方法，
这个文件下载后先放置到上述的 Linux 电脑上。下面就要开始正
式的制作过程了。

STEP4 在 Linux 电脑上插入 U 盘。

STEP5 打开命令行终端程序。命令行终端程序是所有 Linux
发行版内置预装的一个标准软件，在 Loongnix 中是位于"开
始菜单⇨应用程序⇨系统工具⇨MATE 终端"，如图 2-4
所示。

STEP6 在命令行终端中执行下面的命令，注意需要使用 su 命令切
换到管理员用户。

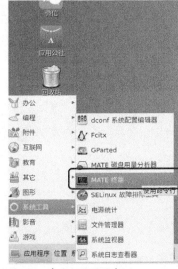

图 2-4　命令行终端程序

```
$ su
密码：（输入 root 用户的密码后回车）
#dd if=loongnix-20180630.iso of=/dev/sdb bs=8M
#sync
#
```

　　上面的 dd 命令就是把镜像文件的数据写入 U 盘中，if 参数指定要写入的镜像文件名，/dev/
sdb 是 Linux 系统中用于标识 U 盘的设备文件名称，bs=8M 的意思是每次以 8MB 的数据块写入 U 盘，
这样可以提升写入速度。这个写入过程一般需要持续几分钟，等待 sync 命令执行结束后再次出现"#"
提示符。

STEP7 完成后拔掉 U 盘。

　　这样安装 U 盘就制作好了。

2. 使用光盘制作安装媒介

　　如果读者手中有可以刻录的空白光盘，也可以按照下面的方法制作成用于安装龙芯操作系统的
光盘，按照以下的步骤进行。

STEP1 准备一个空白的可刻录 DVD 光盘。由于 Loongnix 的安装镜像文件比较大，所以刻录光盘时
必须使用 DVD 光盘，不能使用普通 CD 光盘。因为一张普通 CD 光盘的容量最大只有 700MB 左右，
而像 loongnix-20180630.iso 这个文件就有 2.1 GB，普通 CD 光盘显然是无法容纳下的。

STEP2 准备一台带有刻录 DVD 光驱的 Linux 电脑，运行 Linux 操作系统。为了把安装镜像文件刻录
到 DVD 上，仍然需要一台正常运行的电脑，并且这个电脑要带有可以刻录 DVD 的光驱。这个电脑可
以是 X86 电脑安装 Linux，也可以是一台已经安装好 Loongnix 的龙芯电脑。

STEP3 将空白 DVD 光盘放入光驱中。

STEP4 使用 Linux 操作系统自带的 Xfburn CD/DVD 程序刻录光盘。如果是使用龙芯电脑，可以

从"开始菜单⇨应用程序⇨附件⇨ Xfburn CD/DVD 刻录程序"打开，
如图 2-5 所示。

STEP 5 选择"刻录镜像"按钮，弹出"刻录镜像"对话框，如图 2-6
所示。在❶"要刻录的镜像"中单击右侧的文件夹按钮，弹出选择镜
像文件的对话框，选择下载好的 ISO 文件"/home/loongson/ 下
载 /loongnix-20180630.iso"，此时下方❷"刻录镜像"按钮变成
可以单击的状态，单击即可开始刻录。一般几分钟就可以刻录完成。

图 2-6　制作 Loongnix 安装光盘

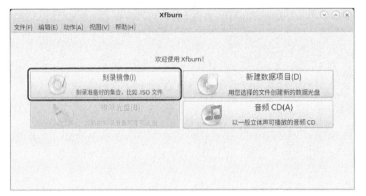

图 2-5　Xfburn CD/DVD 程序

STEP 6 完成后弹出光盘。

　　这样安装光盘就制作好了。

　　现在已经制作好安装媒
介，接下来要开始安装操作
系统。在将要安装 Loongnix
的龙芯电脑上，插入前文中已
经制作好的安装 U 盘或者安
装光盘，按下电脑的电源键开
机。如果安装盘制作无误，电
脑启动后会自动识别安装盘，
显示一个选择菜单，如图 2-7
所示。

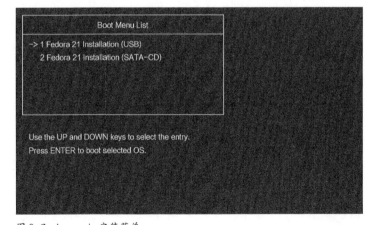

图 2-7　Loongnix 安装菜单

　　菜单中有两个项目，此时要使用键盘的上、下键进行选择，箭头"->"指向了被选择的项目，
对这个菜单的选择方式说明如下。

　　1. 如果是 U 盘安装，选择第 1 项"Fedora 21 Installation（USB）"。另外，如果是使用
外置的光盘驱动器进行安装，也选择这一项。

　　2. 如果使用电脑内置的光盘驱动器进行安装，选择第 2 项"Fedora 21 Installation
（SATA-CD）"。

选择正确的安装方式后按
回车键,将自动进入安装界面。
实际上,所谓"安装界面",
其实是一个真实的桌面环境,
这个桌面环境和安装后的桌面
是完全相同的,甚至连开始菜
单中的所有应用程序都是可以
运行的。这样的安装方式一般
称为"Live 式安装",Live 式
安装的含义就是在安装过程开
始之前就能够体验完整的操作
系统。Loongnix 的 Live 桌面
环境如图 2-8 所示。

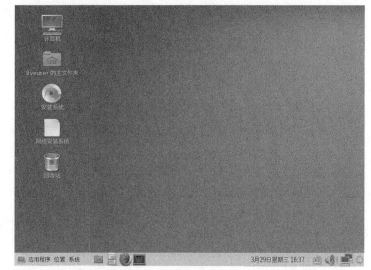

图 2-8　Live 桌面环境

2.2.3　启动安装程序

在 Live 桌面上找到"安装系统"的图标,这是一个光盘形状的图标,用鼠标双击它后出现"安装"界面,如图 2-9 所示。

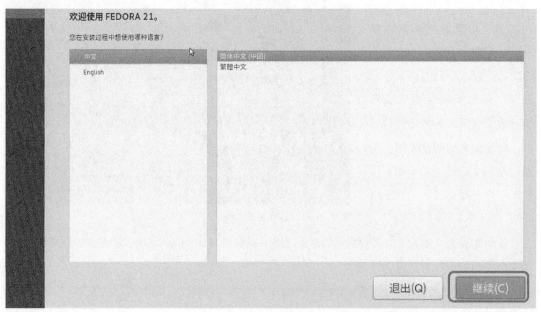

图 2-9　"安装"界面

在图 2-9 中,界面上的语言选项可以保持默认值不变,单击右下角"继续"按钮,进入下一个界面,即"安装信息摘要"界面,如图 2-10 所示。

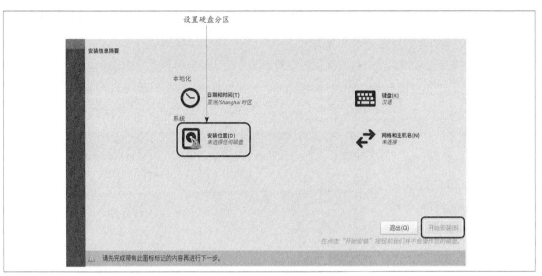

图 2-10 "安装信息摘要"界面

在这个界面中有很多设置项目，如果某一个项目旁边出现黄色警告图标，则代表该项目有必须设置的内容，右下角的"开始安装"按钮不可操作，必须进行正确的设置后才能继续安装。其中最复杂的设置项目就是硬盘分区，这也是安装操作系统的过程中最容易出现错误的步骤，以前经常有读者由于硬盘分区设置不当而导致安装失败，因此在下一节对硬盘分区设置进行专门说明。

2.2.4 硬盘分区设置

单击图 2-10 中有黄色警告图标的"安装位置"按钮，进入"硬盘分区设置"界面，如图 2-11 所示。

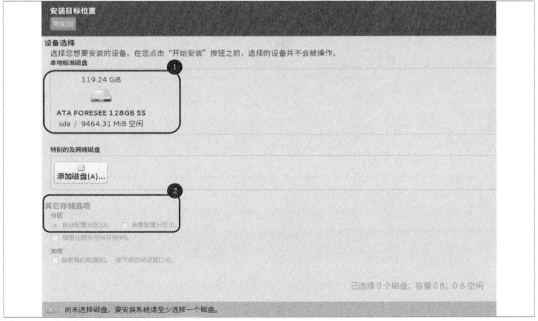

图 2-11 "硬盘分区设置"界面

第一次看到这个界面时会感觉界面非常复杂，因为硬盘分区是有很强专业性的工作，涉及硬盘分区表、主分区 / 逻辑分区等复杂的技术概念，解释起来要耗费很多时间。为了方便用户，Loongnix 的安装工具提供了一种最简化的设置方法，也就是利用界面中的"自动分区"功能，避开复杂的概念，目标是确保用户能够在最短时间内把操作系统安装好，尽快上手体验应用程序开发环境。

单击图 2-11 中 ❶ "本地标准磁盘"的图标，在上面出现一个"对号"图标，这时候界面下方 ❷ "分区"中的单选钮变成可以选择的状态，注意一定要确保选中"自动配置分区"的单选钮，当前界面如图 2-12 所示。

最后单击图 2-12 中左上角的"完成"按钮，完成硬盘分区设置，返回

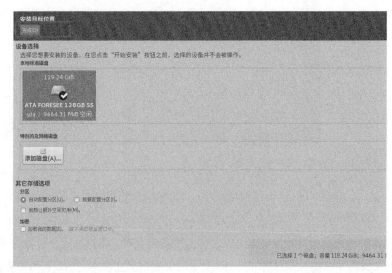

图 2-12　选择自动配置分区

"安装信息摘要"界面（见图 2-10）。这时"安装信息摘要"界面原有的黄色警告图标消失，右下角的"开始安装"按钮会变成蓝色，单击后就自动开始安装系统，这时出现一个蓝色的滚动条，显示了安装系统的完成进度，如图 2-13 所示。

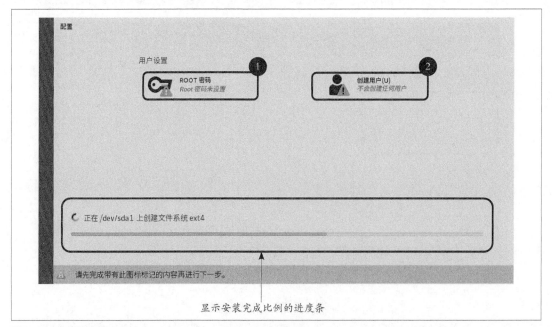

图 2-13　安装进度界面

2.2.5 用户设置

在安装进度界面中（见图 2-13），有两个显示黄色叹号图标的选项❶"ROOT 密码"和❷"创建用户"，这是用于创建电脑用户的入口。

Loongnix 的安装程序提供了很强的灵活性，可以在安装过程中同时进行创建电脑用户的操作（也就是在进度条没有达到100%之前进行设置），也可以在安装完成后进行创建电脑用户的操作。具体的设置方法如下。

1. ROOT 密码

ROOT 密码是指管理员的密码。Loongnix 的管理员是指用户名固定为 root 的用户，拥有使用电脑的最高权限，等同于 Windows 中的 Administrator 用户，一般只有在进行系统级的维护操作时才使用 root 用户，例如安装软件、磁盘管理等工作。

2. 创建用户

生成一个用于普通用户的账号，这个账号的权限很低，即使用户操作失误，也不会对整个操作系统造成破坏。所以在日常办公处理、上网等工作中都建议使用普通用户账号。

选择图 2-13 中的❶"ROOT 密码"，出现图 2-14 所示的界面。

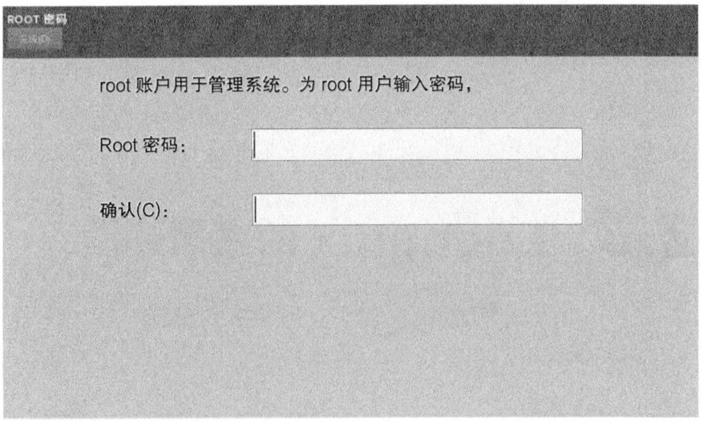

分别在两个文本框中输入

图 2-14　设置 ROOT 用户密码

相同的 root 密码，并单击左上角的"完成"按钮来结束 root 用户的密码设置，返回安装进度界面。需要注意的是，推荐的密码是使用大写字母、小写字母、数字、特殊字符的混合，长度不低于10 位。

如果密码过于简单，需要单击两次"完成"按钮。

返回图 2-13 所示的安装进度界面后，再选择❷"创建用户"，可以创建一个日常工作使用的用户，出现图 2-15 所示的界面。

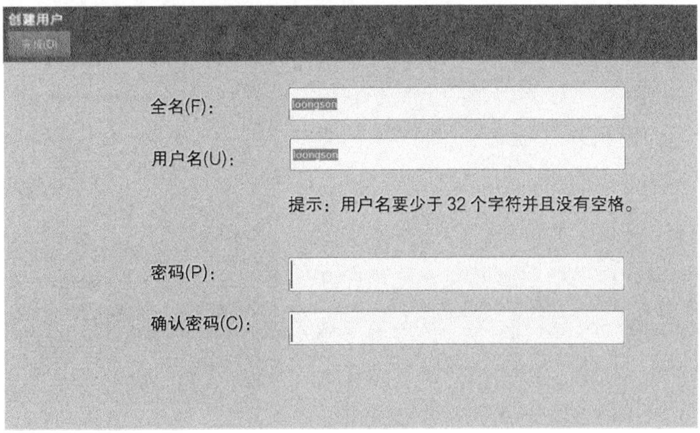

在文本框中输入新用户的名称和密码，界面上的其他选项可以保持默认值。单击左上

图 2-15　设置普通用户密码

角的"完成"按钮来结束普通用户的密码设置，返回安装进度界面。

安装进度界面中的进度条会持续向右增长，等待大约 20 分钟所有安装文件都复制到硬盘上，这时候安装过程就完成了。安装进度界面右下角的"退出"按钮变成可以单击的状态，单击这个按钮返回 Live 桌面，并且在 Live 桌面左下角的开始菜单中选择"系统⇨关机⇨重新启动"，龙芯电脑会重新启动。

在完成安装后重新启动电脑时，一定要在电脑屏幕上出现厂商的标志之前，拔出 U 盘或光盘，否则系统会再次进入安装程序。

> **提示：在前文所述的安装过程中，需要注意以下几点**
> 1. Loongnix 暂时不支持"多操作系统安装"，也就是不支持在同一台龙芯电脑中安装多个操作系统。如果电脑的硬盘上已经事先安装了其他操作系统，在安装 Loongnix 的过程中都会被清除掉。
> 2. 本节描述的硬盘分区配置方法是"自动创建分区"。对于高水平的用户，可能会觉得自动设置的分区方案不适合自己的需要，Loongnix 提供了手工创建新系统分区的方式。这种方式比较复杂，需要对硬盘具有一定的专业知识才能操作，只适用于高级技术水平的用户。请参考 Loongnix 社区网站上"文档"区域中的安装手册。

2.3 Loongnix 的桌面环境

Loongnix 安装结束后，就可以畅游龙芯电脑的精彩世界了。下面简单介绍从开机到进入桌面之后的过程。

2.3.1 开机和登录

按下龙芯电脑的电源键，能够听到机箱中的蜂鸣器发出"嘀"的一声响，这代表电脑启动正常，稍等片刻就进入 Loongnix 的用户登录界面，如图 2-16 所示。

在这个界面中，下拉菜单中已经默认显示了安装时设置的用户名 loongson，只需要在下面的文本框中输入密码，单击"登录"按钮。如果密码输入正确，登录后就进入龙芯电脑的桌面环境。

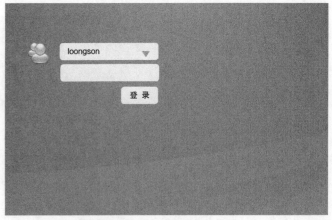

图 2-16 用户登录界面

2.3.2 桌面布局

Loongnix 的桌面环境布局如图 2-17 所示。

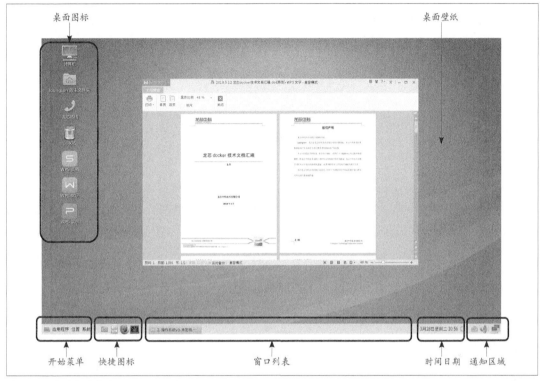

图 2-17　龙芯电脑桌面

由图 2-17 可以看到 Loongnix 和 Windows 还是很相似的，界面布局也大同小异，分成以下区域。

1. 桌面图标

桌面图标在桌面的左侧，从上到下排列着一些应用程序图标。其中"计算机"相当于 Windows 的"我的电脑"，打开后运行一个文件管理器。"loongson 的主文件夹"相当于 Windows 的"我的文档"，打开后也是运行一个文件管理器，只是起始目录位置变成 loongson 的主目录（/home/loongson）。"龙芯热线"是访问龙芯支持网站的入口。"回收站"和 Windows 中的回收站意义相同，为删除文件提供一个安全的临时保存场所。最后三个图标都是 WPS Office 的应用程序，分别是表格、文字和演示。

2. 桌面壁纸

桌面壁纸在桌面正中间占据了绝大部分的面积，是一张铺满全屏幕的大图片。

3. 开始菜单

开始菜单在桌面的左下角。和 Windows 的开始菜单不同的是，Loongnix 的开始菜单包含三个选项，分别是"应用程序""位置""系统"，如图 2-18

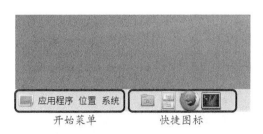

图 2-18　开始菜单和快捷图标

所示。后文将详细讲述 Loongnix 的开始菜单。

4. 快捷图标

快捷图标在开始菜单的右侧，显示了一些常用程序的启动按钮。从左到右分别是"显示桌面"（即隐藏所有窗口）、"文件管理器"、"浏览器"、"MATE 终端"（一个运行命令行的工具）。

5. 窗口列表

窗口列表在快捷图标的右侧，相当于是 Windows 的任务栏，每次打开一个新窗口时，就会出现一个包含窗口图标和名称的按钮。现在只运行了一个 WPS Office 程序，所以窗口列表上只有一个按钮。

6. 时间日期

显示电脑的当前时间。

7. 通知区域

通知区域位于桌面的右下角，包含了几个用于配置电脑的小程序图标，分别是输入法、音量和网络。

2.3.3 开始菜单

Loongnix 的开始菜单相比 Windows 更为强大，共分为三个选项。

1. 应用程序

应用程序包含了 Loongnix 中所有已安装的软件，分为 10 种类别，每一个类别是一个子菜单，包括办公、编程、附件、互联网、教育、其他、图形、系统工具、影音、游戏。WPS Office 位于"办公"类别中，如图 2-19 所示。

2. 位置

位置提供了访问计算机中常用目录的入口，如图 2-20 所示。最上面的"主文件夹"类似于 Windows 中的"我的文档"，是用于集中保存个人数据和文件的目录。"桌面文件夹"类似于

图 2-19　开始菜单：应用程序

图 2-20　开始菜单：位置

Windows 的桌面目录。再往下面的条目使用得较少。"下载"是集中保存浏览器下载文件的目录。"计算机"类似于 Windows 的"我的电脑"，可以查看所有磁盘。"网络"类似于 Windows 的"网上邻居"，可以访问网络上的其他计算机。"连接到服务器…"提供了以 FTP 或者 SSH 协议远程登录其他计算机的功能。"MATE 搜索工具"类似于 Windows 上的"搜索"，可以检索本机上所有文件。"最近文档"显示了本机最近一段时间内打开过的文档记录。

3. 系统

系统提供了用于设置计算机的很多个选项，包括首选项、系统管理、控制中心，可以理解为 Windows 的"控制面板"的功能，具体功能就不一一列举了。下面有一些用于帮助功能的菜单，还有锁屏、注销、关机的菜单项也在这里提供，如图 2-21 所示。

图 2-21　开始菜单：系统

在开始菜单的"系统"中，单击"注销loongson"选项则注销当前用户，系统返回登录界面，可以改成使用其他用户的账号重新登录。

在开始菜单的"系统"中，单击"关机"选项，则会出现一个对话框，如图 2-22 所示。

对话框中有"挂起""重启""取消""关闭系统"四个按钮，都很容易理解。其中"挂起"类似于 Windows 的睡眠，显示器关闭，进入节省电源的状态，这个功能主要用在笔记本电脑上。"重启"

图 2-22　龙芯电脑的关机菜单

是使电脑重新启动，单击"关闭系统"按钮，则电脑自动断电关机。

通过上述描述，可以发现 Loongnix 的开始菜单功能非常丰富，不仅可以打开各种应用程序，还能够访问常用的目录以及对计算机进行设置。当然最常用的功能还是用于启动应用程序，Loongnix 预装了几十种实用的软件，在网络源上还有几千种，下面列举最常用的软件进行介绍。

2.4　Loongnix 的软件工具

2.4.1　常用软件

Loongnix 预装了几十种常见的应用软件，安装完成后即可使用。下面按照开始菜单中的分类顺序，依次介绍最重要的软件界面和功能。图 2-23 是最常用的应用软件菜单列表。

（a）办公　　　　　　　（b）编程　　　　　　　（c）附件

（d）互联网　　　　　　（e）图形　　　　　　　（f）影音

（g）系统工具

图 2-23　Loongnix 应用软件

1. 办公类软件

● Atril 文档查看器：这个软件可以用来浏览 PDF 文档，相当于 Windows 上的 Adobe PDF Reader，如图 2-24 所示。

● MATE 字典、星际译王：这两个软件都能够实现中英文翻译，内置了几种常用字典。

● PDF-Shuffler：这是 PDF 文件的页面编辑工具，可以实现 PDF 文件的页面提取、重新排序、多个文件合并等编辑功能。

● WPS Office：金山公司研发的字处理工具，包含字处理（相当于 Word）、电子表格（相当于 Excel）、演示（相当于 PowerPoint）三个软件。图 2-25 展示了使用 WPS Office 编写本书的工作界面。

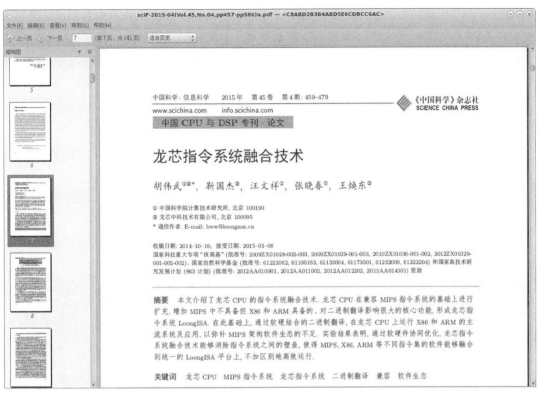

图 2-24　Atril 文档查看器

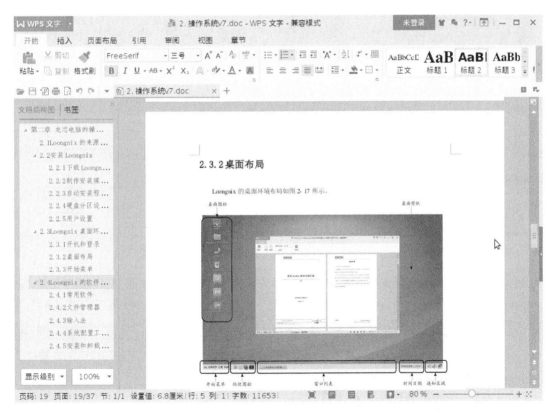

图 2-25　WPS Office

金山 WPS Office 没有提供相当于 Visio 的流程图绘制软件。如果读者要在龙芯电脑上编辑流程图，可以考虑 Calligra 办公室套装软件，Calligra（原名 KOffice）是一个轻量级的办公组件，旨在为所有平台提供一组基于开放标准的优秀办公软件，包括流程图编辑器 Flow，这是可以替代 Visio 的流程图编辑器，界面简单易用，支持多种流程图类型，功能齐全，如图 2-26 所示。

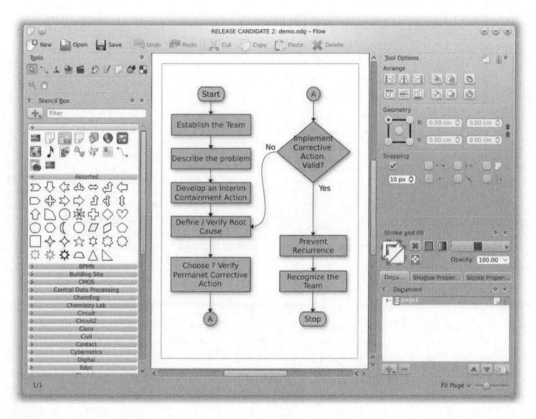

图 2-26　Calligra 流程图软件

2. 编程类软件：提供用于编程的常用工具，主要给计算机程序开发者使用

● Eclipse：这是一个用于 Java、C/C++ 等语言开发的集成开发环境（IDE）。

● OpenJDK 8 Monitoring：用于设置 Java 开发环境的工具。

● Qt4 开发工具的系列程序：用于开发带有图形界面的应用程序。

3. 附件类软件：附件中的内容很丰富，包含了文本编辑器、计算器、屏幕抓图等多种实用工具，甚至是非常专业的光盘刻录程序都在其中

● MATE 搜索工具：是用于在本电脑上搜索文件的工具。

● Xfburn CD/DVD 刻录程序：是用于刻录光盘镜像文件的工具，在前面使用这个工具制作了 Loongnix 安装光盘。

其他几个工具都很容易通过名称知道它的用途。

4.互联网类软件：提供了具有联网通信功能的常用软件

Loongnix 提供了两个主流的开源浏览器，即 Firefox 和 Chromium，目前这两个浏览器分别拥有一定数量的用户，所以 Loongnix 都内置提供，方便用户选用，如图 2-27、图 2-28 所示。

图 2-27　Firefox 浏览器

图 2-28　Chromium 浏览器

另外还有 FTP 下载工具、远程桌面、Thunderbird 邮件客户端、局域网通信软件等工具。

5. 图形类软件：提供了用于处理图形图像功能的常用软件

● GNU 图像处理工具：这是一个可以替代 Adobe Photoshop 的专业图像处理工具。GIMP 是一个跨平台的图像处理程序，是 GNU 图像处理程序（GNU Image Manipulation Program）的缩写，包括几乎所有图像处理所需的功能，号称 Linux 下的 Photoshop。GIMP 的功能不输于专业的绘图软件，提供了各种影像处理工具、滤镜，还有许多的组件模块，GIMP的界面如图 2-29 所示。

图 2-29　GIMP 图像处理软件

> **提示：Adobe Photoshop 的替代软件**
>
> 　　对于龙芯电脑上没有 Photoshop 的问题，除了使用 GIMP 之外，还可以使用网页版本的照片美工软件进行替代，例如美图秀秀网页版，或者其他图片美工处理工具等，功能非常丰富，日常需要的图片处理、海报制作等工作都可以顺畅完成。

● MATE 之眼图像查看器：这是一个图片预览工具，可以打开 JPG、PNG、GIF 等各种图片。

● showFoto：这是一个用于管理数码相机和照片相册的工具。

● 扫描易：这是一个用于管理扫描仪的软件。

6. 影音类软件：提供了用于播放视频、音频文件的常用软件

● gtk-recordMyDesktop：这是一个用于录制屏幕的软件，可以把显示器上的所有变化录制成视频文件，类似于 Windows 上的"屏幕录像机"工具。

● OpenShot Video Editor：这是一个用于编辑视频、创作影视剧和后期特效处理的专业软件。

● SMPlayer：这是一个万能的视频播放器，可以播放所有常用的音频、视频格式，对高清720P 和超清 1080P 的视频文件都能够流畅播放，龙芯电脑也可以在工作闲暇时作为娱乐平台。

7. 系统工具类软件：提供了用于配置和维护计算机系统的常用软件

系统工具提供了磁盘分析和管理器、MATE 终端、磁盘使用分析器、系统监视器、系统日志查看器等。这些工具一般是给管理员使用，对于机器的运行状态进行监视，或者当发生故障时进行排查分析。

2.4.2 文件管理器

电脑用户经常使用文件管理器软件，文件管理器是一个直观的目录、文件管理程序，功能上类似于 Windows 的"我的电脑"和"资源管理器"，可以在界面中查看硬盘上的所有文件，对文件进行复制、删除等操作，如图 2-30 所示。虽然 Loongnix 的文件管理器界面和 Windows 的"我的电脑"有很大不同，初学者可能有一些不习惯，但是适应一段时间之后就会感觉到这个工具还是很方便的。由于文件管理器使用非常频繁，所以 Loongnix 在桌面底部的快捷图标中也提供了快速访问入口，另外在桌面上双击"loongnix 的主文件夹"也能够调用文件管理器。

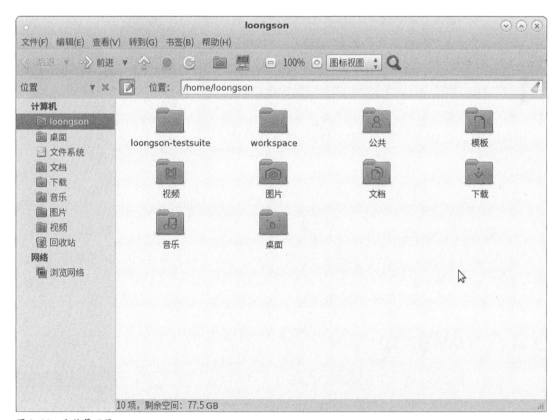

图 2-30　文件管理器

文件管理器的功能非常简单直观，主要的操作功能都包含在菜单和图标中了，有经验的计算机用户基本可以在摸索中学会使用。

> **提示：为什么在 Loongnix 中没有看到 C：或 D：这样的盘符**
>
> Loongnix 的分区和 Windows 有本质的区别，这也是学习使用所有 Linux 的过程中遇到的第一个差异。
>
> Windows 中习惯将硬盘分成多个分区，盘符从 C：、D：、E：往后依次类推。其中至少要有一个安装操作系统文件的分区 C：盘，其他分区单独用于存储工作文件、下载文件、电影等，这样有利于系统格式化后保护工作文档。
>
> 而 Loongnix（包括所有 Linux 发行版）不像 Windows 一样区分盘符，而是只有一个自顶向下的分区（术语称为"文件系统"）。整个文件系统中根据存储文件的不同分成多个目录，其中"桌面"专用于保存系统桌面上的文件，其他目录包括"文档""下载""音乐""图片""视频"等。Loongnix 的这种设计理念和苹果电脑的操作系统 MacOS 是相同的，MacOS 也是不区分盘符的。用户刚开始可能会觉得不如 Windows 方便，使用一段时间之后，就会觉得这种设计同样能够满足使用。

2.4.3 输入法

Loongnix 预装四种输入法，包括英文、拼音、双拼、五笔字型，基本上能够满足日常信息处理中的输入需求。在桌面右下角的输入法图标上单击右键，弹出如图 2-31 所示的菜单。

在打字的过程中经常要切换输入法，可以在输入法图标上单击鼠标右键，在弹出的菜单中选择对应的名称，但是这样在速度上会慢一些，有两个快捷键能够实现快速切换输入法。

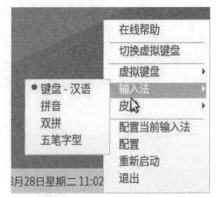

1. [Ctrl+ 空格] 切换中英文。

图 2-31　输入法

2. 在中文模式下使用 [Ctrl+Shift] 组合键在拼音、双拼、五笔之间相互切换。

可以看到这两个快捷键和 Windows 是相同的。

除了预装的 4 种输入法之外，有很多开发者为 Loongnix 制作更多的输入法，将来用户可以另外安装自己喜欢的输入法。

2.4.4 系统配置工具

在使用计算机的过程中，经常需要对系统进行一些配置。Loongnix 提供了很多种配置功能，可以单击开始菜单中的"系统"菜单，子栏目有"首选项""系统管理""控制中心""帮助""锁住屏幕""注销 loongson""关机"等功能，如图 2-32 所示。

1. 在"首选项"中，分成了个人、互联网和网络、外观、系统、硬件等设置。由于项目较多，读者可以在安装操作系统后自行查看具体项目。

2. 在"系统管理"中，有打印设置、安装包管理器、日期和时间、用户和组群。

3. 单击"控制中心"选项，出现的界面包括全部控制选项，非常类似于 Windows 的控制面板，或者是苹果操作系统的"系统偏好"，控制中心的界面如图2-33 所示。

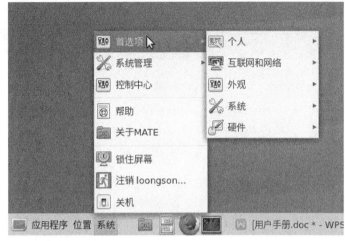

图 2-32　系统菜单

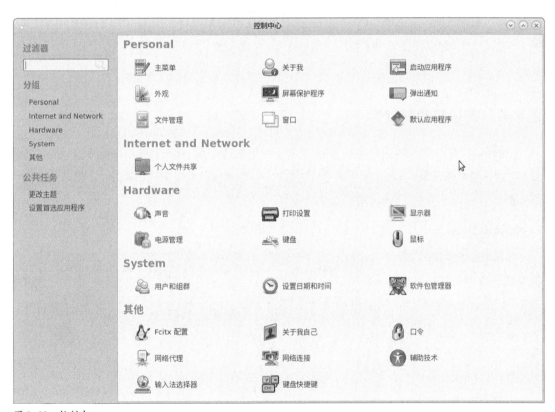

图 2-33　控制中心

提示！

除了上面介绍的控件中心之外，还有一些使用命令行方式进行系统配置的方法。由于命令行方式的学习成本较高，只适用于高水平的用户。下面列举两个例子。

1. SSH 远程登录配置

出于安全起见，Loongnix 系统默认关闭了 SSH 服务。SSH 服务可以用于通过网络上的另一台机器进行远程登录，或者远程访问另一台计算机上的文件，类似于 Windows 的"网络邻居"。如果需要打开本机的 SSH 服务，请启用终端程序，运行如下命令（需要 root 用户权限）：

```
#systemctl enable sshd.service
#systemctl start sshd.service
```

2. 防火墙配置

出于安全起见，Loongnix 系统默认开启了防火墙服务。防火墙服务是用于屏蔽电脑上某些网络端口对外发送数据，防止电脑上的数据被其他用户恶意窃取，有助于提高本机的安全性。但是，如果防火墙服务配置不正确，也会造成一些正常的网络服务无法使用，这时候可以考虑关闭防火墙。如果需要关闭本机的防火墙服务，请启用终端程序，运行如下命令（需要 root 用户权限）：

```
#systemctl stop firewalld
#systemctl disable firewalld
```

2.4.5 安装和卸载软件

Loongnix 有两种安装和卸载软件的方法：一种是图形界面；另一种是终端命令行。前者直观易用，方便初学者使用，后者要使用命令行的方式，学习难度较大但是更加高效。下面以一款打字教学软件 tuxtype2 为例，分别介绍这两种方法。

1. 图形界面安装软件

在开始菜单中选择"系统⇨系统管理⇨软件包管理器"，在弹出的对话框中输入管理员的 root 密码。运行的"软件包管理器"界面如图 2-34 所示。

在❶搜索栏中输入软件的名称"tuxtype2"，出现一条搜索结果，选择❷搜索结果前面的复选框，再单击❸右下角的"应用"按钮，就可以进行安装了。

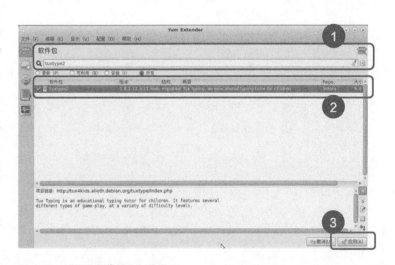

图 2-34 "软件包管理器"界面

如果搜索结果显示的软件名称为绿色，则表示软件已经安装。对于已经安装的软件，如果要进行卸载，方法是取消前面的复选框，并单击右下角的"应用"按钮进行卸载。

2. 终端命令行安装软件

在这种方式中，需要打开命令行终端程序，运行 yum 命令以实现软件的安装和卸载。yum 命令是用于安装、卸载软件包的通用工具。例如，如果要安装 tuxtype2 软件，在开始菜单栏选择"应用程序⇨系统工具⇨ MATE 终端"，输入图 2-35 所示的命令。

如果要卸载 tuxtype2 软件，执行如下命令。

图 2-35　软件包管理器

```
#yum remove tuxtype2
```

通过本章的学习可以看到，Loongnix 像 Windows 一样直观方便，内置的软件也很丰富。读者一定会感到好奇，这样一个"一分钱不要"的操作系统是怎样制作出来的？这些软件是用什么语言、工具开发出来的呢？是否还要像以前一样学习 Visual C++、.Net Framework 才能在龙芯上开发软件？

从下一章开始，我们将以全新的视角来学习龙芯上的应用开发，面对的是各种开源编程工具，其中有 Web 编程领域的领军者 Java，也有 C/C++ 的编译工具 GCC，还有简单高效的编程语言 Python 等。这些编程语言就像瑞士军刀一样，设计精巧，各具特色。本章中展示的所有应用程序，包括 Firefox 浏览器这样有千万行代码的超大型软件，都是用这些工具编写出来的。在本书的带领之下，通过一个个实际案例的讲解，在龙芯电脑上一"编"为快。

思考与问题

1. 什么是 Linux 发行版？

2. Loongnix 在哪里下载？

3. Loongnix 为什么采用"长期维护"策略？

4. 怎样制作安装 U 盘？

5. 安装 Loongnix 的过程中怎样设置硬盘分区？

6. Loongnix 桌面和 Windows 有什么区别？

7. Loongnix 的开始菜单有什么特色？

8. Loongnix 的"控制中心"和 Windows 的"控制面板"有哪些区别？

9. Loongnix 提供了哪些常用的应用软件？

10. 怎样使用命令行安装软件？

第 **03** 章

龙芯应用开发环境

Loongnix 和 Windows 是完全不同的操作系统，尤其是在应用开发环境上有很大的差别。在 Windows 上开发软件，经常要使用 Visual Studio、MFC、.Net Framework 等开发工具，这些开发工具在 Loongnix 上都是不提供的，读者需要在 Loongnix 上重新学习新的开发工具，最终取代这些 Windows 专用的开发工具。

在安装好了 Loongnix 以后，你是不是已经迫不及待地要尝试一下在龙芯电脑上开发应用程序？本章将面向开发者介绍龙芯电脑的开发环境，全面总结 Loongnix 的基础软件，列出所有常用的编程语言、函数库、平台引擎、浏览器、性能分析工具、集成开发环境，对龙芯电脑上的应用开发、适配与优化工作提出指南和规范。通过快速浏览各种开发工具，并且对应用软件迁移进行概念介绍，读者对 Loongnix 上的应用开发环境有一个全景认识，然后再在后面的每一个章节中深入学习每一种具体开发工具。

学习目标

学习 Loongnix 的应用开发环境，及其与 Windows 开发环境的区别。常用的基础软件，包括编程语言、函数库、平台引擎、浏览器、性能分析工具、集成开发环境。掌握从 X86 电脑向龙芯电脑迁移应用的"两步走"策略，在应用公社上提交和分享开发成果。

学习重点

重点掌握应用软件和基础软件的区别，基础软件的分类，在龙芯电脑上的典型开发工具，主要的 API 类型和名称，应用迁移的步骤和策略。

主要内容

基础软件的定义和分类

Loongnix 的编程语言

Qt 等函数库

Tomcat 等平台引擎

两种浏览器

两种集成开发工具

应用迁移"两步走"策略

应用公社的作用

3.1 应用开发环境概述

3.1.1 应用软件和基础软件

一个完整的操作系统由成千上万个软件组成。这些软件大体可以分为两类：第一类是应用软件，即用户最终面对和使用的软件，例如办公软件、图形图像处理软件、媒体播放器、即时通信工具、游戏等，这些应用软件都是用于实现用户的某一种特定的功能需求。第 2 章已经详细介绍了Loongnix 内置的各种常用应用软件。

第二类是基础软件，这些软件本身不被用户直接使用，而是为应用软件提供运行平台，以及为开发者提供应用软件开发环境。应用软件和基础软件的关系如图 3-1 所示。

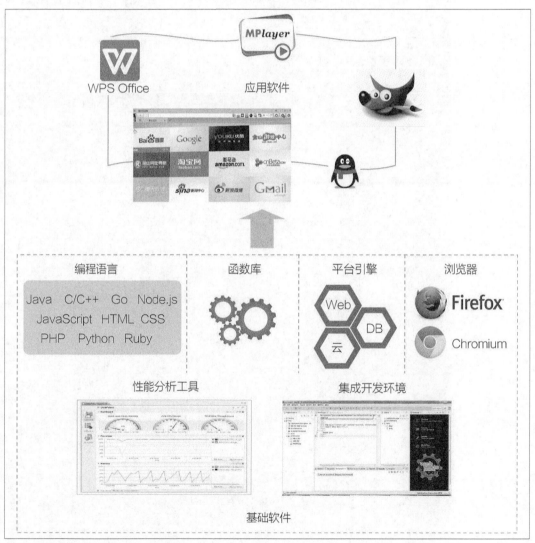

图 3-1　基础软件和应用软件

基础软件一般包括以下类型。

1. 编程语言

所有应用软件都是使用某一种编程语言开发的，都需要相应的编译器工具来把源代码转换成可以运行的代码，或者使用虚拟机来执行脚本程序。例如，Java 语言的编译器是 JDK（Java Development Kit），C/C++ 的编译器是 GCC，Go 语言的编译器是 golang，Python 语言不需要编译而是使用虚拟机来直接运行源文件。

2. 函数库

有了编程语言以后，还需要提供支持应用程序的各种函数库，每一个函数库封装了面向某一个领域的共性功能，包括数学库、窗口图形库、人工智能算法库等。例如，C/C++ 语言在 /usr/include 等目录下提供了大量 .h 头文件，Java 语言也提供了用于实现文件、网络、图形等功能的基础类库。

3. 平台引擎

这是一些用于支撑大型应用系统运行的引擎，由于规模较大、层次复杂而形成专门的平台架构，典型的有 Web 服务器（如 Apache）、数据库服务器（如 MySQL）、云平台（如 Docker），还包括 JSP/Servlet 中间件（如 Tomcat）、GIS（地理信息系统）、分布式文件系统（如 Hadoop）等。

4. 浏览器

这是一种很特殊也是很重要的基础软件，虽然浏览器表面上是一个应用软件，但是浏览器是众多基于 B/S（浏览器—服务器）架构的网页程序的运行平台，浏览器对 JavaScript、HTML、CSS 等网页编程语言进行解析和运行，浏览器的性能直接决定了网页程序的运行水平，所以浏览器一般也归入基础软件的行列。

5. 性能分析工具

应用开发平台都提供一种或多种性能分析工具，这是用于对应用程序进行性能分析的专门软件，可以对应用程序的运行时间进行剖析（Profiling），将总的运行时间分解到以函数为单位进行显示，开发者据此来排查应用程序的热点开销以指导优化。

6. 集成开发环境（IDE）

这是把上面的所有工具组合起来的软件，在一个界面内可以方便地调用代码编辑器、编译器、调试器、性能分析工具、帮助文档，明显提升开发效率。Windows 上的集成开发环境就是 Visual Studio，Loongnix 常用的集成开发环境有 Eclipse、Qt Creator 等。

> **提示！**
> 计算机书籍一般将软件分成"系统软件"和"应用软件"两种类型，那么系统软件和本节所述的基础软件是什么关系呢？通过前面对基础软件的分类和举例，可以看到基础软件比系统软件的含义更为广泛，还包含了应用软件中位于底层的、对其他应用软件的运行起到支撑作用的软件。
>
> 早期的计算机软件都很简单，应用软件的规模都很小，还没有形成平台引擎、集成开发环境等独立门类，所以人们还没有提出基础软件的概念。后来软件越来越复杂，软件体系结构划分的层次更清晰，基础软件才形成一个独立门类。

3.1.2 Loongnix 的基础软件

基础软件是应用软件的运行平台和开发平台，反过来讲，应用软件是依托于基础软件"生长"出来的产品。龙芯电脑的软件生态已经包含大量基础软件，在 X86 电脑上常见的开源软件都在龙芯电脑上进行了移植，为开发者提供了创造各种应用程序的开发工具，如表 3-1 所示。

表 3-1　龙芯电脑基础软件汇总

基础软件类型	名称	典型开发工具	典型应用
编程语言	Java	OpenJDK	Web、本地应用
	C/C++	GCC	本地应用
	PHP	Apache	Web 应用
	Python	Python 虚拟机	Web、本地应用
	Ruby	Ruby 虚拟机	Web 应用
	Node.js	Node.js 虚拟机	Web 应用
	Go	golang	Web、本地应用
函数库	本地图形界面库	Qt	本地图形界面应用
	Java 图形界面库	AWT/Swing、JavaFX	本地图形界面应用
	Java 本地接口库	JNI、JNA	Web、本地应用
	3D 图形库	OpenGL	3D 图形应用
	视频解码库	ffmpeg、openh264、libvpx	视频播放器
平台引擎	Web 中间件	Tomcat、Jboss、Jetty	Web 应用
	Java EE 引擎	GlassFish	Web 应用
	数据库	MySQL（关系型）MongoDB（非关系型）	Web、本地应用
	3D 中间件	OSG、MapBox、Cesium、OGRE	3D 图形应用
	云平台	Docker	Web 应用
	大数据	Spark、Storm	大数据应用
	分布式文件系统	Hadoop	分布式应用
浏览器	JavaScript/HTML/CSS	Firefox、Chromium	Web 应用
	JavaScript 组件和框架	jQuery、AngularJS	Web 应用
	CSS 框架	Bootstrap	Web 应用
	Adobe Flash	Flash 插件	Web 应用
	HTML5	Firefox、Chromium	Web 应用
	WebGL	Firefox、Chromium	Web 页面 3D 应用
	WebRTC	Firefox、Chromium	Web 页面视频应用
	本地程序嵌入 Web 页面	CEF、Electron	本地应用

基础软件类型	名称	典型开发工具	典型应用
性能分析工具	Profiling Tool	Oprofile、Perf	本地应用
集成开发环境	Java/C/C++ IDE	Eclipse、Netbeans	Web、本地应用
	Qt IDE	Qt Creator	本地图形界面

通过表 3-1 可见，应用软件在运行形态上分成很多类型，例如只能在单机上运行的本地应用，以及在后台服务器上运行、通过本机浏览器访问的 Web 应用，还有支持立体图形的 3D 图形应用。所有相应的开发工具也分成很多类型。

表 3-1 中的几十种基础软件都是在 Loongnix 上开发应用软件的常用工具，它们共同构成了龙芯应用开发环境。下一节对这些工具进行概要性的介绍。

> **提示：API 的概念**
>
> 为了方便开发者更高效地开发应用软件，有一些基础软件制定了与应用软件之间的接口规范，称为应用编程接口（Application Programming Interface，API）。各种计算机语言、函数库、平台引擎都属于 API 的范畴，例如 MFC、Java、JavaScript/HTML/CSS、Qt、OpenGL 等。
>
> API 是开发者用来创造应用软件的核心工具，建设软件生态的重要工作就是给开发者提供优秀的 API。

3.2 龙芯开发工具概览

3.2.1 编程语言

1. Java

Java 语言在企业应用开发中得到了广泛的应用，是当前 Web 开发领域占据最大份额的主流语言。Loongnix 支持的 Java 运行环境基于开源的 OpenJDK 8，与 X86 电脑的 Oracle JDK、OpenJDK 高度兼容，并且使用方法相同，可以在二进制代码级别实现 Java 应用的跨平台迁移。

龙芯 Java 运行环境由龙芯团队开发维护，累计贡献了 10 万行 Java 虚拟机代码，所开发的 OpenJDK 代码已经在社区上开源，并且投入了几十种性能优化工作，推动龙芯电脑上 Java 应用执行效率的持续提升。

2. C/C++

龙芯电脑支持标准的 GCC 编译器（GNU Compiler Collection），并且增加了对龙芯扩展指令集 LoongISA 的全面支持。Loongnix 支持的 GCC 版本是 4.9.3。

3. PHP/Python/Ruby

这是 3 种常用的开源 Web 编程语言，其中 Python 还大量应用于本地应用编程。这 3 种语言的语法都很简单易学，具有丰富实用的函数库，能够以非常高的效率进行开发，龙芯电脑都全面支持。

4. Node.js

这是使用 JavaScript 开发后台服务器 Web 应用的编程语言，对于开发者来说，只需要学习 JavaScript 就能够同时胜任 Web 前端、后端开发，所以这几年 Node.js 很快流行。Node.js 在支持大规模并发访问方面有很大的效率优势，非常适合于互联网应用场景。Loongnix 支持 Node.js 虚拟机，版本是 4.3.1。

5. Go

Go 语言是 Google 公司推出的新型编程语言，吸收了 C、C++、Java 等语言的优点，既适用于开发本地应用，也适用于开发 Web 应用，被认为是很有希望取代 C/C++、Java 的语言。Loongnix 支持 golang 编译器，版本是 1.9。

3.2.2　函数库

1. Qt 图形库

Qt 是一个跨平台的 C++ 图形界面库。它为应用程序开发者提供了建立产品级的图形用户界面所需的所有功能，可用于替代 Windows 平台上 MFC 基础类库。Loongnix 支持 Qt 版本 5.6。

2. Java 图形界面库

基于 Java 语言可以调用 AWT/Swing 或者 JavaFX 实现本地窗口图形界面的应用。其中 AWT/Swing 出现时间较早，主要支持传统的简单界面，JavaFX 支持更加面向现代化界面的高级特效。

3. Java 本地接口库

Java 语言支持本地接口调用技术，即在 Java 代码中调用其他原生语言编写的函数，原生语言一般是指 C/C++ 语言。Loongnix 支持两种 Java 本地接口调用技术，即 JNI 和 JNA。

4. 3D 图形界面库 OpenGL

OpenGL 提供了一套面向 3D 编程的 API 接口，可以充分发挥显卡的硬件加速功能，降低 CPU 的负载。龙芯电脑支持标准 OpenGL 2/3/4、OpenGL ES、OpenCL、OpenVG 等主流的 GPU 编程 API 规范。支持市面主流 AMD 独立显卡，如 HD 4/5/6/7/8 系列、R3/5/7/9 以及嵌入式显卡 E 系列等。对于大数据量的复杂 3D 应用，建议机器配备高性能独立显卡。在程序架构上，尽可能将图形处理工作交给显卡运行，使用硬件渲染，而不要使用软件渲染。

5．视频解码库

视频解码库用于高效地实现视频播放器。龙芯电脑目前已适配的媒体相关开源软件有 ffmpeg、mplayer、openh264、libvpx、smplayer、mpv、totem、gstreamer 等，并基于龙芯扩展的 LoongSIMD 指令集对多媒体编解码库进行了优化。当前正在维护的软件有 ffmepg、mplayer、openh264、libvpx。

利用这些优化过的视频解码库，开发者在龙芯电脑上实现了多媒体播放工具 SMPlayer。SMPlayer 基于开源的多媒体播放器 MPlayer，支持所有常见的视频格式，包括 H.263、H.264/MPEG-4AVC、MJPEG、MPEG-1、MPEG-2、MPEG-4、RealVideo、WMV、RV40、VP8/9 等。

3.2.3 平台引擎

1．Web 中间件

基于龙芯对 Java 的支持，各种基于 Java 的中间件和应用系统均能够在龙芯电脑上运行。例如开源的 Apache Tomcat、Jboss、Jetty 等。龙芯电脑支持的国产企业级中间件包括山东中创、东方通、金蝶等。

2．Java EE 引擎

Java EE 是 Java 的企业版标准规范，提供了面向企业级编程的大量类库接口。GlassFish 是一款专业的 Java EE 应用服务器，达到产品级质量，可免费用于开发、部署和重新分发，在龙芯电脑上有良好支持。

3．数据库

数据库分成关系型和非关系型两种。在关系型数据库方面，龙芯电脑支持开源的 MySQL 数据库，在高版本中已经改名为 mariadb。另一种使用广泛的开源数据库软件 PostgreSQL 也能够得到支持。龙芯电脑支持的国产数据库包括神舟通用、达梦、人大金仓、南大通用等。

在新型的非关系型数据库（NoSQL）方面，像 MongoDB、RethinkDB、Cassandra、CouchDB、Redis、Riak、Membase、Neo4j 和 HBase 等，龙芯电脑都是支持的。

4．3D 中间件

有代表性的几款大型三维应用引擎都可以在龙芯电脑上流畅运行，包括 OSG、osgEarth、MapBox、Cesium、OGRE 等。

5．云平台

龙芯目前可采用轻量级的容器（Docker）技术来进行云平台的部署，实现不同应用资源的隔离。Docker 平台经过深入优化，容器内的应用性能与本地相比没有明显降低。在云平台管理工具方面，龙芯电脑支持 Swarm、Kubernetes 等集群管理工具。这些工具都集成到 Loongnix 中，在使用方法上和 X86 电脑的软件是相同的。龙芯云平台的软件架构如图 3-2 所示。

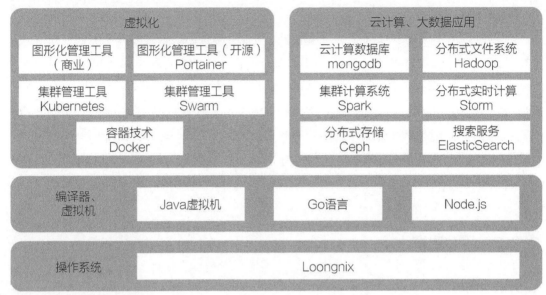

图 3-2　龙芯云平台软件架构

6．大数据

　　开源的大数据软件主要是基于 Java、Go、Python 等平台无关的高级语言，都可以很容易地在龙芯电脑上移植。表 3-2 是在 Loongnix 上验证过的大数据软件列表。Loongnix 的开发者一直在不断地移植更丰富的软件，如果读者使用的软件在这个表中找不到，可以到龙芯社区（www.loongnix.org）上检索最新的列表。

表 3-2　龙芯大数据软件列表

软件名称	版本号	软件名称	版本号
Apache Drill	1.7.0	Ceph	0.80.7
Apache Hadoop	2.7.2	ElasticSearch	2.4.0
Apache Hbase	1.2.2	Etcd	2.3.6
Apache Hive	1.2.0	RocketMQ	3.4.6
Apache Ignite	1.7	Golang	1.9.2
Apache Kylin	1.5.2.1	Grunt	0.4.4
Apache Spark	1.6.1	MongoDB	3.0.11
Apache Storm	1.0.2	Node.js	1.6
Apache Sqoop1	1.4.6	OrientDB	2.2.10
Apache Sqoop2	1.99.7	Open VSwitch	2.3.0
Apache Zookeeper	3.5.1	Snappy	1.1.3
Collectd	5.4.1	RethinkDB	2.3.5

7．分布式文件系统

　　龙芯电脑支持 Hadoop 等分布式存储的文件系统。Hadoop 具有高容错性的特点，可以部署在大量低廉的硬件上，对于超大数据集的应用程序实现高吞吐量。

3.2.4　浏览器

1. 浏览器

龙芯电脑支持两款开源浏览器：Firefox（火狐浏览器）和 Chromium，二者都能够完善地兼容 JavaScript/HTML/CSS 网页标准协议。Firefox 由 Mozilla 开发，Loongnix 长期维护 Firefox 52 版本。Chromium 由 Google 开发，Loongnix 长期维护 Chromium 60 版本。

龙芯团队是 Firefox 浏览器 MIPS 分支的主要代码贡献单位，同时是 Chromium 浏览器 V8 引擎社区成员厂商之一。

> **提示！**
> 读者熟悉的名称可能是 Chrome，那么 Chrome 和 Chromium 是什么关系呢？实际上，Chromium 是开源浏览器，Chrome 是 Google 基于 Chromium 发布的产品。龙芯团队基于开源社区的 Chromium 进行移植，在功能上可视为与 Chrome 兼容。

2. JavaScript 框架

由于龙芯电脑的 Firefox 和 Chromium 都支持标准的 JavaScript/HTML/CSS 网页协议，所以二者也能够支持建立在 JavaScript 之上的各种开源框架，例如 jQuery、AngularJS 这些在 Web 应用开发领域流行的编程框架，也都能在龙芯电脑上良好运行。

3. CSS 框架

Firefox 和 Chromium 都支持 Bootstrap 等流行的 CSS 框架。

4. Flash 插件

Adobe Flash Player 11.1 浏览器插件已经在龙芯电脑上成功完成移植，支持国内主流视频网站，能够完全流畅地全屏播放超清分辨率的视频。Loongnix 已经集成了 Flash 插件，在 Firefox 中默认是启用的，Chromium 由于接口标准不兼容是无法使用 Flash 插件的。

5. HTML5

龙芯 Firefox、Chromium 浏览器都完善支持 HTML5 标准。例如在龙芯电脑上使用浏览器播放 HTML5 视频，可以流畅播放 1080P 的高清视频。

6. WebGL

龙芯 Firefox、Chromium 浏览器都支持网页上的 WebGL 应用，能够在网页中创建 3D 模型和场景。

7. WebRTC

龙芯 Firefox 支持 WebRTC 即时通信标准，视频、音频都能够流畅播放。基于 WebRTC 的远程视频会议系统可以在 640×480 分辨率下达到 24 帧 / 秒的性能，已经基本满足使用需求。

8. 本地程序嵌入 Web 页面

有一些本地程序需要嵌入显示 Web 网页，在龙芯电脑上有两种推荐方式：一种是 CEF 框架；另一种是 Electron。

3.2.5　性能分析工具

性能分析工具能够辅助开发人员找到性能瓶颈点和耗时函数。在 Loongnix 上可以使用 Oprofile 和 Perf 两种工具。通过与龙芯处理器架构进行适配，这些工具可以在微结构级细粒度地分析系统和应用性能，可统计 cache 的缺失率、memory 的访问信息、分支预测错误率、系统调用次数、上下文切换次数、任务迁移次数、缺页例外次数等。

两个工具相比较，Perf 可以统计的项目更精细一些，不仅能统计应用态的指令，而且能统计内核态的指令，并且在分析结果的显示界面上更为直观。在官方的维护方面，Perf 的支持力度比 Oprofile 更强一些，因此优先推荐使用 Perf 进行性能分析。

3.2.6　集成开发环境

龙芯电脑支持的集成开发环境有 Eclipse 和 Qt Creator。

1. Eclipse

Eclipse 是一个开放源代码的、基于 Java 的可扩展开发平台，用于通过插件组件构建开发环境，主要用于大型软件的开发。在龙芯电脑上能够稳定运行 Eclipse 软件，包括 Eclipse 附带的标准插件集和 Java 开发工具等。Loongnix 集成了 Eclipse 4.4.1 版本，如图 3-3 所示。

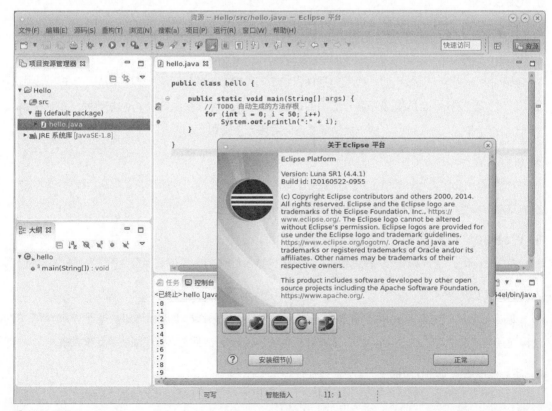

图 3-3　Eclipse

2. Qt Creator

Qt 开发套件包括了集成开发环境 Qt Creator，它既能够做可视化的界面设计，又能够编写代码和进行调试，非常类似于 Windows 平台的 Visual Studio，是编写本地图形界面程序的首选工具，如图 3-4 所示。

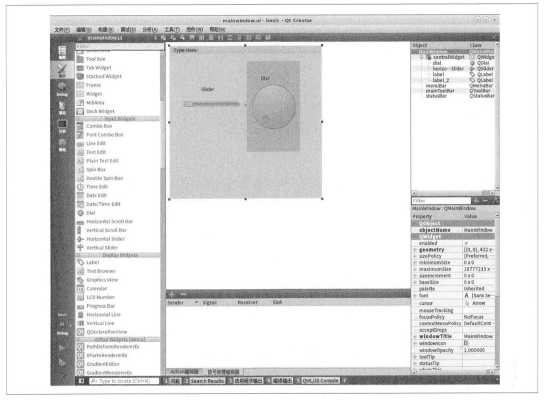

图 3-4　Qt Creator

另外，龙芯电脑还支持 Netbeans IDE，这也是一个用于开发 Java 应用的良好集成开发环境。

3.3　应用迁移"两步走"策略

应用迁移是指将以前 X86 电脑上的应用系统转移到龙芯电脑上运行。过去 30 年里，中国的高校计算机专业培养出大量的程序员，他们基于 X86 电脑创造了数量难以统计的应用系统，有力支撑了企业 ERP、OA 办公、金融、医疗、能源、交通等行业的信息化。随着龙芯电脑在这些行业中的推广普及，以前在 X86 电脑上运行的大量应用系统都需要迁移到龙芯电脑上。

龙芯相对于 X86 是一个新的硬件平台，由于龙芯和 X86 在应用开发环境上存在很大不同，导致应用迁移会遇到各种问题。龙芯和 X86 主要有以下两方面区别。

1. 指令集的区别。龙芯 CPU 是 MIPS 架构，无法运行 X86 指令集的软件代码。

2. 操作系统的区别。龙芯电脑运行的操作系统是 Loongnix，不能直接运行 Windows 的软件。

由于这两个原因，应用系统迁移到龙芯电脑上需要进行适配改造才能保证功能正常。以普通的 C/C++ 程序为例，从源代码编译出的目标二进制代码与 CPU 和操作系统都紧密相关，X86 电脑上的二进制代码无法直接运行在龙芯电脑上，必须将源代码在龙芯电脑上重新编译后才能运行。

针对指令集和操作系统的不同，我们建议采用"两步走"的迁移策略，如图 3-5 所示。

图 3-5　应用迁移"两步走"策略

STEP 1 操作系统层面的迁移。在实际环境中，绝大多数应用程序是在 X86 电脑的 Windows 上开发的，那么首先保持硬件不变，只将操作系统由 Windows 改为 Linux，将应用程序改造成能够在 Linux 上正常运行的版本。这过程是将 Windows 开发环境改成 Linux 的开发环境，调整源代码调用的编程语言、函数库和平台引擎，只使用 Linux 平台提供的 API 接口，保证编译通过、测试功能正常。例如，如果原始程序是使用 Visual C++ 开发的图形界面程序，那么要使用 Linux 的 GCC 代替 Visual C++ 的编译器，使用 Qt 图形库代替 MFC。这一步将初始的应用程序 APP 改造成一个中间版本的应用程序 APP1，其功能和 APP 完全相同。

STEP 2 指令集层面的迁移。把 APP1 由 "X86 电脑 + Linux" 迁移到 "龙芯电脑 + Loongnix"，得到最终版本 APP2。由于 Loongnix 操作系统根源于 Linux，因此两者的基础软件大部分是相同的，包括所有编程语言、函数库、平台引擎的差别很小，所以这一步的工作量将远小于第 1 步。还是以上面的例子，如果是使用 Linux 的 C/C++ 语言和 Qt 库编写的源代码，那么只需要在龙芯电脑的 Loongnix 中使用 GCC 编译器重新编译即可，因为 Qt 库在龙芯电脑上也是提供的，应用程序中调用 Qt 库的源代码无需修改。经过这一步得到 APP2，即完成应用迁移。

读者可以发现，上面的两个步骤其实是一种将复杂问题分而治之的思路，针对 X86 和龙芯电脑的两大区别，在每一个步骤中分别解决，这样比"一步到位"要更简单，整体上能够有效缩短应用迁移的时间。

> **提示：关于应用迁移，还要提醒读者注意两个常见问题**
>
> 1. 关于汇编语言
>
> 在"两步走"策略的第 2 个步骤中，如果源代码中有 X86 汇编语言，那么必须改写源代码，将 X86 汇编代码改写成 MIPS 汇编代码，然后再将代码在龙芯电脑上使用 GCC 编译器进行编译。
>
> 2. 关于 MFC 和 .Net Framework
>
> 龙芯不支持 Windows 平台私有的 MFC、.NET Framework 技术，如果应用程序只支持这些 Windows 系统的技术，必须重写代码才能迁移到龙芯电脑。
>
> 龙芯支持的图形界面库主要是 Qt。Qt 是一种非常简单易用的图形界面编程语言，采用 Qt 编写的程序能够很容易地迁移到国产平台，Loongnix 长期维护 Qt 5.6。

3.4 龙芯应用公社

现在的桌面电脑和手机都提供应用商店，应用商店是用于应用软件提交、分发、搜索、下载、安装的软件。从 2017 年开始，Loongnix 也内置了应用商店软件，名称为龙芯应用公社，提供应用软件的浏览、查找和一键安装功能，大幅度简化了龙芯应用软件的分发和安装工作。龙芯应用公社提供一套开源的解决方案（http://app.loongnix.org），用户可以在这套解决方案的基础上进行二次开发和定制，形成具有特色、面向特定用户的应用商店。龙芯应用公社界面如图 3-6 所示。

图 3-6 龙芯应用公社

龙芯应用公社有以下特色。

1. 完全图形化操作，告别了以往需要手工运行命令行安装软件的方式，降低了用户使用龙芯电脑的技术要求，如图 3-7 所示。

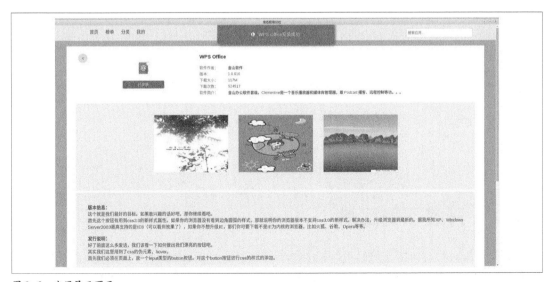

图 3-7 应用展示页面

2. 支持开发者、用户、管理员三个角色，实现了应用程序从提交到审核、发布、浏览、检索、安装、更新、下架、反馈的完整流程。

3. 界面简洁大气，操作方便。整体页面使用中性色调，符合企业软件的一贯风格。产品设计充分考虑使用细节，具有较好的用户体验。

4. 一个平台跨多种操作系统。应用公社后端（服务器）使用平台无关的 PHP 语言和 MySQL 数据库，前端（客户端）使用流行的基于浏览器的 Web 编程平台。

应用公社开放了所有源代码，在 https://github.com/jinguojie-loongson/loongson-app 上可下载，便于将来操作系统和集成商进行二次定制，在特定的地域和单位搭建私有的应用公社平台，如图 3-8 所示。

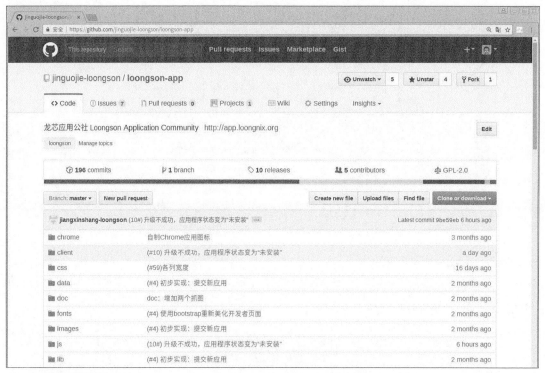

图 3-8　应用公社开源网址

龙芯团队鼓励开发者向应用公社提交优秀的应用软件，使龙芯电脑用户拥有越来越多的办公、网络、教育、游戏等工具，促进龙芯生态的繁荣。

3.5　开启项目实战

从下一章开始，我们将分别针对前面介绍的各种技术，以鲜活的代码和项目的方式展示在龙芯电脑上的完整开发过程。展示的大部分代码都来自于实际项目，具备足够的复杂度，这样可以使读者在最短时间内看到一个复杂应用在龙芯电脑上的完整迁移过程。

对于本章提到的各种编程语言和工具，读者并不一定全部掌握，只需要根据项目中使用的编程语言和工具，按照图 3-9 所示的章节导引转向后续章节进行学习。

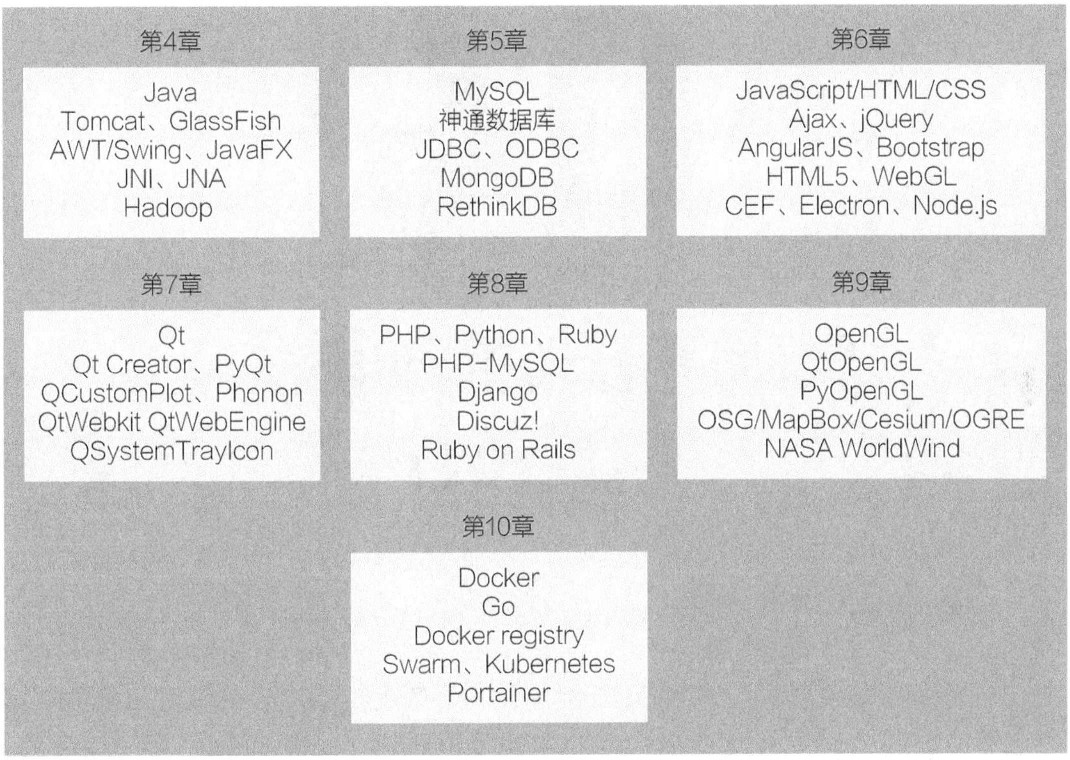

第4章	第5章	第6章
Java Tomcat、GlassFish AWT/Swing、JavaFX JNI、JNA Hadoop	MySQL 神通数据库 JDBC、ODBC MongoDB RethinkDB	JavaScript/HTML/CSS Ajax、jQuery AngularJS、Bootstrap HTML5、WebGL CEF、Electron、Node.js
第7章	**第8章**	**第9章**
Qt Qt Creator、PyQt QCustomPlot、Phonon QtWebkit QtWebEngine QSystemTrayIcon	PHP、Python、Ruby PHP-MySQL Django Discuz! Ruby on Rails	OpenGL QtOpenGL PyOpenGL OSG/MapBox/Cesium/OGRE NASA WorldWind

第10章

Docker
Go
Docker registry
Swarm、Kubernetes
Portainer

图 3-9　本书章节导引

思考与问题

1. 应用软件和基础软件有什么区别？

2. 基础软件包括哪些分类？

3. Loongnix 支持哪些编程语言？

4. 龙芯的 JDK 兼容什么标准？

5. 哪些函数库适合进行本地图形界面编程？

6. Loongnix 支持哪些中间件、数据库？

7. 龙芯云平台基于什么技术架构？

8. 浏览器支持哪些网页标准规范？

9. Eclipse 和 Qt Creator 分别适合什么类型的开发？

10. 什么是应用迁移的"两步走"策略？

11. Loongnix 应用公社是使用什么编程语言开发的？

第 04 章

久喝不厌的咖啡豆：
Java

龙芯 Java 是服务器产品线的重要软件。Java 语言在服务器
开发领域占据了牢固的统治地位，国内的企业应用系统 90% 以上
都是基于 Java 开发的，因此掌握好 Java 语言是在龙芯电脑上进
行应用开发的基础。本章将讲述在龙芯平台上开发 Java 应用的技
术，面向曾经在 X86 电脑上从事过 Java 开发、现在转为在龙芯
电脑上进行开发的人员。读者学习后能够掌握 Hadoop 这样的大
型 Java 应用系统的迁移能力。

学习目标

龙芯电脑上 Java 应用软件的编程环境，龙
芯 JDK 的下载、安装、使用。集成开发环
境 Eclipse 和 Netbeans， 运 行 Tomcat 和
Glassfish 等应用服务器，编写带有图形界面
的 Java 程序，使用 JNI、JNA 调用本地动态库，
移植 Hadoop 等大型 Java 应用系统。

学习重点

重点掌握 JDK 的安装方法，运行 Tomcat 等
Web 服务器的方法，AWT、Swing、JavaFX
程序的编写方法，JNI、JNA 程序的必要性和
编写方法，对 Hadoop 等大型应用系统进行迁
移的难点和解决策略。

主要内容

安装 JDK

以命令行方式编译 Java 程序

运行 Tomcat

搭建个人博客网站

编写 AWT、Swing、JavaFX 程序

编写 JNI、JNA 程序

Java 应用性能优化

Hadoop 系统迁移

4.1 龙芯 JDK 概述

4.1.1 JDK 工作流程

Java 语言是一种跨平台的面向对象语言，最早由 Sun 公司于 1995 年推出。Java 语言具有卓越的通用性、高效性、平台移植性和安全性，在 Web 开发领域有显著的优势和广阔前景。即使到现在，Java 语言仍然是很多程序员的入门语言，也是很多程序员赖以生存的开发工具。

Java 语言的开发环境是 JDK（Java Development Kit），JDK 提供了对 Java 程序进行编译、运行、调试、性能分析的全套工具。JDK 的基本工作流程分为 3 个步骤。

STEP 1 对 Java 源程序进行编译，生成平台无关的字节码文件（.class 扩展名），每一个字节码文件包含一个类（Class）的可执行代码。

STEP 2 如果有多个字节码文件，则可以将之打包成一个压缩文件（.jar 扩展名），形成最终发行的应用程序软件包。

STEP 3 调用 Java 虚拟机运行字节码文件，输出运行结果。

上述流程如图 4-1 所示。

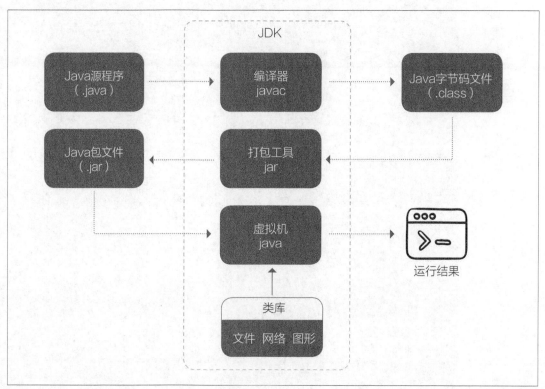

图 4-1　JDK 基本工作流程

JDK 包含若干工具，每一个工具对应一个命令行程序，如表 4-1 所示。其中前 3 个工具是最重要的，也是在应用开发中使用最频繁的工具。

表 4-1　JDK 工具列表

序号	命令	名称	功能
1	javac	编译器	将 Java 源程序转成字节码文件（.class）
2	java	虚拟机	运行编译后的 Java 字节码文件
3	jar	打包工具	将 Java 字节码的类文件（.class）打包成一个文件（.jar），以便于发行程序
4	javadoc	文档生成器	从源程序中提取注释，自动生成帮助说明文档
5	jdb	调试器（debugger）	用于对 Java 程序进行分析、查错
6	appletviewer	Applet 小程序浏览器	Applet 是一种嵌入 HTML 网页上执行的图形程序，本工具提供了在浏览器中运行 Java 程序的支持
7	javap	反汇编器	将 Java 字节码的类文件进行反汇编，以直观的输出显示 class 文件中的类、方法和数据
8	javah	头文件生成器	用于 JNI（Java Native Interface，Java 本地接口）编程，对一个本地（Native）方法生成 C 语言的头文件声明。JNI 可以实现在 Java 方法中调用 C 语言的函数
9	jconsole	性能监控器	在一个图形界面中对 Java 程序进行调试和监控，可以显示 Java 程序占用的 CPU 资源、内存资源、线程数量、对象资源等情况，辅助开发者分析程序的性能瓶颈

除了上述工具之外，JDK 中还包含一个重要组件：Java 类库。Java 类库提供了 Java 语言内置的类和方法，为应用程序提供了文件、网络、图形等实用的编程接口。例如用于打印信息的方法 System.out.println（）就是 Java 类库提供的，所有 Java 应用程序可以直接调用它。

4.1.2　龙芯 JDK

龙芯 JDK 是由龙芯团队维护的重要基础平台，已经有近 10 年的开发和优化历史。开发者在首次使用龙芯 JDK 时，普遍关注性能、版本、兼容性、支持的软件、集成开发环境等问题，这里分别介绍如下。

1. 性能

在龙芯 JDK 上运行 Java 程序已经有很高性能。Java 程序的性能在很大程度上取决于 Java 虚拟机的架构。早期的 Java 虚拟机一般是使用解释器的架构，解释器是指使用逐条模拟指令的方法来运行平台无关的字节码，比传统的编译型语言 C/C++ 要慢很多，遭到很多开发者的诟病。后来有很多学者研究提升 Java 虚拟机性能的方法，尤其是有人提出了即时编译技术。即时编译技术（Just-In-Time Compilation，JIT）是指在运行一个 Java 程序时，把频繁执行的 Java 方法编译成本地 CPU 可以直接执行的机器指令，效率能够提升几十倍。再加上服务器的硬件价格不断降低，现在开发者已经不太在意 Java 性能问题了。龙芯 JDK 完善支持即时编译技术，性能是纯解释型版本的 20 倍以上。

> **提示!**
>
> Java 以外的脚本型编程语言，例如 PHP、Python、Ruby 等，主要还是解释器的运行方式。解释器的原理比 JIT 要简单很多，更容易实现。简单的解释器使用 10 万行代码就可以编写出来，而 JIT 一般至少需要几十万行代码，并且更容易产生潜在的 bug。由于现在的硬件性能已经达到非常高的水平，软件的编写者宁可牺牲性能也要保持软件的简单，所以在计算机中解释器更为普遍。只有像 Java 这样有很长历史的语言才愿意下功夫维护 JIT。

2. 兼容性

龙芯 JDK 是按照 Java 8 标准规范开发的，代码基于社区版本 OpenJDK 8，理论上与 X86 电脑上的 OpenJDK 8、OracleJDK 8 兼容。OracleJDK 是 Oracle 公司发行的商业版本，而 OpenJDK 是社区维护的开源版本，这两种 JDK 是 X86 电脑上使用最多的 Java 运行平台。这意味着所有在 X86 电脑上运行的 Java 程序，只要采用平台无关的 Java 语言进行编写，就能够迁移到龙芯电脑上运行。

3. 版本

龙芯目前只支持 JDK 8 这一个版本，不支持 JDK 6/7/9。以前曾经维护过 JDK 6 的版本，但是现在已经不再提供升级服务。另外 JDK 7 在 Java 官方推出不久就被 JDK 8 所取代，JDK 8 向下兼容 JDK 7，因此已经没有维护 JDK 7 的必要，龙芯 JDK 没有针对 JDK 7 推出版本。Java 官方计划在未来的适当时机推出下一代版本 JDK 9，但是目前对开发者来说没有紧迫需求，龙芯尚未支持 JDK 9。

4. 支持的软件

龙芯 JDK 在每一次发布产品之前，都会使用一个应用程序列表进行兼容性测试，如表 4-2 所示。这个列表中既包含简单的 Java 应用程序，也包括一些大型应用软件，例如 Netbeans IDE、Tomcat、Jetty、JBoss 等。这些开源大型 Java 应用软件中的大部分都是与平台无关的，因此能够在不重新编译源代码的条件下，将字节码文件直接在龙芯 JDK 上运行。

表 4-2　龙芯 JDK 运行的开源软件

软件名称	说明	软件名称	说明
Specjvm98	Java 性能测试集	Structs	Web 框架
Specjvm2008	Java 性能测试集	Spring	Web 框架
Eclipse	集成开发环境（IDE）	Hibernate	持久化存储框架
Netbeans IDE	集成开发环境（IDE）	ySQL JDBC	数据库访问插件
Tomcat	Web 中间件	JeeCMS	内容管理系统
Jetty 中间件	Web 中间件	Jira	问题跟踪系统
JBoss 中间件	Web 中间件	Xwiki	Wiki 日志系统

5. 集成开发环境

Java 程序员常用的 Eclipse、Netbeans 等集成开发环境（IDE）都能够在龙芯 JDK 上良好运行。Loongnix 集成了 Eclipse 4.4.1 版本。在开始菜单栏，选择"应用程序⇨编程⇨ Eclipse"，出现的 Eclipse 工作界面如图 4-2 所示。

图 4-2　Eclipse

Netbeans IDE 是在 2000 年创立的开放源代码项目，开发人员可以快速创建 Web、企业、桌面以及移动的应用程序。从 https://netbeans.org 下载的安装包可以在龙芯 JDK 上直接运行，Netbeans IDE 7.1.1 的界面如图 4-3 所示。

图 4-3　Netbeans IDE

通过本节的介绍，读者可以感觉到龙芯电脑上运行的 Java 应用生态是非常丰富的。下面就带领读者搭建 JDK 开发环境，创造自己的应用程序。

4.1.3 下载和安装 JDK

1. Loongnix 预装 JDK

现在 Loongnix 已经内置预装了 JDK。在命令行上，执行 java -version 命令，能够打印出版本信息：

```
$ java -version
Openjdk version "1.8.0_25"
OpenJDK Runtime Environment （build 1.8.0_25-rc26-b17）
OpenJDK 64-Bit Server VM （build 25.25-b02, mixed mode）
```

在这个命令的输出中，"1.8.0"代表 JDK 兼容 Java SE 8 标准，"rc26"代表小版本号，"mixed mode"代表是龙芯移植的即时编译器（JIT）版本。

2. 下载最新 JDK

龙芯 JDK 经常推出新版本，主要是修正新发现的问题或者是做了新的性能优化。由于 JDK 推出新版本的频率比 Loongnix 更快，往往来不及预装到 Loongnix 中，也就意味着 Loongnix 预装的 JDK 并不是最新的版本。如果读者在使用 Loongnix 内置的 JDK 时发生问题，可以尝试下载最新的 JDK，很可能已经解决了所发现的问题。

龙芯社区提供了 JDK 的下载网址（http://www.loongnix.org/index.php/java），如图 4-4 所示。

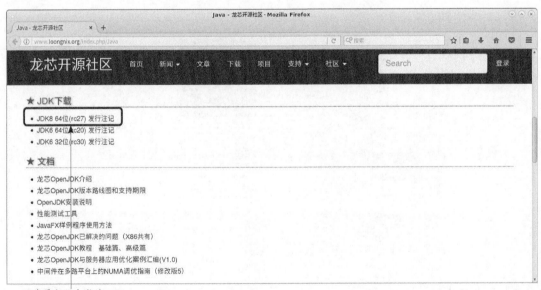

图 4-4 龙芯 JDK 下载页面

在这个网页上，还有大量文档资料，包括 JDK 使用手册、安装方法、性能测试工具、优化案例等。读者如果长期做龙芯上的 Java 应用开发，建议经常访问这个网页以获取最新的信息。

对于 Loongnix，要使用的版本是"JDK8，64 位"。单击图中的链接，下载得到一个文件，文件名类似于 jdk8-mips64-rc27.tar.gz。这是一个压缩包，类似于 Windows 上的"绿色"软件，这个文件的安装方法是，使用 tar 命令进行解压缩，将下载的 tgz 文件解压到合适的文件夹，习惯上可以放在 /opt 目录下：

```
$ tar  zxf  jdk8-mips64-rc27.tar.gz  -C  /opt
```

为了方便调用 JDK，人们往往将 JDK 所在目录加入 $PATH 环境变量中，这样在每次运行 JDK 时就不用输入绝对路径了。编辑用户主目录下的 .bashrc 文件，在最后一行加入一条 export 命令：

```
export PATH=/opt/j2sdk-image/bin/:${PATH}
```

执行下面的命令使环境变量生效：

```
$ source ~/.bashrc
```

如果读者学习过早期的 Java 编程书籍，很可能了解到还需要设置 JAVA_HOME、CLASSPATH 等其他环境变量。在当前的 JDK 版本中，已经不再需要做这些设置，只需要像上面一样设置一个 PATH 变量就足够了。

做完上面的配置后，可以检测新的 JDK 版本是否安装成功。再次输入命令：

```
$ java -version
openjdk version "1.8.0_25"
OpenJDK Runtime Environment (build 1.8.0_25-rc27-b17)
OpenJDK 64-Bit Server VM (build 25.25-b02, mixed mode)
```

从输出信息中可以看到，Java 版本已经从系统默认的"rc26"升级为更新的"rc27"。

> **提示：关于 JDK 的 32 位和 64 位**
>
> 在 2013 年以前，龙芯的 JDK 只有 32 位版本。从 2013 年开始，龙芯的服务器操作系统开始转向 64 位；从 2015 年开始，龙芯的桌面操作系统也开始转向 64 位。32 位 JDK 在 2016 年停止更新。目前在龙芯的桌面和服务器上都只使用同一份 64 位的 JDK 版本。

> **提示：关于龙芯 JDK 的版本命名方式**
>
> 龙芯以前的 JDK 版本号命名方式是"rc + 发行序号"，从 rc28 以后使用新的命名方式，去除 rc 标记，最新的版本为 jdk8-mips64-8.tar.gz。

3. 第一个 Java 程序

在这一节中，我们使用手工编写的 Java 程序来测试 JDK。使用任何一种文本编辑器，编写

Hello.java 文件如下：

```
class Hello {
        public static void main（String args[]）{
                System.out.println（"Hello Loongson!"）;
        }
}
```

读者看到这里可能会有疑问，为什么不使用 Eclipse 等集成开发工具，而是要手工编写程序源代码呢？这种做法的用意是让读者从零开始，清晰地看到一个 Java 程序的编写、编译、运行过程，从而能对 JDK 的工作流程有一个清晰的认识。如果使用 Eclipse，这些过程都被图形化的工具掩盖起来，只需要单击一个按钮就把全部工作自动完成了，反而不利于从本质上学习 JDK 的原理。

下面使用 JDK 编译这个 java 文件，javac 就是 JDK 中用于将 Java 源代码转换为字节码文件的编译器：

```
$ javac Hello.java
$ ls
Hello.class  Hello.java
```

可以看到，javac 将源代码文件 Hello.java 编译成字节码文件 Hello.class。而这个 Hello.class 就是最终要执行的 Java 程序。

使用 java 命令运行这个 Java 程序，这里要注意 Hello 不要带有扩展名 class，原因在于 java 命令的参数是要指定"类"的名称，而不是类的文件名：

```
$ java Hello
Hello Loongson!
```

可以看到，Hello 程序正确运行，结果输出了正确的"Hello Loongson!"。这代表我们编写的第一个 Java 程序已经在龙芯电脑上成功运行了。

4.2 龙芯 Java 应用开发

4.2.1 运行 Tomcat 网站

从本节开始，我们将采用网络上的开源 Java 项目，搭建更为丰富的 Java 演示项目。Tomcat 是 Apache 社区开发的 Web 服务器，几乎所有学习 Java 网站开发技术的读者都是从 Tomcat 开始入门的。Tomcat 的下载页面如图 4-5 所示。

图 4-5　Tomcat 下载页面

单击页面左侧的"Tomcat 7"选项，下载得到一个压缩包，安装方法就是解压缩。例如文件名是 apache-tomcat-7.0.29.zip，则解压缩命令如下，习惯上放在 /opt 目录下：

```
$ cp apache-tomcat-7.0.29.zip /opt
$ cd /opt
$ unzip apache-tomcat-7.0.29.zip
```

编辑 Tomcat 启动脚本，设置必要的运行参数。一般需要设置 JDK 路径、增大堆内存（512M 以上）。在 apache-tomcat-7.0.29/bin 目录下创建脚本 1.sh，内容如下：

```
export JAVA_HOME=/opt/j2sdk-image
export JAVA_OPTS='-Xmx512M -Xms512M'

./catalina.sh run
```

运行脚本 1.sh，可以看到 Tomcat 在启动过程中打印的各种输出信息，服务器成功启动。

```
root@apache-tomcat-7.0.29/bin # chmod +x 1.sh
root@apache-tomcat-7.0.29/bin # ./1.sh
```

图 4-6 显示了 Tomcat 启动成功的信息。

为了测试 Tomcat 启动的 Web 服务器运行正常，可以使用本机的浏览器访问 http://localhost: 8080，也可以在另外一台联网的机器上使用浏览器访问 http://< 服务器 IP>:8080，可以看到 Tomcat 网站的主页面。这代表 Tomcat 网站已经在龙芯电脑上成功运行了，如图 4-7 所示。

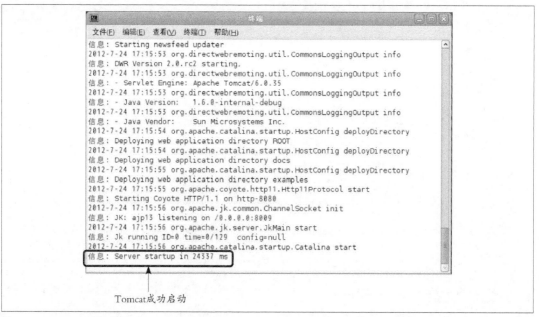

图 4-6　Tomcat 启动信息

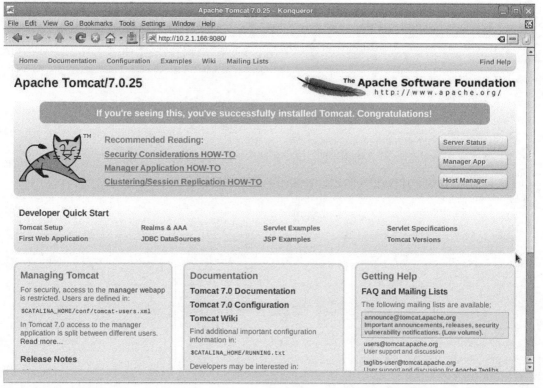

图 4-7　Tomcat 网站主页

　　如果要停止 Tomcat 服务，可以在命令行上按 Ctrl+C 组合键，也可以执行 Tomcat 自带的脚本 shutdown.sh。

> **提示！**
>
> Tomcat 7 的早期版本与 JDK 8 有不兼容问题。如果使用的 Tomcat 7 版本过低，运行时候会报错 "The type java.util.Map\$Entry cannot be resolved. It is indirectly referenced from required .class files"。解决方法是使用 Tomcat 7 的最新版本或者使用 Tomcat 8。
>
> Eclipse 也有类似的问题。如果使用 Eclipse 的低版本运行出现上面的错误，解决方法也是升级 Eclipse 到高版本。

4.2.2　搭建个人博客

Tomcat 只是一个 Web 服务器框架，自身并不带有真实的应用程序。网络上有很多优秀的开源 Java 项目，本节以一个开源 Java 博客网站——Pebble 为例，展示复杂 Java 应用程序在龙芯电脑上的部署和运行方法，步骤如下。

STEP 1 从 http://pebble.sourceforge.net 下载 Pebble 的安装程序，得到一个压缩包 pebble-2.6.2.zip。

STEP 2 解压缩这个文件，得到一个 Java 应用程序文件包 pebble.2.6.2.war。

STEP 3 部署到 Tomcat 中的方法极为简单，只需要将 pebble.2.6.2.war 复制到 Tomcat 安装目录下的 webapps 目录中，例如 /opt/apache-tomcat-7.0.29/bin，再重新启动 Tomcat 就完成安装了。

STEP 4 现在可以测试博客网站是否运行正常，使用浏览器访问 "http://localhost:8080/pebble"，成功出现 Pebble 网站的主页面，如图 4-8 所示。

图 4-8　Pebble 个人博客网站

在这个博客网站中可以体验注册账号、发布帖子、添加评论等各种完善的页面功能。

4.2.3　GlassFish 服务器

GlassFish 是一款专业的 Java EE 应用服务器，是达到企业级产品级质量的开源项目，可免费用于开发、部署和分发 Java 应用。GlassFish 形象标识如图 4-9 所示，Java EE（Java Enterprise Edition）是一套全然不同于传统应用开发的技术架构，包含许多组件，可简化且规范应用系统的开发与部署，进而提高可移植性、安全性与再用价值。

图 4-9　GlassFish 形象标识

GlassFish 最开始是用于构建 Java EE5 应用服务器的项目名称。Java EE5包括表 4-3 所示的技术。

表 4-3　Java EE5 支持技术

技术名称	缩写	版本号
Enterprise JavaBeans	EJB	3.0
Java Server Faces	JSF	1.2
Servlet	—	2.5
Java Server Pages	JSP	2.1
Java API for Web Services	JAX-WS	2.0
Java Architecture for XML Binding	JAXB	2.0
Java Persistence		1.0
Common Annotations	—	1.0
Streaming API for XML	StAX	1.0
客户端应用程序和 Applet	—	1.0

后续的 GlassFish 版本一直在不断升级以支持 Java EE 的最新标准。GlassFish 3 支持 Java EE6，GlassFish 4支持 Java EE 7，当前最高版本 GlassFish 5 则支持最新的 Java EE 8。在龙芯电脑上搭建 GlassFish 5 服务器的步骤如下。

STEP 1 访问 GlassFish 下载页面，单击图 4-10 中的 "GlassFish 5.0 -Web Profile" 选项，下载得到安装文件 glassfish-5.0-web.zip。

STEP 2 对下载的安装程序进行解压缩，并启动 GlassFish 服务，命令如下：

```
$ unzip glassfish-5.0-web.zip
$ cd glassfish5/glassfish
$ ./bin/startserv
```

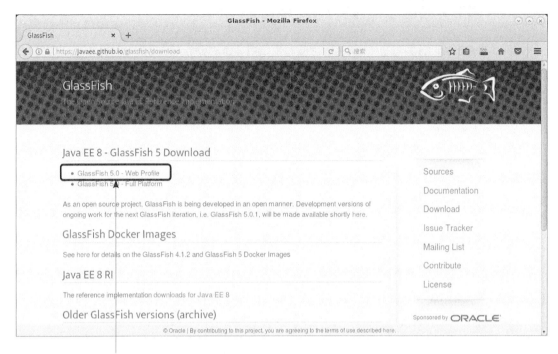

下载可以在龙芯电脑上运行的GlassFish最新版本

图 4-10　GlassFish 下载页面

STEP 3 使用浏览器访问 http://localhost:8080/，可以看到 GlassFish 服务器已经成功运行，读者可以在 GlassFish 中部署自己的 Java EE 应用，如图 4-11 所示。

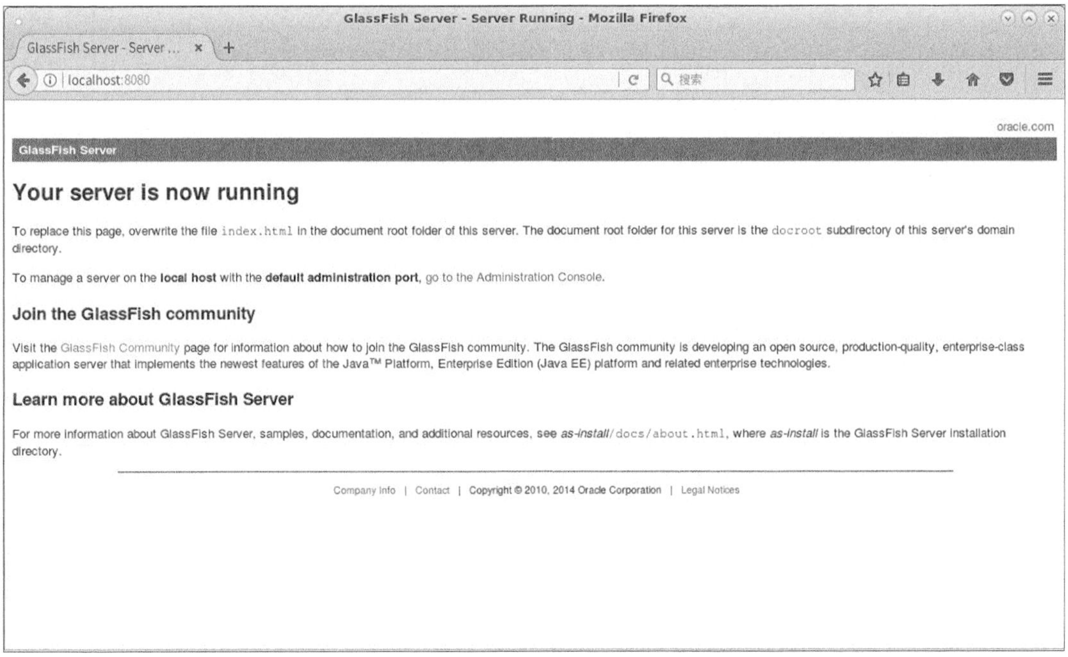

图 4-11　GlassFish 服务器运行页面

4.2.4　图形界面编程 AWT/Swing/JavaFX

Java 语言不仅能够编写 Web 服务器上的后台应用,还能够编写运行在客户端上的图形界面程序。本节介绍 Java 类库中提供的三种图形编程 API,即 AWT、Swing 和 JavaFX,以及基于这三种 API 的典型程序在龙芯电脑上的开发过程。

1. AWT 和 Swing

Java 语言的设计者最初是想让 Java 运行在"所有电子设备"上,不仅是 Web 服务器,还包括桌面电脑、移动电话、游戏机,以及电冰箱、咖啡机等大大小小的家用设备。这样的 Java 程序必不可少的要提供图形界面的支持,因此 Java SE 规范定义了两种类库来实现图形界面,一种是 AWT,另一种是 Swing,其中 AWT 出现较早,Swing 是后来才推出。Swing 建立在 AWT 之上,定义了更为丰富的控件集合,所以现在的 Java 程序一般是直接调用 Swing 而很少再使用 AWT。

Swing 提供了大量实用的图形控件,包括文本标签、按钮、单选钮、复选框等基本元素,还包括复杂的树控件、表格控件等。

本节展示一个 Swing 程序 TestSwingTree.java,使读者了解 Java 图形界面程序的特色。下面的例子就是实现了一个树控件的测试代码,单击树控件上的节点,则在右侧显示出节点的编号。源代码如下:

```java
import java.awt.BorderLayout;
import java.awt.Container;
import java.awt.Dimension;

import javax.swing.JFrame;
import javax.swing.JLabel;
import javax.swing.JPanel;
import javax.swing.JTree;
import javax.swing.event.TreeSelectionEvent;
import javax.swing.event.TreeSelectionListener;
import javax.swing.tree.DefaultMutableTreeNode;

public class TestSwingTree extends JFrame {
    private JPanel p;

    public TestSwingTree(String title){
        super(title);
    }
    public void init(){
        Container c = this.getContentPane();

        DefaultMutableTreeNode root = new DefaultMutableTreeNode("root");
```

```java
        DefaultMutableTreeNode child1 = new DefaultMutableTreeNode("child1");
        DefaultMutableTreeNode child11 = new DefaultMutableTreeNode("child11");
        DefaultMutableTreeNode child12 = new DefaultMutableTreeNode("child12");
        DefaultMutableTreeNode child2 = new DefaultMutableTreeNode("child2");
        DefaultMutableTreeNode child3 = new DefaultMutableTreeNode("child3");
        DefaultMutableTreeNode child31 = new DefaultMutableTreeNode("child31");
        root.add(child1);
        root.add(child2);
        root.add(child3);
        child1.add(child11);
        child1.add(child12);
        child3.add(child31);
        JTree tree = new JTree(root);
        tree.setPreferredSize(new Dimension(120, 400));
        tree.addTreeSelectionListener(new TreeSelectionListener() {

            public void valueChanged(TreeSelectionEvent e) {
                p.removeAll();
                JLabel l = new JLabel(e.getPath().toString());
                l.setBounds(5, 190, 170, 20);
                p.add(l);
                p.repaint();
            }
        });
        c.add(tree, BorderLayout.WEST);

        p = new JPanel();
        p.setLayout(null);
        p.setPreferredSize(new Dimension(480, 400));
        c.add(p, BorderLayout.CENTER);
        this.setLocation(400, 300);
        this.setSize(480, 400);
        this.setResizable(false);
        this.setVisible(true);
        this.setDefaultCloseOperation(this.DISPOSE_ON_CLOSE);
    }
    public static void main(String[]args) {
        new TestSwingTree("Test Swing Jtree").init();
    }
}
```

使用 javac 命令对源代码进行编译，再使用 java 命令运行，界面如图 4-12 所示。

通过本例可以说明，基于 Java 的 AWT、Swing 图形程序可以在不改动源代码的条件下迁移到龙芯电脑。如果 AWT、Swing 图形程序已经在 X86 电脑上编译，那么在龙芯电脑上不需要重新编译，可以将二进制字节码文件传送到龙芯电脑上直接运行。

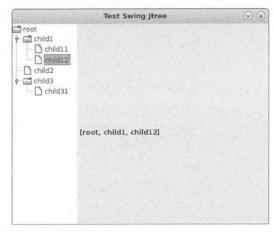

图 4-12　Swing 树控件运行效果

2. JavaFX

Java 在 Web 领域流行起来以后，在本地图形界面库方面反而一直没有改观。前面介绍的传统 Java 编程图形库有 Swing 和 AWT，但是这两种技术都已经不太适应现代界面编程的体验要求，主要体现在控件库比较原始简陋，不支持当前流行的移动设备、触摸屏、多点触摸、动画效果等高级体验要求的界面。JavaFX 是编写 Java 图形界面程序的最新技术，如果读者要求界面很酷，那么可以尝试使用 JavaFX。

龙芯电脑从 JDK8-MIPS64-rc14 版本开始支持 JavaFX。可以通过下面的步骤测试 Oracle 网站上的 JavaFX 程序样例，步骤如下：

STEP 1 打开下载页面，http://www.oracle.com/technetwork/java/javase/downloads。下拉页面到 JDK8 Demos and Sample 部分，单击"Download"按钮，进入下载页面，如图 4-13 所示。

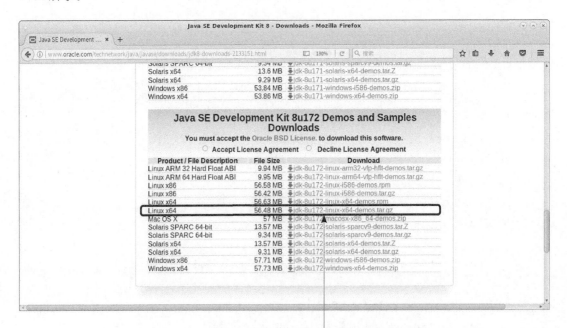

下载可以在龙芯电脑上运行的JavaFX Demo程序

图 4-13　JavaFX Demo 程序下载页面

STEP 2 在 Java SE Development Kit 8 Downloads 页面中，向下滚动页面到 Demos and Samples Downloads 部分。JavaFX 的样例文件提供了多种平台的打包文件，可以选择任意一种平台进行下载，比如 Linux x64 平台的 jdk-8u172-linux-x64-demos.tar.gz 文件。

STEP 3 下载文件并解压缩。在解压缩后的 demo\javafx_samples 目录中存放了样例文件的 jar 包。样例的源代码存放在 demo\javafx_samples\src 目录中，可以供读者学习参考。

STEP 4 使用 java 命令执行 jar 包文件，或者在文件管理器中双击样例程序的可执行文件 jar 包也可以运行。例如样例 Ensemble8 的运行方法如下：

```
$ java -jar Ensemble8.jar
```

Ensemble8 程序的运行界面如图 4-14 所示。

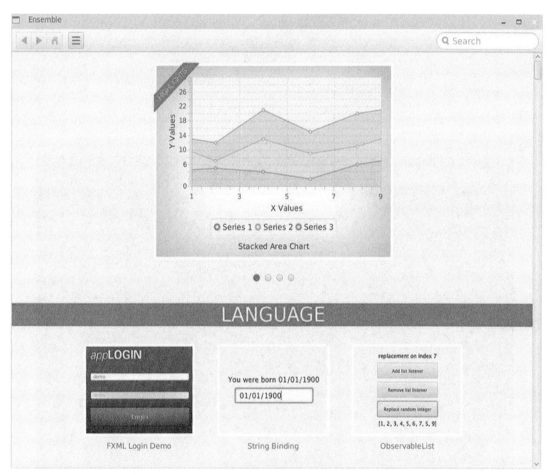

图 4-14　Ensemble8 运行效果

其他样例程序的运行方法相同，图 4-15 是一些样例的执行效果。

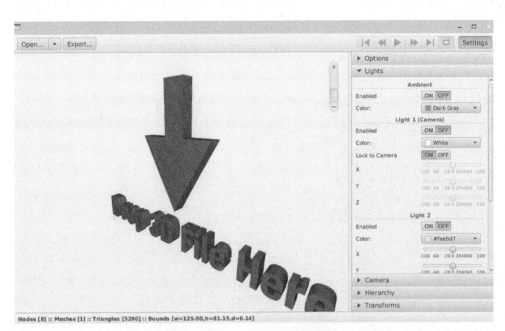

（a）3DViewer：三维图形建模工具

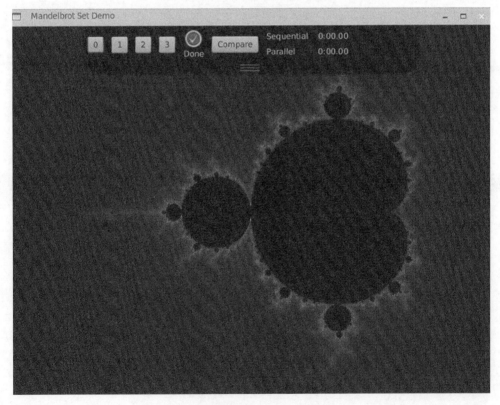

（b）Mandelbrot：分形图生成器

图 4-15　JavaFX 运行效果

本节的实例表明，龙芯 JDK 对 JavaFX 程序有很高的兼容性，X86 电脑上的 JavaFX 程序可以不重新编译源代码，将二进制字节码文件迁移到龙芯电脑直接运行。

4.2.5 第三方框架

现在的 Java 应用程序大多数会采用第三方组件，这样的组件也称为"Java 框架"，每一个 Java 框架包含若干个提供实用功能的 jar 包，供应用程序调用。由于龙芯 JDK 兼容 Java SE 8 标准，因此理论上能够支持全部主流的 Java 框架，安装和使用方法都与 X86 电脑完全相同。

表 4-4 显示了一个基于 Java 的大型 BBS 应用项目 Jeebbs（bbs.jeecms.com）使用的第三方 Java 框架，可以看到常用的 Structs、Spring、Hibernate 等框架都是能够完善支持的。读者以前在 X86 电脑上学习和使用这些框架的经验都适用于龙芯电脑。

表 4-4　龙芯电脑支持的 Java 框架列表

名称	版本号	名称	版本号
activation	1.1.1	jcaptcha	1.0
antlr	2.7.6	jta	1.1
c3p0	0.9.1.2	jug	2.0.0
commons-collections	3.1	lucene	3.0.3
commons-fileupload	1.2.1	log4j	1.6.1
commons-net-ftp	2.0	mailapi	1.4.2
dom4j	1.6.1	memcachedclient	2.0.1
freemarker	2.3.16	mysql-connector	5.1.8
hibernate	3.3.2	slf4j-api	1.6.1
spring	3.0.5	smtp	1.4.2
htmlparser	1.6	spymemcached	2.3.1
httpclient	4.0.3	quartz	1.6.5
httpcore	4.1		

Java 语言的跨平台特性非常有利于从 X86 向龙芯电脑移植软件。笔者在以往开发过程中，测试过很多开源的 Java 应用项目，大量使用了上述的第三方框架，都可以在龙芯电脑上良好运行，安装方法和 X86 电脑大同小异，下面给出一些大型应用列表，读者可以自己动手下载验证，体验在龙芯电脑上的搭建过程。

● JeeCMS，一个功能全面的内容管理系统（CMS）。

● Jira：企业级项目管理工具。

● Xwiki：一个强大的 WIKI 系统。

● Cassandra：一套开源分布式 NoSQL 数据库系统。

4.2.6 解决乱码问题

在 Loongnix 中开发 Java 应用的一个常见问题是将中文显示成乱码。这个问题的根源在于 Loongnix 和 Windows 使用的中文编码规范是不一样的，Loongnix 使用 UTF-8 语言编码，这种编码方法可以包含全球所有语言的字符，而 Windows 使用 GB 2312—1980 编码。如果是来自于 Windows 上创建的文本文件，其中的中文按照 GB 2312—1980 规范进行编码，而在 Loongnix 中处理时，默认按照 UTF-8 规范进行解析，这样就会出现乱码。

下面以一个简单的文本处理程序复现乱码问题。在 Windows 平台上使用记事本程序编写一个含有中文字符的文件 gb.txt，将 gb.txt 传送到龙芯电脑上，再编写 Java 程序 TestUtf8.java 显示这个文件的内容。

```java
/*TestUtf8.java: 展示乱码错误   */
import java.io.File;
import java.io.FileReader;
import java.io.BufferedReader;

public class TestUtf8 {
    public static void main(String[]args)
    {
        File file = new File("gb.txt");
        String buf = "", temp;

        try {
            BufferedReader reader =
                new BufferedReader(new FileReader(file));

            // 一次读入一行
            while ((temp = reader.readLine()) != null){
                buf += temp;
            }

            System.out.println(buf);
        }catch (Exception e){
            e.printStackTrace();
        }
    }
}
```

上面的程序使用 FileReader 类读取文件内容，并在终端上输出。编译、运行这个 Java 程序，在龙芯电脑上输出的字符并不是预想的中文，而是乱码，如图 4-16 所示。

gb.txt - 记事本
文件(F) 编辑(E) 格式(O) 查看(V) 帮助(H)
帮助1234
客服中心4567
root@Loong168:~# javac TestUtf8.java
root@Loong168:~# /opt/j2sdk-image/bin/java TestUtf8

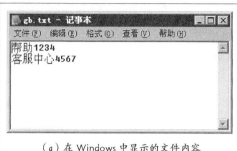

（a）在 Windows 中显示的文件内容　　（b）TestUtf8.java 在龙芯上的运行结果

图 4-16　Java 程序读取中文乱码

为了解决这个乱码问题，需要在 Java 程序中进行语言编码的转换。由于 Loongnix 使用的是 UTF-8 编码，因此在读入文件的时刻，必须进行由 GB 2312-1980 到 UTF-8 编码的转换。Java 已经提供了方便的转换函数。下面是修改后的正确程序，注意其中加粗的代码是进行字符集转换。

```
/*TestUtf8.java：能够在龙芯机器上正确显示 GB2312 编码的文件   */
import java.io.File;
import java.io.*;

public class TestUtf8 {
  public static void main(String[]args)
  {
    File file = new File("gb.txt");

    try {
      byte[]bytes = new byte[512];

      FileInputStream fs = new FileInputStream(file);

      fs.read(bytes);                          // 读入原始的二进制字节流
      System.out.println(new String(bytes, "GB2312"));  // 转换成 UTF8 字符
    }catch (Exception e){
      e.printStackTrace();
    }
  }
}
```

再次编译、运行这个程序，可以看到中文正常输出了，如图 4-17 所示。

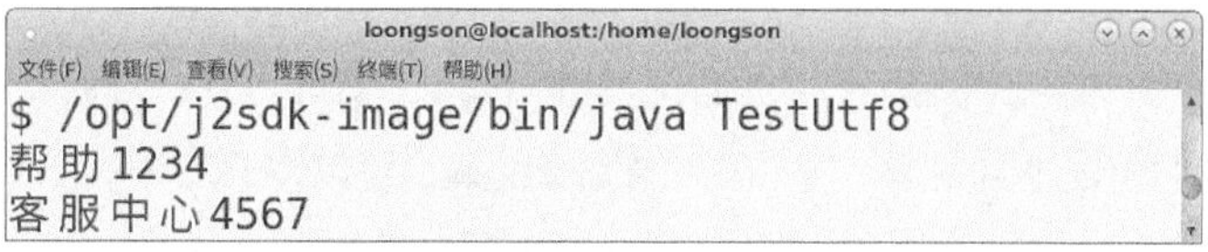

loongson@localhost:/home/loongson
文件(F) 编辑(E) 查看(V) 搜索(S) 终端(T) 帮助(H)
$ /opt/j2sdk-image/bin/java TestUtf8
帮助1234
客服中心4567

图 4-17　Java 程序正确输出中文

由于历史原因，在 Linux 中产

生乱码的现象频繁出现，而且是在各种场合都会发生。有时在终端上显示中文乱码，有时在 Tomcat 服务器页面中显示乱码，还有时是在文件管理器中显示文件名、目录名乱码。对于这些问题，解决方法的原理都是按照本节展示的方法进行必要的字符集转换，应用程序开发者需要针对不同情况进行具体的处理。

4.3 Java 本地接口

4.3.1 本地接口 JNI

JNI（Java Native Interface，Java 本地接口）是在 Java 代码中调用其他原生语言来进行开发的一座桥梁，原生语言一般是指 C/C++ 语言，即 JNI 机制可以让 Java 语言调用 C/C++ 语言编写的函数，如图 4-18 所示。

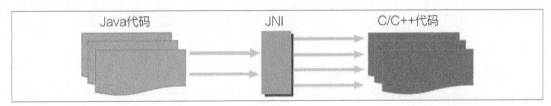

图 4-18　本地接口 JNI

JNI 的设计目的主要有以下两点。

1. 针对应用程序中性能要求较高的函数进行优化，解决性能问题。程序中往往有很少量的函数执行频度非常高，称为热点函数，开发者能够将热点函数使用 C/C++ 语言来编写以加快运行速度。典型的应用程序是游戏，还有一些对性能要求较高的计算型程序，都会使用 C/C++ 语言来编写应用程序中的热点函数。

2. 对 Java 语言本身类库没有提供的方法进行扩展，解决功能问题。由于安全性的限制，Java 语言的标准类库无法实现应用程序需要的所有功能。一个典型的例子是"访问本地串口"，即 Java 的标准类库中没有提供读写本地串口设备的函数，那么对于确实需要这种功能的应用程序，JNI 补充了 Java 标准类库的不足，因为 C/C++ 是"无所不能"的系统级编程语言，可以使用 C/C++ 语言来实现访问本地串口的函数，再通过 JNI 接口在 Java 程序中调用，这样 Java 程序也可以间接地实现访问本地的串口，就像 C/C++ 程序一样达到"无所不能"的编程能力，克服了 Java 类库本身的局限性。

学习 JNI 开发需要有简单的 C/C++ 基础，并且对 GCC 编译器有所了解。GCC 编译器是龙芯电脑上针对 C/C++ 语言的编译工具，可以将 C/C++ 语言的源代码编译成含有龙芯 CPU 机器指令的静态库（扩展名 .o）、动态库（扩展名 .so）、可执行文件。

下面以一个简单的例子展示 JNI 编程的基本方法，整个开发流程主要包括以下几个步骤。

STEP 1 创建一个 Java 主程序，文件名 IntArray.java，编写内容如下：

```
class IntArray{
    private native int sumArray(int[]arr);

    public static void main(String[]args){
        IntArray p = new IntArray();
        int arr[]= new int[10];

        for(int i = 0; i < 10; i++){
            arr[i]= i;
        }

        int sum = p.sumArray(arr);
        System.out.println("Sum = "+ sum);
    }

    static{
        System.loadLibrary("IntArray");
    }
}
```

在这个 Java 程序中，sumArray（）方法带有修饰符"native"，并且只有方法的声明而没有方法的定义。这种方法就是 JNI 方法，其方法的定义将在后面的步骤中使用 C/C++ 语言实现。

STEP 2 使用 javac 编译该类，生成字节码文件 IntArray.class。

```
$ javac IntArray.java
$ ls
IntArray.class   IntArray.java
```

STEP 3 使用 javah 命令，自动生成 C/C++ 头文件 IntArray.h。

```
$ javah -jni IntArray
$ ls
IntArray.class   IntArray.h   IntArray.java
```

STEP 4 使用 C 语言本地代码实现头文件中定义的方法，即编写 IntArray.c，主体内容就是实现 sumArray（）方法。IntArray.c 代码如下：

```
#include <jni.h>
#include "IntArray.h"

#ifdef __cplusplus
extern "C"{
#endif
/*
 **Class: IntArray
 **Method: sumArray 对一个整型数组的所有元素求总和
 **Signature: （[I）I
 **/
JNIEXPORT jint JNICALL Java_IntArray_sumArray
（JNIEnv *env, jobject obj, jintArray arr）
{
    jint buf[10]= {0};
    jint i = 0, sum = 0;

    （*env）->GetIntArrayRegion（env, arr, 0, 10, buf）;

    for（i = 0; i < 10; i++）
    {
        sum += buf[i];
    }

    return sum;
}

#ifdef __cplusplus
}
#endif
```

STEP5 运行 GCC 编译器，将 C 代码生成一个包含龙芯 CPU 机器指令的动态库文件（libIntArray.so）。

```
$ gcc -I/opt/j2sdk-image/include/  \
        -I/opt/j2sdk-image/include/linux -fPIC -shared -o  \
        libIntArray.so IntArray.c

$ ls
IntArray.c  IntArray.class  IntArray.h  IntArray.java  libIntArray.so
```

STEP 6 最后，使用 java 运行程序，得到正确的输出结果。

```
$ export LD_LIBRARY_PATH=.
$ java IntArray
Sum = 45
```

上面就是 JNI 程序的运行效果，C 语言编写的函数在 Java 程序中得到调用和运行。虽然 C 函数的内容比较简单，但是已经展示出使用 JNI 的强大扩展能力，对于前面提到的"访问本地串口"的例子，只需要在 IntArray.c 文件中编写访问本地串口的代码即可实现。

4.3.2 改进的本地接口 JNA

JNA（Java Native Access）是一个开源的 Java 框架，对上一节所述的 JNI 进行了更高层次的封装，提供了更方便易用的功能，最大的优势是不用像 JNI 一样编写特殊的 .h、.c 源文件，而是直接对现有的 .so 动态库进行调用。JNA 不属于龙芯 JDK 的一部分，而是单独维护的一个项目。龙芯团队已经将 JNA 项目移植到龙芯电脑上，并将修改的支持代码提交到了 JNA 官方版本库。在 JNA 的 4.4.0 版本以后，都默认支持龙芯电脑。

在 Loongnix 上使用下面的命令安装 JNA 库：

```
#yum install jna
#rpm -ql jna
/usr/lib64/jna
/usr/lib64/jna/libjnidispatch.so
/usr/share/doc/jna
/usr/share/doc/jna/CHANGES.md
/usr/share/doc/jna/LICENSE
/usr/share/doc/jna/OTHERS
/usr/share/doc/jna/README.md
/usr/share/doc/jna/TODO
/usr/share/java/jna.jar                <- 这个是最重要的 JNA 库文件
/usr/share/maven-metadata/jna.xml
/usr/share/maven-poms/JPP-jna.pom
```

编写一个最简单的 HelloJna.java 文件，内容如下：

```
import com.sun.jna.Library;
import com.sun.jna.Native;
import com.sun.jna.Platform;
```

```
public class HelloJna
{
    // 定义接口 CLibrary, 继承自 com.sun.jna.Library
    public interface CLibrary extends Library
    {
        // 定义并初始化接口的静态变量
        CLibrary Instance =
            (CLibrary)Native.loadLibrary((Platform.isWindows()?"msvcrt": "
c"), CLibrary.class);

        //printf 函数声明
        void printf(String format, Object...args);
    }

    public static void main(String[]args)
    {
     // 调用 printf 打印信息
     CLibrary.Instance.printf("Hello, JNA!\n");
    }
}
```

上面的 Java 程序利用 JNA 调用 Loongnix 的动态库 libc.so, 并且执行 libc.so 中包含的 printf ( ) 函数。

使用下面的命令编译、运行:

```
$ javac -cp  /usr/share/java/jna.jar    HelloJna.java
$ java  -cp  /usr/share/java/jna.jar:. HelloJna
Hello, JNA!
```

可以看到, 在 Java 程序中正确调用了 libc.so 中包含的 printf ( ) 函数, 证明在 Loongnix 中能够正常使用 JNA 库。由于 JNA 比 JNI 使用更方便, 实际用户绝大多数都是使用 JNA 而不再使用 JNI。

4.3.3 Java 程序的可迁移程度

Java 语言在设计上的出发点就是针对跨平台的应用, Java 应用程序由平台无关的字节码组成, 因此理论上讲, Java 应用程序能够不经修改的在所有 CPU 上运行。用户在 X86 电脑上开发的应用系统, 能够直接在龙芯电脑上运行, 其迁移代价接近于零。

但是如上节所述，有些用户使用的第三方库含有非 Java 语言的代码，采用 JNI 或者 JNA 技术在 Java 应用程序中调用 C/C++ 的代码。这种软件移植起来会遇到额外问题，从而在可迁移程度上低于纯 Java 语言编写的应用。根据所采用技术的不同，Java 程序的可迁移程度也分成不同的等级，如表 4-5 所示。

表 4-5　Java 程序的可迁移程度

等级	技术特征	可迁移程度
1	纯 Java 软件	可以迁移，无须重新编译
2	使用 JNI	如果 JNI 调用的 C 函数中不包含 X86 电脑特定功能，则只需要重新编译就可以迁移；否则需要针对龙芯电脑改写 C 函数
3	使用 X86 的二进制动态库（有 C/C++ 源代码）	如果 X86 二进制动态库中不包含 X86 电脑特定功能，则只需要重新编译就可以迁移；否则无法迁移
4	使用 X86 的二进制动态库（没有 C/C++ 源代码）	无法迁移，需要重新编写动态库

根据上述 4 个特征层次，用户可以判定应用系统是否可以迁移，以及迁移的代价。强烈建议用户按照第 1 等级设计和实现软件，即软件只由纯 Java 源代码组成，只调用 Java 标准类库，以及开源领域具有较高成熟度的、平台无关的第三方类库。

对于服务器上运行的 Java 应用系统，绝大多数情况下能够满足第 1 等级的要求。其迁移的方式非常简单，只需要把应用软件（例如 .war 包）上传到龙芯电脑，按照中间件服务器的要求部署到相应 Web 站点目录下，再根据需要重新启动中间件服务器即可。

例如：假定用户原来在 X86 电脑上，使用 Tomcat 作为 Web 服务器，开发了一个 Web 应用项目。这个 Web 应用项目的文件打包成一个 .war 文件，部署在 Tomcat 的 webapps 目录。现在需要将这个应用迁移到龙芯电脑，并且已经在龙芯电脑上安装了 Tomcat 等符合 Java SE 的中间件，那么只需要上传 .war 文件到 Tomcat 的 webapps 目录中，即可完成迁移。本章前面搭建个人博客网站 pebble 就是这样的模式。

最后请读者牢记一点：为了方便在不同平台上移植软件，强烈建议应用程序不要使用 JNI。

4.4　龙芯 Java 性能

4.4.1　Java 性能测试

Java 的性能是在设计应用系统时需要考虑的一个重要因素。在将 X86 电脑上的应用系统迁移到龙芯电脑时，为了保证系统满足性能要求，需要了解在龙芯电脑上运行 Java 程序的性能，这样才能确定系统中最少要使用多少台龙芯电脑。

　　用于测试 Java 性能的常用工具是 SpecJVM 2008，这是业界权威的 Java 虚拟机性能测试工具。这个工具包含若干标准的测试程序，可以用来评测龙芯电脑的 Java 程序运行性能。测试方法如下。

STEP 1 SpecJVM 2008 可以在 http://spec.org/ 网站上下载，下载后得到一个文件 SPECjvm2008_1_01_setup.jar。

STEP 2 下一步要安装这个工具。SpecJVM 2008 自身带有一个图形界面安装程序，运行命令如下：

```
#java -jar SPECjvm2008_1_01_setup.jar
```

　　安装界面如图 4-19 所示。

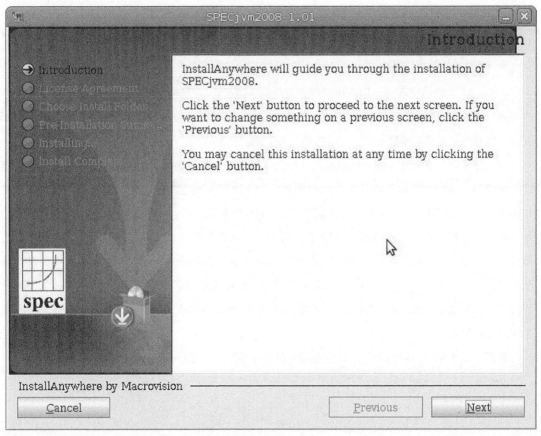

图 4-19　SpecJVM 2008 安装界面

　　按照界面上的提示，单击按钮进行安装，界面的选项一般都使用默认值。在选择安装位置的界面，一般选择 /SPECjvm2008。持续单击“下一步”按钮直到安装结束。

STEP 3 安装结束后就可以运行这个工具来评测性能了。最简单的运行命令如下：

```
$ cd  /SPECjvm2008
$ java -jar SPECjvm2008.jar

   Benchmark:   compiler.compiler
   Run mode:    static run
   Test type:   single
   Threads:     1
   Iterations:  1
   Run length:  1 operation

Iteration 1 (1 operation) begins: Thu Oct 27 14: 04: 17 CST 2016
Iteration 1 (1 operation) ends:   Thu Oct 27 14: 04: 22 CST 2016
Iteration 1 (1 operation) result: 141.93 ops/m

Valid run!
Score on startup.compiler.compiler: 141.93 ops/m

......

   Benchmark:   xml.transform
   Run mode:    static run
   Test type:   single
   Threads:     1
   Iterations:  1
   Run length:  1 operation

Iteration 1 (1 operation) begins: Thu Oct 27 14: 04: 51 CST 2016
Iteration 1 (1 operation) ends:   Thu Oct 27 14: 05: 23 CST 2016
Iteration 1 (1 operation) result: 1.87 ops/m

Valid run!
Score on startup.xml.transform: 1.87 ops/m

--------------------------
   Benchmark:   xml.validation
   Run mode:    static run
   Test type:   single
   Threads:     1
   Iterations:  1
   Run length:  1 operation
```

```
Iteration 1 (1 operation) begins: Thu Oct 27 14: 05: 23 CST 2016
Iteration 1 (1 operation) ends:   Thu Oct 27 14: 05: 26 CST 2016
Iteration 1 (1 operation) result: 26.74 ops/m

Valid run!
Score on startup.xml.validation: 26.74 ops/m

Results are stored in:
/home/loongson/SPECjvm2008-tmp/results/SPECjvm2008.629/SPECjvm2008.629.raw
Generating reports in:
/home/loongson/SPECjvm2008-tmp/results/SPECjvm2008.629

Noncompliant composite result: 43.25 ops/m
```

运行结束之后，会显示一个分值"Noncompliant composite result"，单位为 ops/m，这个分值越高，则代表 Java 性能越高。

SpecJVM 2008 这个工具总共包含 21 个测试项目，从不同的方面评测 Java 性能，包括整数计算、浮点计算、对象创建、垃圾回收、文本处理、XML 解析等。在龙芯 3A3000 电脑上完整运行一遍超过 2 小时。最后的得分是所有 21 项的几何平均值。

SpecJVM 2008 提供了"只运行部分项目"的测试方法。很多时候开发者并不需要等待 21 个测试集全部运行完成，而只需要挑选最有代表性的两三项，所得出的分值也足以反映出性能的高低，实现对于 Java 性能的快速摸底。如果要挑选部分项目来进行测试，只需要在命令行的最后加上要运行的项目名称，如下所示：

```
$ cd  /SPECjvm2008
$ java -jar SPECjvm2008.jar  <测试项目名称>
```

具体的测试项目名称有 compiler.compiler、xml、compress 等，其中 compiler.compiler 模拟了使用 JDK 编译 java 源代码的过程，xml 模拟了使用 Java 语言分析 XML 文件的性能，compress 模拟了对文件进行压缩的性能。其他测试项目的完整含义在 spec.org 上有详细说明。最常用的方法是只需要使用 compiler.compiler 这一个测试集，在 10 分钟之内就可以运行出分值，对于评测 Java 性能已经具有很强的说服力了。

为了得到真实的最高的性能，在运行时还需要注意以下几点。

1. 设置合理的堆内存大小

堆（Heap）是指用于创建和保存 Java 对象的内存区域。SpecJVM 的某些测试项目需要很大的内存（几百 MB 以上），而 JDK 默认分配的内存太小（小于 100MB），在运行时会出现"Out of Heap Space"错误，或者虽然能够正常运行，但是得出的分值低于服务器的最高性能。

解决方法是根据本机 CPU 核心的数目来设置堆内存的大小，每一个 CPU 核心至少设置为

1GB 的堆内存。例如，龙芯 3A3000 桌面台式机包含 1 个四核处理器，则堆的大小不低于 1GB ×4 = 4GB。而龙芯服务器在一个主板上安装了 4 个四核处理器，CPU 核心共有 16 个，则堆的大小不低于 1GB × 16 = 16GB。设置堆内存的参数是 –Xmx 和 –Xms：

```
$ java -Xmx16000M -Xms16000M -jar SPECjvm2008.jar
```

理论上堆内存设置得越大越有利于提升 Java 性能，一般不会有副作用。由于龙芯服务器的标配内存至少有 32GB，所以建议堆内存至少设置 24GB。对于使用 JDK 运行的其他应用系统，例如中间件、Web 服务器，同样要遵循这个原则。

2. 设置合理的线程数目

龙芯 3A3000 是四核处理器，SpecJVM 会自动识别本机的 CPU 数目，发起 4 个并发的线程。而在有些特殊情况下，需要评测单个处理器核的性能，这样可以使用 –bt 1 参数来指定只运行一个 Java 线程，命令如下：

```
$ java -jar SPECjvm2008.jar -bt 1 <测试项目名称 >
```

3. 注意 Warmup 分值和 Iteration 分值的区别

SpecJVM 运行结束后，会打印两种性能数据：一种是 Warmup 分值，代表的是 Java 虚拟机在刚开始运行的较短时间内的性能；另一种是 Iteration 分值，代表的是运行足够长时间后能够稳定达到的最高峰值性能。由于 Java 虚拟机往往采用即时编译技术（Just-In-Time Compilation，JIT）来加速运行应用程序中的热点方法，对 Java 应用程序会有运行速度"越来越快"的特性，所以一般来说 Warmup 分值要低于 Iteration 分值。对于 Web 网站来说，如果使用 Load Runner 进行模拟并发用户的压力测试，可以明显发现在刚开始运行时页面响应时间会比较长，随着访问量的增长会降低页面响应时间，直到压力测试一段时间（例如 10min）后响应时间降低到一个稳定的最终值。因此通常是以 Iteration 分值记录最终结果。例如下面的输出是某台机器上运行的结果。

```
Benchmark:    mpegaudio
Threads:      4
Warmup:       120s
Iterations:     1
Run length:   240s


Warmup（120s）begins: Thu Jul 26 15: 08: 25 CST 2012
Warmup（120s）ends:    Thu Jul 26 15: 12: 40 CST 2012
Warmup（120s）result: 4.86 ops/m


Iteration 1（240s）begins: Thu Jul 26 15: 12: 40 CST 2012
Iteration 1（240s）ends:    Thu Jul 26 15: 16: 55 CST 2012
Iteration 1（240s）result: 4.91 ops/m
```

在上面的运行结果中，最终是以 Iteration 分值"4.91 ops/m"代表这台机器的 Java 运行性能。

> **提示！**
>
> SpecJVM 2008 是一种典型的 benchmark，这种测试只能在一般意义上评估 Java 性能，并不代表实际应用程序的性能高低。因为实际应用程序可以根据平台的特点进行针对性的优化，最终性能取决于应用程序的优化程度。虽然龙芯电脑的 SpecJVM 2008 测试分值低于 X86 服务器，但是在很多实际案例中，由于开发者对应用程序进行了深入优化，最终运行的效果不低于 X86。

4.4.2　Java 性能优化

在龙芯电脑上迁移和部署 Java 应用程序时，有一些技术手段可以帮助提升性能，开发者在实际项目中应尽可能采用这些手段。

1. 中间件设置 Java 的堆大小

中间件一般通过 JDK 运行在应用服务器上，堆大小的设置对性能有关键影响，其原理已经在前面 SpecJVM 2008 的相关章节进行了讲解。如果应用服务器上只运行一个中间件，一般设成物理内存的 80% 左右。例如在龙芯服务器上，如果整机内存是 32GB，则将 Java 堆设成 24GB 左右，这样性能比较高，在中间件的启动脚本中指定具体参数如下：

```
$ java  -Xmx24G  -Xms24G  <中间件的其他运行参数>
```

2. UseNUMA 参数

在龙芯服务器上运行 Java 应用，可以使用 UseNUMA 参数来进一步提升性能。UseNUMA 是 OpenJDK 的一个标准参数，能够针对多路服务器提升 Java 性能。龙芯服务器包括双路、四路两种，使用 UseNUMA 参数都能够带来性能提升效果。

例如，如果是在龙芯服务器上测试 SPECjvm2008，加上 UseNUMA 参数能够提升 30% 分值。具体命令如下：

```
$ java   -XX: +UseNUMA -Xmx24G -Xms24G  -jar SPECjvm2008.jar
```

如果是运行中间件，则在中间件的启动脚本中也建议加上 UseNUMA 参数。

4.4.3　中间件负载均衡优化

集群（Cluster）是指采用多台机器搭建面向大量并发用户的应用系统。如果要基于龙芯服务器部署 Web 应用，用户规模在几千人以上，那么单台服务器的性能很容易超过上限，从而造成访问时间超出用户可以等待的范围。

解决这个问题最简单的方法是利用多台应用服务器，组成一个集群，使用负载均衡服务器对访问请求进行分发。负载均衡的架构如图 4-20 所示。

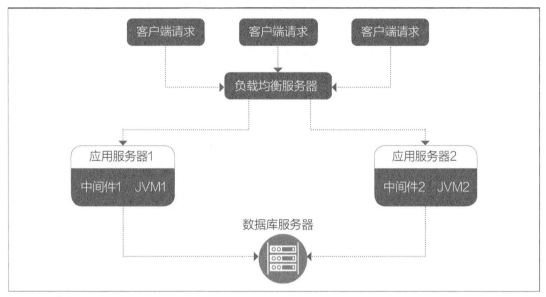

图 4-20　负载均衡优化架构

每一个应用服务器上都运行一个 Web 中间件，所有中间件节点在功能上是等价的；再加上一个负载均衡服务器提供面向用户的唯一访问入口，由负载均衡服务器将外界的用户访问压力平均分摊到所有中间件节点上，这样整个集群的服务能力远远超过一台服务器。

目前龙芯在企业的实际项目中基本都会采用集群的部署方案。负载均衡服务器可以使用软件搭建（例如 Apache、nginx），也可以采用专门的硬件产品。

4.5 项目实战：龙芯电脑移植 Hadoop

本节介绍一个大型 Java 应用系统——Hadoop 在龙芯电脑上的迁移过程，其中涉及的问题和解决方法可以作为迁移同类大型应用的参考。

4.5.1 Hadoop 简介

Hadoop 是一个由 Apache 基金会开发的分布式系统基础架构（见图 4-21）。用户可以在不了解分布式底层细节的情况下，开发分布式程序，充分利用集群的威力进行高速运算和存储。

图 4-21　Hadoop 形象标识

Hadoop 框架最核心的设计是两个要素：HDFS 和 MapReduce。其中，HDFS 是 Hadoop 实现的一个分布式文件系统（Hadoop Distributed File System），有高容错性的特点，并且设计用来部署在低廉的硬件上，提供高吞吐量来访问海量的应用程序数据。MapReduce 是一个能够对大量数据进行分布式处理的软件框架，以一种可靠、高效、可伸缩的方式进行数据处理。维护多个工作数据副本，能够确保针对失败的节点重新分布处理，为海量的数据提供了计算。

Hadoop 集群支持如下 3 种操作模式。

1. Local/Standalone Mode。默认情况下 Hadoop 被配置为 Standalone 模式，作为单个 Java 进程运行。

2. Pseudo Distributed Mode。此种模式下每个 Hadoop 守护进程，如 hdfs、yarn、MapReduce 以分布式部署在不同的机器上，分别作为独立的 Java 进程。

3. Fully Distributed Mode。完全分布式部署，需要至少 2 台机器作为一个集群。

本节后续主要包括以下内容：Hadoop 源码在龙芯电脑上的编译，Hadoop 在分布式存储系统中的部署和应用。

用于移植 Hadoop 的龙芯电脑安装了 Loongnix（2018.6.30 版本），使用的编译管理工具是 Maven（3.2.2 版本）。Maven 是一个用于管理、编译、发行 Java 项目的专用工具。在龙芯电脑上移植 Hadoop 的过程实际上就是使用 Maven 工具编译源代码的过程。

要移植的 Hadoop 的版本为 2.7.2，在 Hadoop 社区网站上有源码下载地址，如图 4-22 所示。虽然在图 4-22 所示页面上提供了很多不同版本，但是基本的移植过程都是相同的。

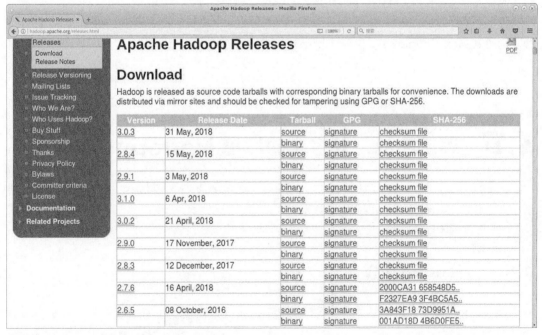

图 4-22　Hadoop 下载页面

4.5.2 编译依赖问题

在龙芯电脑移植软件中常见问题是解决依赖关系。Hadoop 编译依赖于 findbugs 和 cmake 等软件包，需要在编译前通过 yum 命令进行安装，命令如下。

```
$ su
密码：（输入 root 用户的密码后回车）
#yum install findbugs cmake  protobuf-compiler
```

完成安装后，需要设置环境变量，将以下文本内容追加到 /etc/profile 文件中。

```
export FINDBUGS_HOME=/usr/share/findbugs
export MAVEN_HOME=/usr/share/maven
export MAVEN_OPTS="-Xms256m -Xmx512m"
PATH=/usr/lib64/ccache: /usr/local/bin: /bin: /usr/bin: /usr/local/sbin: /
usr/sbin

export PATH=$PATH: $JAVA_HOME/bin: $MAVEN_HOME/bin
```

使用 source 命令使上面的环境变量在当前终端上生效：

```
#source /etc/profile
```

下面解压缩源码到自定义目录（本例采用 /usr/local），然后利用 mvn clean package -Pdist,native,src -DskipTests -Dtar 命令进行编译。

```
#tar xvf hadoop-2.7.2.src.gz -C mkdir /usr/local/
#cd  /usr/local/hadoop-2.7.2
#mvn clean package -Pdist,native,src -DskipTests -Dtar
```

需要注意以下事项。

1. 本例中采用 /usr/local 作为工作目录，所有命令需要 root 权限。

2. 官方源代码在龙芯电脑上编译会出现各种报错。可以参见后面的问题解决过程，修改源代码后，再次通过 mvn package-Pdist,native,src -DskipTests -Dtar 命令启动编译，直到错误消除、编译通过。

4.5.3 代理服务器问题

编译过程中会有一种报错信息，提示依赖的组件（名称一般为xxx.jar或者xxx.pom）无法下载。这种情况很可能是用于编译的机器位于内网环境中，必须加上代理服务器才能正常访问外部网络。

解决方法是修改 maven 配置文件的代理设置选项，并重新安装 ca-certificates。具体方法是修改全局配置文件 settings.xml：

```
# 为 maven 设置代理
<proxies>
    <!--proxy
     Specification for one proxy, to be used in the network.
     |-->
    <proxy>
      <id>proxy01</id>
      <active>true</active>
      <protocol>http</protocol>
      <host>ip_address</host>
      <port>port</port>
      <nonProxyHosts>localhost</nonProxyHosts>
    </proxy>
    <proxy>
      <id>proxy02</id>
      <active>true</active>
      <protocol>https</protocol>
      <host>ip_address</host>
      <port>port</port>
      <nonProxyHosts>localhost</nonProxyHosts>
    </proxy>
  </proxies>
```

重新安装 ca-certificates，命令如下：

```
#yum -y install ca-certificate
```

重新启动 Maven 命令进行编译，均可解决组件无法下载的问题。

4.5.4　编译时耗

Maven 编译通过后，将在终端显示 Hadoop 的 maven Reactor（本次编译的所有 maven 模块）和编译时间信息。在龙芯电脑上的编译时间会略长于 X86 电脑，下面给出的时耗信息仅供参考。

```
[INFO]Reactor Summary:
[INFO]Apache hadoop Main ..................................[10.769 s]
[INFO]Apache hadoop Auth ..................................[26.240 s]
[INFO]Apache hadoop Common Project .......................[ 1.104 s]
[INFO]Apache hadoop HDFS .................................[21: 45 min]
[INFO]hadoop-yarn-server .................................[ 1.020 s]
[INFO]hadoop-mapreduce ...................................[ 1.905 s]
[INFO]Apache hadoop MapReduce Examples ...................[40.229 s]
[INFO]hadoop-mapreduce ...................................[24.719 s]
[INFO]Apache hadoop MapReduce Streaming ..................[33.669 s]
[INFO]Apache hadoop Distributed Copy .....................[59.792 s]
[INFO]Apache hadoop Archives .............................[19.986 s]
[INFO]Apache hadoop Rumen ................................[47.303 s]
[INFO]Apache hadoop Gridmix .............................[30.258 s]
[INFO]Apache hadoop OpenStack support ...................[34.857 s]
[INFO]Apache hadoop Amazon Web Services support .........[37.631 s]
[INFO]Apache hadoop Client ..............................[01: 02 min]
[INFO]Apache hadoop Mini-Cluster ........................[ 3.409 s]
[INFO]Apache hadoop Tools ...............................[ 0.768 s]
[INFO]Apache hadoop Distribution ........................[03: 44 min]
[INFO]BUILD SUCCESS
[INFO]-------------------------------
[INFO]Total time: 03: 33 h
```

编译结果位于 /usr/local/hadoop-2.7.2/hadoop-dist/target/ 目录，源码包和二进制包分别为：hadoop-2.7.2-src.tar.gz 和 hadoop-2.7.2.tar.gz。

至此 hadoop 编译结束。

4.5.5　测试搭建 Hadoop 集群

本节采用 Hadoop 的"Fully Distributed Mode"工作模式，部署 3 节点的 Hadoop 集群，IP 地址分别为 10.20.42.22（机器名称 slave1）、10.20.42.10（机器名称 slave2）、10.20.42.199（机器名称 master）的机器。

1. 设置 SSH 免密码登录

SSH 免密码登录，假设使用 root 用户，在每台服务器都生成公钥，再合并到 authorized_keys，具体操作如下。

STEP1 Loongnix 默认没有启动 ssh 无密登录，修改 /etc/ssh/sshd_config，注释掉以下 2 行（每台机器都

要设置）：

```
#RSAAuthentication yes
#PubkeyAuthentication yes
```

STEP 2 在集群中的每台机器上，打开 shell 终端输入命令 ssh-keygen -t rsa，生成 key，不要输入密码，一直回车，/root 下就会生成 .ssh 文件夹，这个文件一般是隐藏的（每台服务器都要设置）。

STEP 3 合并 slave 节点的公钥到 authorized_keys 文件。在 Master 服务器，进入 /root/.ssh 目录，使用如下命令：

```
#cat id_rsa.pub>> authorized_keys
#ssh root@10.20.42.22 cat ~/.ssh/id_rsa.pub>> authorized_keys
#ssh root@10.20.42.10 cat ~/.ssh/id_rsa.pub>> authorized_keys
```

STEP 4 把 Master 服务器的 authorized_keys、known_hosts 文件复制到两台 Slave 服务器的 /root/.ssh 目录。

STEP 5 在终端上输入 ssh root@10.20.42.22 和 ssh root@10.20.42.10 进行验证，免密登录配置成功。

2. 搭建 hadoop 3 节点集群

准备 1 台主服务器和 2 台从服务器，主服务器可以 ssh 免密登录到从服务器。3 台服务器的概要信息见表 4-6。

表 4-6　Hadoop 集群节点

节点名称	IP 地址
Master	10.20.42.199
Slave1	10.20.42.22
Slave2	10.20.42.10

工作目录为 /home/loongson/，解压 Hadoop 软件包，没有特殊说明时所指的配置文件均来自 master 服务器，具体操作如下。

STEP 1 解压 hadoop 软件包 tar -xvf hadoop-2.7.2.tar.gz -C /home/loongson。

STEP 2 在 /home/loongson/hadoop-2.7.2 目录下手动创建 tmp、hdfs、hdfs/data、hdfs/name 文件夹。

STEP 3 配置 /home/hadoop/hadoop-2.7.2/etc/hadoop 目录下的 core-site.xml，IP 地址设置成 master 的地址。

```
    <configuration>
        <property>
        <name>fs.defaultFS</name>
```

```
    <value>hdfs: //10.20.42.199: 9000</value>
    </property>
    <property>
    <name>hadoop.tmp.dir</name>
    <value>file: /home/loongson/hadoop/tmp</value>
    </property>
    <property>
    <name>io.file.buffer.size</name>
    <value>131702</value>
    </property>
</configuration>
```

STEP 4 配置 /home/loongson/hadoop-2.7.2/etc/hadoop 目录下的 hdfs-site.xml，IP 地址设置成 master 的地址。

```
<configuration>
    <property>
    <name>dfs.namenode.name.dir</name>
    <value>file: /home/loongson/hadoop/dfs/name</value>
    </property>
    <property>
    <name>dfs.datanode.data.dir</name>
    <value>file: /home/loongson/hadoop/dfs/data</value>
    </property>
    <property>
    <name>dfs.replication</name>
    <value>2</value>
    </property>
    <property>
    <name>dfs.namenode.secondary.http-address</name>
    <value>10.20.42.199: 9001</value>
    </property>
    <property>
    <name>dfs.webhdfs.enabled</name>
    <value>true</value>
    </property>
</configuration>
```

STEP 5 配置 /home/loongson/hadoop-2.7.2/etc/hadoop 目录下的 mapred-site.xml.template，IP 地

址设置成 master 的地址。

```
<configuration>
    <property>
    <name>mapreduce.framework.name</name>
    <value>yarn</value>
    </property>
    <property>
    <name>mapreduce.jobhistory.address</name>
    <value>10.20.42.199: 10020</value>
    </property>
    <property>
    <name>mapreduce.jobhistory.webapp.address</name>
    <value>10.20.42.199: 19888</value>
    </property>
</configuration>
```

STEP 6 配置 /home/loongson/hadoop-2.7.2/etc/hadoop 目录下的 yarn-site.xml，IP 地址设置成 master 的地址。

```
<configuration>
    <property>
    <name>yarn.nodemanager.aux-services</name>
    <value>mapreduce_shuffle</value>
    </property>
    <property>
    <name>yarn.nodemanager.auxservices.mapreduce.shuffle.class</name>
    <value>org.apache.hadoop.mapred.ShuffleHandler</value>
    </property>
    <property>
    <name>yarn.resourcemanager.address</name>
    <value>10.20.42.199: 8032</value>
    </property>
    <property>
    <name>yarn.resourcemanager.scheduler.address</name>
    <value>10.20.42.199: 8030</value>
    </property>
    <property>
    <name>yarn.resourcemanager.resource-tracker.address</name>
    <value>10.20.42.199: 8031</value>
```

```
            </property>
            <property>
            <name>yarn.resourcemanager.admin.address</name>
            <value>10.20.42.199: 8033</value>
            </property>
            <property>
            <name>yarn.resourcemanager.webapp.address</name>
            <value>10.20.42.199: 8088</value>
            </property>
            <property>
            <name>yarn.nodemanager.resource.memory-mb</name>
            <value>768</value>
            </property>
        </configuration>
```

STEP 7 修改位于 /home/loongson/hadoop-2.7.2/etc/hadoop 目录 hadoop-env.sh，yarn-env.sh 中的 JAVA_HOME 等环境变量。

```
export JAVA_HOME=/usr/lib/jvm/java-1.8.0-openjdk-1.8.0.25-6.b17.rc27.fc21.
loongson.mips64el
```

STEP 8 配置 /home/loongson/hadoop-2.7.2/etc/hadoop 目录下的 slaves 文件，增加 2 个从 slave 节点。

```
10.20.42.10
10.20.42.22
```

STEP 9 将上述配置好的 Hadoop-2.7.2 目录（位于 master 机器上）使用 scp 复制到各个 slave 节点对应位置上。

```
#scp -r /home/loongson/hadoop-2.7.2 10.20.42.10:/home/loongson
#scp -r /home/loongson/hadoop-2.7.2 10.20.42.22:/home/loongson
```

STEP 10 在 Master 服务器启动 hadoop，从节点会自动启动。为了防止机器本身的防火墙对网络起到干扰，首先要关闭机器防火墙，执行下面的命令（主节点、从节点上都要执行）。

```
#service iptables stop
```

初始化 node 节点：

```
#cd /home/loongson/hadoop-2.7.2
#bin/hdfs namenode -format
```

启动全部 node：

```
#sbin/start-all.sh
```

start-all.sh 命令有以下输出：

```
This script is Deprecated.Instead use start-dfs.sh and start-yarn.sh
16/09/02 08: 49: 56 WARN util.NativeCodeLoader: Unable to load native-
hadoop library ...
using builtin-java classes where applicable
Starting namenodes on [hadoop-master-001]
hadoop-master-001: starting namenode, logging to hadoop-root-namenode-
        localhost.localdomain.out
        10.20.42.22: starting datanode
        openjdk-1.8.0.25-6.b17.rc16.fc21.loongson.mips64el/bin/java: 成功
        10.20.42.10: starting datanode
        Starting secondary namenodes [hadoop-master-001]
        hadoop-master-001: secondarynamenode running as process 18418.Stop
it first.
        classes where applicable
        starting yarn daemons
        resourcemanager running as process 16937.Stop it first.
        10.20.42.10: starting nodemanager
        10.20.42.22: starting nodemanager
        openjdk-1.8.0.25-6.b17.rc16.fc21.loongson.mips64el/bin/java: 成功
```

如果要停止全部节点服务，使用命令 sbin/stop-all.sh。

为了验证 Hadoop 服务是否正确启动，可以输入 jps 命令。如果从节点和主节点显示类似如下，说明节点搭建成功：

```
#jps
    master 节点上的输出：
    32497 OServerMain
    3506 SecondaryNameNode
    3364 DataNode
    5654 Jps
    2582 OGremlinConsole
    16937 ResourceManager
    3263 NameNode
```

```
slave 节点上的输出：

21580 Jps

20622 DataNode
```

STEP 11 浏览器访问 http://10.20.42.199:8088/ 或 http://10.20.42.199:50070/ 查看 Hadoop 运行情况。浏览器显示的 Hadoop 集群的概览和状态信息如图 4-23、图 4-24 所示。

图 4-23　Hadoop 集群概要

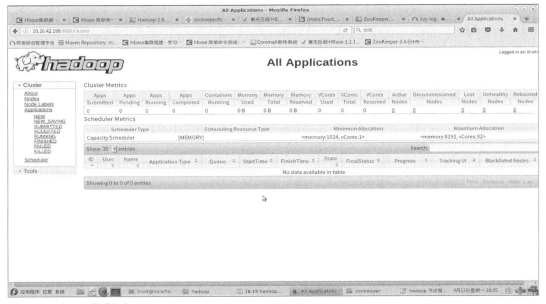

图 4-24　Hadoop 集群状态

　　至此，Hadoop-2.7.2 在 Loongnix 上正确完成源码编译和搭建集群的测试，可以作为开发者移植大型 Java 应用项目的示范过程。

> **提示：编译好的 Hadoop 成品**
>
> 编译 Hadoop 是一个非常复杂的过程，如果读者想略过编译过程，直接运行 Hadoop，可以使用龙芯社区上编译好的二进制文件，参见 http://www.loongnix.org/index.php/Apache_hadoop-2.7.2。

4.5.6　迁移大型应用软件的一般套路

在整个移植过程中，出现比较多的问题有以下几种类型，这也代表了移植同类大型应用软件所需要遵循的一般套路。

首先是要正确安装编译环境。包括 JDK 以及其他编译所依赖的软件包。在编译过程中经常出现"缺少依赖文件"的错误提示，一般都是安装对应的软件包解决。

其次是要明白编译管理工具的使用方法。编译管理工具有 makefile、ant、maven 等很多种，开发者都要学习其语法规则，当出现报错信息时能够知道问题原因和解决方法。

最后要明白所移植的整个软件的使用方法。能够按照 Hadoop 官方文档搭建集群系统进行测试，这样才能保证所移植的软件达到功能正常。

总之，在龙芯电脑上移植大型 Java 应用系统是具有一定挑战性的工作，需要面对众多开源软件和第三方库，往往要解决底层基础软件和 API 软件的问题，在此过程中有机会不断学习和积累经验，这对于提升开发者的能力是十分难得的。

> **提示：报告 Java 问题的渠道**
>
> 如果在使用龙芯 JDK 的过程中发生任何问题，都可以向龙芯团队报告以得到支持。报告问题的渠道参见龙芯开源社区（www.loongnix.org）。例如，有一种问题是 JDK 发生崩溃，会在 Java 运行的目录下产生文件名为"hs_err_pidxxxx.log"的错误日志，记录了与崩溃相关的环境信息。请把这个日志文件发送给龙芯团队。

思考与问题

1. JDK 包含哪些组件？

2. 龙芯 JDK 兼容什么标准？

3. 怎样使用命令行工具编译 Java 程序？

4. 怎样搭建 Tomcat 服务器？

5. GlassFish 有什么优点？

6. 龙芯 JDK 支持哪些第三方框架？

7. Java 的图形库有哪几种？

8. 为什么在 Java 程序中输出中文会产生乱码？

9. 哪些情况下会使用 JNA？

10. 怎样设置 Java 程序的堆大小？

11. UseNUMA 参数有什么作用？

12. 怎样搭建负载均衡？

13. 在龙芯电脑上移植 Hadoop 的过程中会发生哪些问题？

第 **05** 章

永不消逝的 0 和 1：
数据库

  数据库在应用开发中占有非常重要的地位。任何应用系统都需要把运行中的业务数据存储到硬盘等媒介上，而且要保证高可靠、高安全。对于用户来说，数据甚至比电脑更有价值。因为即使一台电脑坏掉，很容易再花钱买到一模一样的电脑。但是如果数据发生损坏或者丢失，而事先又没有做好备份，例如重要客户的联系方式、一款主打产品的设计资料或者企业在几十年内销售产品的金额流水，这将会直接损害企业的经济收益，造成难以挽回的后果。所以现在的企业都对数据库投入高度重视，数据库是企业信息系统中的核心资产，一般都会采用多机集群、冗余备份等各种手段来提高数据的安全性。

  龙芯电脑既支持 MySQL 等关系型数据库，又支持新兴的非关系型数据库（NoSQL）和分布式数据库。本章将介绍这些数据库的开发技术。

学习目标

龙芯电脑上数据库的种类和典型产品，掌握
MySQL 的运行方法和命令，JDBC 的概念，
神通数据库的安装和使用方法。NoSQL 的概
念，MongoDB 的查询和修改操作。TPCC 测
试数据库性能，数据库集群的概念，使用 Qt
访问神通数据库的编程方式，在龙芯电脑上移
植数据库软件 RethinkDB 的过程。

学习重点

MySQL 的命令行工具，在 Java 中使用 JDBC
访问 MySQL 数据库的编程方式，神通数据
库的安装，MongoDB 和 MySQL 的区别，
RethinkDB 的移植过程。

5.1 龙芯 MySQL 开发

MySQL 是广泛使用的开源数据库，功能可以满足很多中小型企业应用的需求，是龙芯电脑上首选的开源数据库，也是应用系统由 X86 电脑上的企业级数据库（例如 Oracle）向 Loongnix 迁移时首选的数据库（图 5-1）。

MySQL 遵循 SQL（Structured Query Language，结构化查询语言）接口，兼容标准的 SQL92 语法格式，只要学习过

图 5-1 MySQL 形象标识

SQL 语言就能够使用 MySQL。MySQL 向其他编程语言提供访问接口，例如在 Java 程序中可以通过 JDBC 访问 MySQL 数据库。

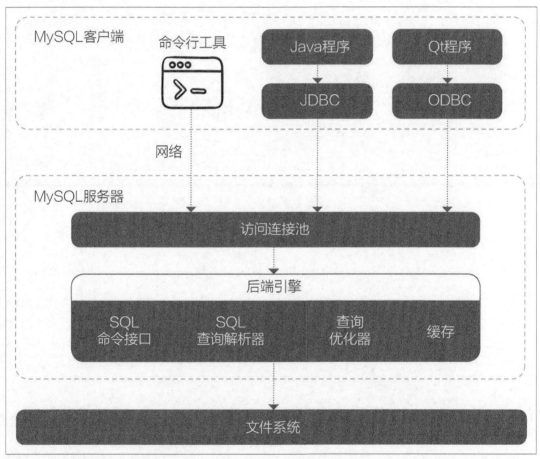

图 5-2 MySQL 架构

MySQL 是基于网络的数据库服务器，由"客户端 – 服务器"两部分构成，如图 5-2 所示。其中服务器承担数据的存储和管理功能，通过网络向客户端提供访问接口；客户端通过网络与服务器进行通信，向服务器发送数据查询请求，并接收服务器返回的数据查询结果。

MySQL 曾经更改过一次软件名称，在 Loongnix 中集成的是 MySQL 的高版本，软件包的名称由原来的"mysql"改为"mariadb"，所有涉及安装软件包的命令都要使用"mariadb"这个名称。除了名称的区别之外，以前的 MySQL 书籍中介绍的使用方法都适用于 mariadb。为了方便读者的阅读习惯，本章在后面的内容介绍中仍然使用 MySQL 这个名称，实际上指的就是 mariadb。

5.1.1 安装 MySQL

在 Loongnix 中安装 MySQL，并且启动 MySQL 的后台服务，使用下面的命令：

```
$ su
密码：（输入 root 用户的密码后回车）
#yum install mariadb  mariadb-server
#service  mysqld  start
```

MySQL 提供一个命令行方式的管理工具，在这个工具中可以输入任何标准的 SQL 查询语句，以及 MySQL 定义的数据管理命令。在使用命令行工具时，首先要登录数据库，提供用户名和密码，命令如下：

```
[loongson@localhost ~]$ mysql -u root
Welcome to the MariaDB monitor. Commands end with ; or \g.
Your MariaDB connection id is 5
Server version: 10.0.14-MariaDB MariaDB Server

Copyright (c) 2000, 2014, Oracle, SkySQL Ab and others.
Type 'help; 'or '\h'for help.Type '\c'to clear the input statement.

MariaDB [(none)]> _
```

在上述命令中，参数 -u root 指定以用户名 root 登录。注意，这里的 root 是 MySQL 数据库的管理员，不同于 Loongnix 的管理员 root，所以密码也是在 MySQL 中配置的。由于 Loongnix 集成的 MySQL 默认 root 密码为空，所以使用 MySQL 工具登录时不需要输入密码，直接进入 MySQL 命令行工具。

MySQL 命令行工具首先打印版本信息"10.0.14-MariaDB"，然后进入一个命令行提示符"MariaDB [（none）]>"。在这个提示符后面可以输入任何 SQL 查询命令。

如果要退出命令行工具，可以输入"exit"，并且按回车键，回到 Loongnix 系统的命令行即可。

> **提示！**
> 退出 MySQL 命令行工具，除了输入"exit"外，还有更快速的方法，按 Ctrl+D 组合键即可。

5.1.2 数据查询

在龙芯电脑上使用 MySQL 的方法和 X86 电脑基本是相同的。市面上已经有丰富的 MySQL 教学书籍，本书只对最常用的命令进行展示。应用程序要存储任何数据，首先要创建一个库（database），在库中再创建若干的表（table），每一个表由若干字段（field）组成，表中存储的所有数据是具有相同字段的很多条记录（record）。下面使用一个简单的数据库来进行演示，数据库名称为"logintest"，只包含一个表"user"，用于存储用户信息。每一条用户记录由三个字段 <id，name，pwd> 组成，分别是主键 id、用户名、密码。

在 MySQL 中创建数据库和表的具体命令如下：

```
；创建新库
mysql> create database logintest;
Query OK, 1 row affected（0.00 sec）

；打开库
mysql> use logintest;
Database changed

；创建新表
mysql> create table user（id text, name text, pwd text）;
Query OK, 0 rows affected（0.03 sec）

；显示所有数据库
mysql> show databases;
+--------------------+
| Database           |
+--------------------+
| logintest          |
| mysql              |
+--------------------+
2 rows in set（0.00 sec）
```

在最后一条 show databases 命令的输出中，显示有两个数据库，其中"logintest"是我们刚刚创建的库，另一个数据库"mysql"是系统内部使用的数据库，在 Loongnix 安装后就已经存在，只用来存储数据库服务器本身的管理数据，应用程序一般可以忽略这个数据库。

MySQL 支持标准的 SQL 数据查询语言，SQI 语言包括"增、删、查、改"四个方面，具体的语法见表 5-1。

表 5-1 基本 SQL 语法

操作	语法
添加记录	insert into <表名> values（<字段值>，<字段值>，…）;
查询	select * from <表名> where <条件>;
删除	delete from <表名> where <条件>;
修改	update <表名> set <字段名> = <值>;

例如，在数据库 logintest 中增加一条用户记录，用户名是 loongson，密码是 cpu。使用的下面命令：

```
; 添加记录
mysql> insert into user values ('1', 'loongson', 'cpu');

; 查询记录
MariaDB [logintest]> select * from user;
+------+----------+------+
| id   | name     | pwd  |
+------+----------+------+
| 1    | loongson | cpu  |
+------+----------+------+
1 row in set (0.00 sec)
```

可以看到，数据库 logintest 中正确生成了用户名为 loongson 的记录。

5.1.3 在 Java 中访问 MySQL

在 Java 程序中采用 JDBC（Java DataBase Connectivity）协议来访问 MySQL 数据库。JDBC 是一种用于执行 SQL 语句的 Java API，它由一组用 Java 语言编写的类和接口组成，可以为多种关系数据库提供统一访问接口。JDBC 目前已经属于 Java SE 规范的一部分。

1. 下载 MySQL JDBC 插件

由于 Java 语言使用非常普遍，市面上几乎所有的数据库产品都提供了 JDBC 插件。MySQL 在网站上提供了 JDBC 的驱动库（https://dev.mysql.com/downloads/connector/j/），如图 5-3 所示。在这个网址下载得到一个文件，文件名称类似于 mysql-connector-5.1.8.jar。

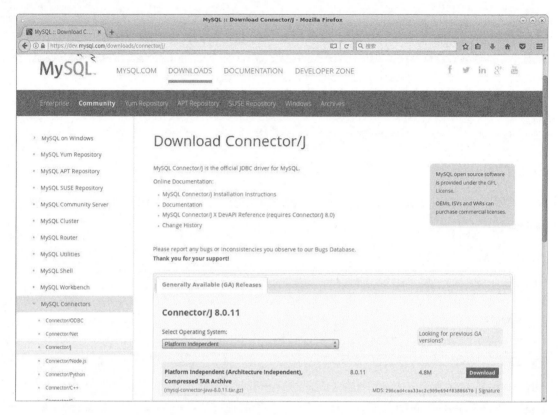

图 5-3　MySQL JDBC 插件下载页面

安装方法是将这个 jar 包放在 Java 应用程序可以访问的类库目录。由于我们的演示程序是在 Tomcat 中部署的 JSP/Servlet 应用，所以将 jar 包放入 Tomcat 的 lib 文件夹下即可。

2. 编写示例网页

本节将使用 JSP/Servlet 技术展示一个最简单的"登录页面"，在页面中提供两个文本框，用户分别输入用户名和密码后单击"登录"按钮。页面提交后，程序在服务器端检查 MySQL 数据库中是否有合法记录，如果在数据库中有符合条件的记录，则显示登录页面成功，如图 5-4 所示。

name	abc
password	•••
Login	

| My JSP 'success.jsp' start × |
| ← C ① 10.2.0.166:8080/Login/success.jsp |
| 登录成功！！！ |

（a）登录页面　　　　　　　　　　　　（b）登录成功

图 5-4　登录页面

为了验证登录功能，数据库中已经在上一节插入了一条示例数据，用户名是 loongson，密码是 cpu。

3. 建立 Connection

下面我们开始在 JSP 页面中编写代码，调用 JDBC 的方法接口，实现对 MySQL 的访问。第一个步骤是建立一个到数据库的 Connection，每一个 Connection 代表了访问数据库的一条通道。核心代码片断如下：

```
String user = "root";
String password = "password";
String driver = "com.mysql.jdbc.Driver";
String url = "jdbc: mysql: //127.0.0.1: 3306/logintest";

Class.forName ( driver ) .newInstance ( ) ;
Connection conn = DriverManager.getConnection ( url, user, password ) ;
```

上面的代码中，变量 url 保存了访问数据库的一个地址，其中包含 MySQL 数据库的网络 IP 和端口号，由于 Tomcat 和数据库都在同一台机器上，所以只需要使用本机 IP 地址 127.0.0.1，安装 MySQL 时默认的端口是 3306。要访问的数据库名称 logintest 也包含在 url 中。

如果这些信息填写正确，最后返回一个 conn 变量，这个变量将在后续的访问操作中频繁使用。

4. 检索数据

在 JSP 页面填写两个文本框，单击按钮提交后，通常由一个 Servlet 接口处理后台的数据查询操作。核心代码如下：

```
String sql = "select * from user where name = ?and pwd = ?";
PreparedStatement pstmt;
pstmt = conn.prepareStatement ( sql ) ;
pstmt.setString ( 1, username ) ;
pstmt.setString ( 2, password ) ;

// 查询获得结果集
ResultSet rs = pstmt.executeQuery ( ) ;
if ( rs.next ( ) ){
    suc = true;    /*登录成功*/
}
```

上面的代码中，username 和 password 是从 JSP 页面上传递过来的文本框的值。利用这两个变量填充 sql 字符串中的查询字段，再调用 executeQuery ( ) 方法发起查询。查询的结果是一个记录集 ResultSet，通过检查记录集中是否包含有效记录，可以判断出用户登录信息是否有效。

虽然上面只是代码片段，但是已经展示出来使用 JDBC 访问 MySQL 的核心方法。有 Java 开发经验的读者可以将这些方法集成到实际应用系统中。

5. 插入新记录

在 JDBC 中也提供了插入记录、修改数据的方法。例如，如果要开发一个用户管理模块，需要新增用户账号，那么就要使用 Java 语言访问 MySQL 数据库，实现 insert 的 SQL 语句。核心代码如下：

```
String sql = "insert into user values ('2', 'loongnix', '123456')";
Statement st;

st = conn.createStatement ();
st.executeUpdate (sql);
```

可以看到，JDBC 无非是把 MySQL 命令行上的 SQL 语句进行一定的封装，只要掌握了 SQL 这个基础的语法，对数据库的查询和修改都是调用固定的方法。无论是多么复杂的应用，都能够在龙芯电脑上利用 Java 语言和 MySQL 配合来实现。

5.1.4 龙芯电脑 MySQL 常见问题

1. 语言编码问题

在 Java、PHP 等应用程序中访问 MySQL 服务器时，如果在查询语句或者返回结果中包含中文字符，那么就涉及语言编码问题。在 MySQL 的配置文件中需要正确指定字符的语言编码，否则会返回不正确的中文字符，从而显示成乱码。由于 MySQL 的配置文件默认指定 GB 2312-1980 编码，而 Java、PHP 语言默认使用 UTF-8 编码，所以如果在 Java、PHP 的页面中直接显示包含中文的查询结果，就会发生乱码问题。

解决这个问题的方法有两种：第一种方法是在 Java、PHP 应用程序中对 MySQL 返回的查询结果进行字符集转换，这需要修改程序的源代码，而且要在每一处查询语句的位置都做转换，很容易产生遗漏；第二种方法是更简单的方法，只需要修改 MySQL 的配置文件，将字符的语言编码强制修改成 UTF-8，就可以一劳永逸的解决，所以推荐使用这种方法。具体实现方法是编辑 /etc/my.cnf 文件，增加两处文本：

```
[mysqld]
character_set_server=utf8
init_connect='SET NAMES utf8'

[client]
default_character_set=utf8
```

上面的文本分成两个部分，分别是以 "[mysqld]" 和 "[client]" 开头的两个标签。其中 [mysqld] 部分在原来文件中已经有这个标签，只需要添加下面的两行文本。[client] 标签原来是没有的，需要连同标签一起添加。修改完成后，重新启动 MySQL 服务器：

```
#service mysqld restart
```

现在 MySQL 的默认语言编码已经改成了 UTF-8，一般来说在 Java、PHP 等应用程序中显示 MySQL 查询返回的中文不会再有乱码了。

2. SQL 兼容性问题

MySQL 遵循标准的 SQL 规范，理论上应该与 Oracle、Microsoft SQL Server 等产品相兼容，也就是各家数据库应该支持相同的 SQL 查询语言。事实上各家数据库都在 SQL 基础上进行一些扩展，这些扩展的语法不属于 SQL 规范，形成了数据库的 "方言"，从而造成各家数据库不能是完全兼容的。

为了提高应用程序的可移植性，原则是只使用符合 SQL 规范的最简单语法，避免采用某家数据库特有的语法，这样在将来迁移到其他数据库时才能避免发生问题。如果要将基于 Oracle、Microsoft SQL Server 的应用系统迁移到龙芯电脑，必须对 MySQL 不支持的功能进行改造，主要涉及以下方面。

1. MySQL 不支持子查询。在 MySQL 中下列语句还不能工作：

```
SELECT * FROM table1 WHERE id IN ( SELECT id FROM table2 );
SELECT * FROM table1 WHERE id NOT IN ( SELECT id FROM table2 );
```

在很多情况下可以重写查询，而不用子选择：

```
SELECT table1.* FROM table1, table2 WHERE table1.id=table2.id;
SELECT table1.* FROM table1 LEFT JOIN table2 ON table1.id=table2.id where
table2.id IS NULL
```

2. MySQL 不支持 Oracle SQL 的扩展：SELECT…INTO TABLE…，相反 MySQL 支持 ANSI SQL 句法 INSERT INTO…SELECT…，基本上是一样的。

可以使用 SELECT INTO OUTFILE…或 CREATE TABLE…SELECT 解决。

3. MySQL 不支持事务处理。MySQL 不支持 COMMIT-ROLLBACK，目前可通过使用 LOCK TABLES 和 UNLOCK TABLES 命令阻止其他线程的干扰。

4. MySQL 不支持视图。

5. SQL 标准不包含存储过程和触发器。存储过程是能在服务器中编译并存储的一系列 SQL 命令，因为查询仅需一次解析后重复执行，因此性能更高。触发器是当一个特定的事件发生时，被调用的一个存储过程。MySQL 的存储过程和触发器的语法和 Oracle、Microsoft SQL Server 都有较大区别，往往导致应用程序耗费大量时间进行改造。建议应用程序避免使用存储过程和触发器。

提示！

MySQL 一直在提升对于 Oracle、Microsoft SQL Server 的兼容性，有可能在 MySQL 的最新版本中已经对上述问题做出了改进，但是永远无法做到 100% 兼容。从长期维护的角度出发，开发者要避免使用上述有潜在风险的查询机制。

5.2 神通数据库

龙芯电脑上支持多种国产的数据库，其中包括神通数据库。神通数据库是一款用于企业级高可靠海量数据应用的专业数据库，提供了比 MySQL 水平更高的质量和服务。在通用性方面，神通数据库标准版提供了大型关系型数据库通用的功能，如丰富的数据类型、多种索引类型、存储过程、触发器、内置函数、视图、Package、行级锁、完整性约束、多种隔离级别、在线备份、支持事务处理等通用特性，系统支持 SQL 通用数据库查询语言，提供标准的 ODBC、JDBC、OLEDB/ADO 和 .Net Provider 等数据访问接口；在稳定性方面，系统具有完善的数据日志和故障恢复机制以及灵活的自动备份等功能，支持 7×24h 持续运行；在安全性方面，实现对数据访问、存储、传输以及权限等方面的安全管理；在易用性方面，提供了丰富友好并且简洁的管理维护工具，数据库管理人员经过相应的培训就可熟练地操作数据库。神通数据库网站页面如图 5-5 所示。

图 5-5　神通数据库网站页面

5.2.1 安装和配置

神通数据库的安装十分简单，提供了图形界面的安装程序。在命令行终端中进入数据库安装程序的目录，增加脚本 setup.sh 的执行权限，再执行脚本。具体命令如下：

```
#cd shentong7.0_loongson64_release_trial
#chmod +x setup.sh
#./setup.sh
```

setup.sh 提供了图形化的安装界面，如图 5-6 所示。接下来只需要根据界面上的提示进行安装。从进入安装程序开始，全都直接单击"下一步"按钮，无需进行其他选择配置。

在选择安装目录时，习惯上放在"/opt/ShenTong"目录下。安装完成后，本安装界面不会退出，而是自动跳出数据库配置界面，如图 5-7 所示。

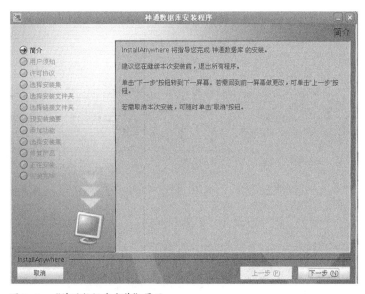

图 5-6 "神通数据库安装"界面

选择"创建数据库"选项，单击"下一步"按钮，最后单击"创建"按钮。创建成功后仍旧单击"下一步"按钮，进入"参数配置"界面，如图 5-8 所示。

在文本框中搜索含有 buf_data 的项目，默认值为 8192，将其更改为 102400，此项可根据实际需求更改，原则上是本机内存大小的一半。由于数据库的配置参数非常复杂，建议参考自带的帮助手册。修改配置参数后，单击"完成"

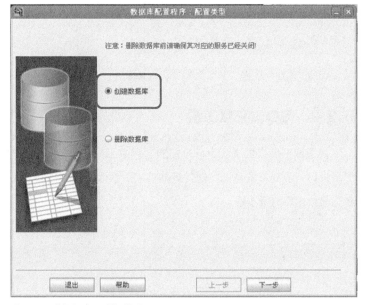

图 5-7 "数据库配置"界面

按钮，此处需要几分钟时间，等待数据库安装完成。

图 5-8 "参数配置"界面

上述工作完成后，最后一步是在终端中执行一条命令，使安装程序设置的环境变量生效：

```
#source ~/.bash_profile
```

5.2.2 SQL 交互工具

神通数据库提供了命令行方式的客户端工具"isql"。在数据库安装完成后，可以调用命令行工具进行一些简单的测试，例如查看神通数据库的版本信息。在 isql 中执行以下 SQL 语句可以查看当前数据库的版本号。

```
#isql
SQL> SELECT version ( );
7.0.7
```

在上述命令中，version( )是神通数据库提供的内置函数，返回的 7.0.7 是神通数据库的版本号。可以向数据表中写入一些测试的记录。使用下面的 SQL 语句创建数据表和记录。

```
SQL> drop table tab_emp;
   create table tab_emp (id int primary key, name varchar (30), content
text, c blob);
   insert into tab_emp values (1, '张三', '入伍 5 年', null);
   insert into tab_emp values (2, '李四', '入伍 10 年', null);
```

5.2.3　安装 ODBC

　　ODBC 是一种用于访问数据库的统一接口标准，是应用程序和数据库之间的中间件，定义了一套标准的访问函数。有了 ODBC 后，应用程序只需要调用相应平台上的 ODBC 驱动程序就可以实现对数据库的操作，避免了在应用程序中直接调用与数据库相关的细节，从而实现了应用程序和数据库的独立性。

　　在使用 ODBC 之前，先检查当前系统是否已经集成了 ODBC 相关包，如果没有，则使用下面的命令安装：

```
#rpm -qa unixODBC qt-odbc  unixODBC-2.3.1-1.ns6.0.mips64el    \
    qt-odbc-4.8.6-18.ns6.0.6.mips64el
```

　　如果上面命令没有显示存在这些包，则需要安装 unixODBC 和 qt-odbc 的 rpm 包：

```
#rpm -ivh qt-odbc-4.8.6-13.20150331.ND6.4.loongson.mipsel.rpm
```

　　安装好 ODBC 之后，下面可以开始配置数据库了，根据数据库的默认安装位置，在 shell 终端中进入数据库目录下：

```
#cd /opt/ShenTong/odbc/bin
```

　　执行数据库配置程序，进入文字配置模式（＞号右侧为输入的内容）：

```
#./oscar_odbcconfig
--------------
<OSCAR ODBC DRIVER Manager>
Main Menu
0 Exit
1 View configuration and DSNs on this system
2 Create, edit, delete or test a DSN
Enter command> 2
--------------
Create, edit, delete or test a DSN
```

```
0 Return to main menu
1 Create an ODBC DSN
2 Edit an existing DSN
3 Delete an existing DSN
4 Test the connection for a DSN
Enter command> 1
Enter DSN name
> odsn
Enter Servername
> localhost
Enter Port
> 2003
Enter Username
> sysdba
Enter Password
> szoscar55
Enter Database
> osrdb
Keep this information?
[odsn]
Servername = localhost
Port = 2003
Database = osrdb
Username = sysdba
Password = szoscar55
Enter (y)es or (n)o > yes
Success!.Write file /etc/odbc.ini
--------------
Create, edit, delete or test a DSN
0 Return to main menu
1 Create an ODBC DSN
2 Edit an existing DSN
3 Delete an existing DSN
4 Test the connection for a DSN
Enter command> 0
--------------
<OSCAR ODBC DRIVER Manager>
Main Menu
```

```
0 Exit
1 View configuration and DSNs on this system
2 Create, edit, delete or test a DSN
Enter command> 0
```

数据库配置好后，使用下面命令来检查数据库与 ODBC 是否已连接上：

```
#/usr/bin/isql odsn sysdba szoscar55
+------------------------------------+
| Connected!                         |
|                                    |
| sql-statement                      |
| help [tablename]                   |
| quit                               |
+------------------------------------+
```

上面命令中出现了 "Connected" 字样，说明前面的 ODBC 数据源配置都是正确的。很多编程语言都可以调用 ODBC 来访问数据库，在本章末尾的项目实战中有一个案例就是使用 Qt 程序访问神通数据库。

5.3 形形色色的 NoSQL

5.3.1 什么是 NoSQL

NoSQL 泛指 "非关系型" 的数据库。随着云计算和大数据的兴起，传统的关系型数据库用于应对超大规模和高并发的动态网站显得力不从心，难以针对大型分布式应用提高扩展性，暴露了很多难以克服的问题，而非关系型的数据库由于其本身的特点适用于超大规模和高并发网站，因此得到迅速发展。NoSQL 数据库的产生就是为了解决大规模数据集合、多重数据种类带来的挑战，尤其是大数据应用的难题。

NoSQL 数据库一般分为 4 种类型。

1. 键值（Key-Value）存储数据库。这一类数据库主要会使用一个哈希表，这个表中有一个特定的键和一个指针指向特定的数据，例如 Redis 等。

2. 列存储数据库。这一类数据库通常是用来应对分布式存储的海量数据，例如 Cassandra、HBase、Riak 等。

3. 文档型数据库。这一类的数据模型是非结构化、半结构化的文档，以特定的格式（例如

JSON）存储版本化的文档。文档型数据库可以看作是键值数据库的升级版，针对文档型数据的查询效率比键值数据库更高，例如 MongoDB 等。

4. 图形（Graph）数据库。这一类数据库通常使用灵活的图形模型，例如 Neo4J、InfoGrid、Infinite Graph 等。

上述绝大多数 NoSQL 数据库都已经在 Loongnix 中移植。详细情况可参见 loongnix.org 网站上 Loongnix 项目的"服务器软件"栏目。

5.3.2　MongoDB

MongoDB 是一个基于分布式文件存储的数据库，使用 C++ 语言编写，旨在为 Web 应用提供可扩展的高性能数据存储解决方案（图 5-9）。MongoDB 支持的数据结构是类似 JSON 的 BSON 格式，可以存储复杂的数据类型。

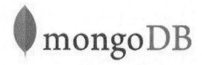

图 5-9　MongoDB 形象标识

MongoDB 支持的查询语言非常强大，其语法类似于面向对象的查询语言，几乎可以实现类似关系数据库单表查询的绝大部分功能，还支持对数据建立索引。

Loongnix 已经集成了 MongoDB 数据库。由于 MongoDB 是基于网络服务器的数据库，因此首先要运行后台服务：

```
#service mongod start
Redirecting to /bin/systemctl start  mongod.service
```

这时候就可以运行命令行工具，显示 MongoDB 版本信息后出现命令行提示符：

```
[loongson@localhost swing]$ mongo
MongoDB shell version: 3.0.11
connecting to: test
Server has startup warnings:
2018-05-27T11: 28: 19.790+0800 I CONTROL  [initandlisten]
2018-05-27T11: 28: 19.790+0800 I CONTROL  [initandlisten]**WARNING: soft
rlimits too low.rlimits set to 15508 processes, 64000 files.Number of
processes should be at least 32000 : 0.5 times number of files.
>
```

MongoDB 的操作命令不同于 SQL，而是自己定义了另外一套语法，例如，show dbs 显示数据库列表，show collections 显示当前数据库中的集合（类似于关系数据库中的表）。详细的命令使用方法请参考 MongoDB 社区文档，也可以在 MongoDB 命令行提示符上输入 help 来查看命令的使用手册。

```
> help
        db.help ( )                     help on db methods
        db.mycoll.help ( )              help on collection methods
        sh.help ( )                     sharding helpers
        rs.help ( )                     replica set helpers
        help admin                      administrative help
        help connect                    connecting to a db help
        help keys                       key shortcuts
        help misc                       misc things to know
        help mr                         mapreduce

        show dbs                        show database names
        show collections                show collections in current database
        show users                      show users in current database
        show logs                       show the accessible logger names
        use <db_name>                   set current database
        db.foo.find ( )                 list objects in collection foo
        db.foo.find ( {a : 1 } )        list objects in foo where a == 1
        exit                            quit the mongo shell
```

下面是一些常用命令的测试结果：

```
# 创建数据库
> use companies_db

# 创建集合。可以简单理解为关系型数据库中的 " 表 "
> db.createCollection ( "companies" );

# 插入数据。MongoDB 和传统关系型数据库不同，每条数据记录可以有不同的字段结构，因此不存在
" 定义表结构 " 的操作，直接插入数据
> db.companies.insert ( {"name": " 龙芯中科技术有限公司 ",
        "address": " 北京市海淀区稻香湖路中关村环保科技示范园龙芯产业园 ",
        products: ["3A3000",
                   "3B3000",
                   "7A1000",
                   "2K1000",
                   "1A",
                   "1B",
                   "1C",
```

```
            "1D"]})

# 显示所有数据。可以理解为关系型数据库中的 "SELECT" 查询
> db.companies.find();
{"_id": ObjectId("5b0a296c1b98d208b47e323c"), "name": "龙芯中科技术有限公司
", "address": "北京市海淀区稻香湖路中关村环保科技示范园龙芯产业园", "products":
["3A3000", "3B3000", "7A1000", "2K1000", "1A", "1B", "1C", "1D"]}
```

通过上述命令的输出可以看出，龙芯电脑的 MongoDB 能够正常支持数据插入、查询等基本功能。

> **提示！**
>
> NoSQL 数据库兴起于互联网和大数据的时代，在以下的这几种场景下比较适用：①数据模型比较简单，对数据的读操作远远多于写操作；②需求变动频繁、灵活性更强的应用系统；③数据以非数值的文本内容为主，同一个表中的数据对象不需要一致的字段结构；④要求数据库支持几百台甚至更大数量的集群。因此以 MongoDB 为代表的 NoSQL 数据库在互联网开发中使用非常普遍。
>
> 虽然 MongoDB 具有各种优点，但是当前的企业信息系统仍然是以传统的关系型数据库占大多数，主要原因是企业级开发的需求相对互联网应用更加稳定，不足以付出代价切换到 NoSQL 数据库。由此也可以看出，企业级开发要保证"质量第一"的原则，选择技术路线时会比互联网开发更为保守。新技术一般都是在互联网开发中得到长时间锤炼后才能得到企业的青睐。

5.4 TPCC 性能测试

开发者需要了解龙芯电脑运行数据库的性能，由此来评估应用系统需要使用多少台龙芯电脑。为了建立评估数据库性能的标准规范，数十家计算机软硬件公司联合创建了事务处理性能委员会（Transaction Processing Performance Council，TPC），其职责是制定商务应用基准程序的标准规范、性能和价格度量，并管理测试结果的发布。

TPCC 是 TPC 制定的一种专门针对联机交易处理系统（OLTP 系统）的评估方式，它的定义是每分钟内系统处理的新订单个数，该系统需要处理的交易事务主要为以下几种。

1. 新订单（New-Order）。客户输入一笔新的订货交易。

2. 支付操作（Payment）。更新客户账户余额以反映其支付状况。

3. 发货（Delivery）。发货（模拟批处理交易）。

4. 订单状态查询（Order-Status）。查询客户最近交易的状态。

5. 库存状态查询（Stock-Level）。查询仓库库存状况，以便能够及时补货。

在龙芯电脑上可以运行 Benchmarksql 工具进行 TPCC 测试。Benchmarksql 的后端可以

使用各种数据库来搭建，下面以神通数据库为例，介绍一下 Benchmarksql 的使用方法。

5.4.1 配置数据库

按照前文提供的方法安装神通数据库，默认建立的数据库名字默认是 OSRDB。TPCC 测试需要非常大的数据量，因此用于保存数据库文件至少要预留 50GB 空闲的磁盘，log 文件至少预留 20GB。

STEP 1 对数据库进行一些初始配置，在命令行终端上执行以下命令：

```
$ cd /opt/ShenTong/bin
$ ./isql  OSRDB


Welcome to isql 7.1.20180104 the ShenTongDB interactive terminal.
Type:  COPYRIGHT for distribution terms
       HELP for help with SQL commands
       ?for help on internal commands
       !to run system commands
       EXIT to quit
SQL>
```

上面的命令执行了神通数据库的命令行工具 isql，"SQL>"是数据库的命令提示符，后面的配置都要在这个提示符内进行。设置参数如下：

```
SQL> set ENABLE_NORMAL_NOLOGGING=false
```

STEP 2 创建用于 TPCC 测试的表空间和用户。

```
SQL> create tablespace benchmarksql_data
datafile '/opt/ShenTongTPCC/odbs/TPCC/benchmarksql_data.dbf'size 2g
autoextend on next 200m;
create tablespace benchmarksql_index
datafile '/opt/ShenTongTPCC/odbs/TPCC/benchmarksql_index.dbf'size 1g
autoextend on next 200m;
SQL> set min_password_len=0;
SQL> create user benchmarksql password 'benchmarksql'default tablespace
benchmarksql_data role sysdba;
```

STEP 3 创建用于 TPCC 测试的数据表。

```
create table benchmarksql.warehouse (
  w_id         integer   not null,
  w_ytd        decimal(12, 2),
  w_tax        decimal(4, 4),
  w_name       varchar(10),
  w_street_1   varchar(20),
  w_street_2   varchar(20),
  w_city       varchar(20),
  w_state      char(2),
  w_zip        char(9)
) nologging  tablespace benchmarksql_data   pctfree 99 pctused 0  INITRANS
16;
commit;

create table benchmarksql.district (
  d_w_id        integer         not null,
  d_id          integer         not null,
  d_ytd         decimal(12, 2),
  d_tax         decimal(4, 4),
  d_next_o_id   integer,
  d_name        varchar(10),
  d_street_1    varchar(20),
  d_street_2    varchar(20),
  d_city        varchar(20),
  d_state       char(2),
  d_zip         char(9)
) nologging tablespace benchmarksql_data pctfree 88 pctused 10  INITRANS
16;
commit;

create table benchmarksql.customer (
  c_w_id        integer         not null,
  c_d_id        integer         not null,
  c_id          integer         not null,
  c_discount    decimal(4, 4),
  c_credit      char(2),
  c_last        varchar(16),
```

```
  c_first         varchar(16),
  c_credit_lim    decimal(12,2),
  c_balance       decimal(12,2),
  c_ytd_payment   float,
  c_payment_cnt   integer,
  c_delivery_cnt integer,
  c_street_1      varchar(20),
  c_street_2      varchar(20),
  c_city          varchar(20),
  c_state         char(2),
  c_zip           char(9),
  c_phone         char(16),
  c_since         timestamp,
  c_middle        char(2),
  c_data          varchar(500)
) tablespace benchmarksql_data INIT 3500M NEXT 200M  nologging ;


create sequence benchmarksql.hist_id_seq;
ALTER SEQUENCE  BENCHMARKSQL.HIST_ID_SEQ CACHE 100;
create table benchmarksql.history (
   hist_id int not null default nextval('BENCHMARKSQL.HIST_ID_SEQ')
primary key,
  h_c_id   integer,
  h_c_d_id integer,
  h_c_w_id integer,
  h_d_id   integer,
  h_w_id   integer,
  h_date   timestamp,
  h_amount decimal(6,2),
  h_data   varchar(24)
) tablespace benchmarksql_data init 700m next 100m nologging;



create table benchmarksql.oorder (
  o_w_id       integer       not null,
  o_d_id       integer       not null,
  o_id         integer       not null,
  o_c_id       integer,
```

```
  o_carrier_id integer,
  o_ol_cnt      decimal(2, 0),
  o_all_local  decimal(1, 0),
  o_entry_d     timestamp
) tablespace benchmarksql_data init 500m next 100m nologging;


create table benchmarksql.new_order (
  no_w_id  integer   not null,
  no_d_id  integer   not null,
  no_o_id  integer   not null
) tablespace benchmarksql_data init 60m nologging;


create table benchmarksql.order_line (
  ol_w_id         integer   not null,
  ol_d_id         integer   not null,
  ol_o_id         integer   not null,
  ol_number       integer   not null,
  ol_i_id         integer   not null,
  ol_delivery_d   timestamp,
  ol_amount       decimal(6, 2),
  ol_supply_w_id  integer,
  ol_quantity     decimal(2, 0),
  ol_dist_info   char(24)
) tablespace benchmarksql_data init 7g next 200m nologging;

create table benchmarksql.stock (
  s_w_id        integer        not null,
  s_i_id        integer        not null,
  s_quantity  decimal(4, 0),
  s_ytd        decimal(8, 2),
  s_order_cnt  integer,
  s_remote_cnt integer,
  s_data        varchar(50),
  s_dist_01    char(24),
  s_dist_02    char(24),
  s_dist_03    char(24),
```

```
  s_dist_04    char ( 24 ),
  s_dist_05    char ( 24 ),
  s_dist_06    char ( 24 ),
  s_dist_07    char ( 24 ),
  s_dist_08    char ( 24 ),
  s_dist_09    char ( 24 ),
  s_dist_10    char ( 24 )
) tablespace benchmarksql_data init 7g next 200m nologging;


create table benchmarksql.item (
  i_id      integer      not null,
  i_name    varchar ( 24 ),
  i_price   decimal ( 5, 2 ),
  i_data    varchar ( 50 ),
  i_im_id   integer
) tablespace benchmarksql_data;
```

STEP4 检查已经创建的表。创建完毕后可以使用 list table 命令查看，一共是 9 个表，具体如下：

```
SQL> list table
     schema      |    name     | type  |     owner
---------------+-----------+-------+---------------
 BENCHMARKSQL | CUSTOMER   | table | BENCHMARKSQL
 BENCHMARKSQL | DISTRICT   | table | BENCHMARKSQL
 BENCHMARKSQL | HISTORY    | table | BENCHMARKSQL
 BENCHMARKSQL | ITEM       | table | BENCHMARKSQL
 BENCHMARKSQL | NEW_ORDER  | table | BENCHMARKSQL
 BENCHMARKSQL | OORDER     | table | BENCHMARKSQL
 BENCHMARKSQL | ORDER_LINE | table | BENCHMARKSQL
 BENCHMARKSQL | STOCK      | table | BENCHMARKSQL
 BENCHMARKSQL | WAREHOUSE  | table | BENCHMARKSQL
```

STEP5 装载测试数据。使用 benchmarksql-4.4.1.zip，解压缩后进入 run 文件夹。

```
#cd /opt/benchmarksql-4.1.1/run
```

编辑 props.oscar 文件，设置成连接神通数据库的正确参数。修改 driver、conn、user、password 域如下：

```
driver=com.oscar.Driver
conn=jdbc: oscar: //localhost: 2003/OSRDB
user=benchmarksql
password=benchmarksql
```

保存文件后，执行装载数据的命令：

```
#sh runLoader.sh props.oscar numWarehouses 100
```

由于数据量较大，创建时间会有几十分钟，请耐心等待。

STEP6 创建索引。再次执行 isql OSRDB 进入数据库命令行，创建索引以提高测试分值。

```
SET SORT_MEM=4096000;
alter table benchmarksql.warehouse add constraint pk_warehouse
primary key (w_id)using index  tablespace benchmarksql_index;
alter table benchmarksql.district add constraint pk_district
primary key (d_w_id, d_id)using index tablespace benchmarksql_index;
alter table benchmarksql.customer add constraint pk_customer
primary key (c_w_id, c_d_id, c_id)using index tablespace benchmarksql_
index;
alter table benchmarksql.oorder add constraint pk_oorder
primary key (o_w_id, o_d_id, o_id)using index tablespace benchmarksql_
index;
alter table benchmarksql.new_order add constraint pk_new_order
primary key (no_w_id, no_d_id, no_o_id)using index tablespace
benchmarksql_index;
create index pk_order_line on benchmarksql.order_line (ol_w_id, ol_d_id,
ol_o_id)tablespace benchmarksql_index;

alter table benchmarksql.stock add constraint pk_stock
primary key (s_w_id, s_i_id)using index tablespace benchmarksql_index;

alter table benchmarksql.item add constraint pk_item
primary key (i_id)using index tablespace benchmarksql_index;
select setval('BENCHMARKSQL.HIST_ID_SEQ', (select max(hist_id)+ 1 from
benchmarksql.history));
```

STEP7 设置数据表的日志存储格式。

```
alter table benchmarksql.warehouse logging;
alter table benchmarksql.district logging;
alter table benchmarksql.customer logging;
alter table benchmarksql.history logging;
alter table benchmarksql.oorder logging;
alter table benchmarksql.new_order logging;
alter table benchmarksql.order_line logging;
alter table benchmarksql.stock logging;
```

STEP 8 停止数据库服务。在命令行上执行：

```
#/etc/init.d/oscardb_OSRDBd stop
```

STEP 9 修改数据库参数。编辑 /opt/ShenTong/admin/OSRDB.conf，添加如下参数：

```
BUF_DATA_BUFFER_PAGES=3200000
SORT_MEM=4096000
ENABLE_NORMAL_NOLOGGING=false
LOG_COMPRESS_ENABLED=FALSE
ENABLE_RUNTIME_DIAG=FALSE
ENABLE_SQL_STAT=FALSE
LOADBUFFERLEVEL=2
```

STEP 10 备份数据库。由于前面生成测试数据的时间较长，而每次 TPCC 测试都会修改数据记录。为了方便以后重复进行 TPCC 测试，可以将 /opt/ShenTong/ 文件夹打包后复制到一个备份位置，这样以后可以在短时间内从备份的文件恢复到干净的数据记录，不需要重新执行生成测试数据的步骤。

为了加快压缩速度，推荐使用 pigz 压缩，pigz 是多线程压缩工具，可以利用本机的所有处理器并行执行压缩算法，在 Loongnix 中使用之前需要安装 pigz 命令。

```
#yum install -y pigz
#tar -cf - /opt/ShenTong| pigz > ShenTong.tgz
```

如果以后需要恢复备份数据，可以执行如下解压缩命令：

```
#rm -rf /opt/ShenTong
#tar -I pigz -xf ShenTong.tgz -C /opt/
```

注意，为了保证数据的完整性，在备份、解压之前都要先将数据库服务停止，解压完成后再重新启动数据库。

STEP 11 启动数据库。

```
#/etc/init.d/oscardb_OSRDBd start
```

5.4.2 运行 TPCC 测试

STEP 1 修改日志配置文件。进入 benchark-4.1.1/run/，编辑 log4j.xml，添加如下配置：

```
<root>
<priority value="INFO"/>
<appender-ref ref="console"/>
<appender-ref ref="R"/>
<appender-ref ref="E"/>
</root>
```

STEP 2 设置最短运行时间。在相同目录下修改 props.oscar，修改 runMins 域为 60：

```
runMins=60
```

STEP 3 开始测试。在 benchark-4.1.1/run/ 目录下执行测试脚本文件：

```
#sh runBenchmark.sh props.oscar
```

STEP 4 测试结果。runBenchmark.sh 在运行过程中，会在终端上打印当前的性能分值，执行指定时间后显示统计信息。性能由 TPC-C 吞吐率衡量，单位是 tpmC，即每分钟执行的事务数，其中 tpm 是 transactions per minute 的缩写，C 指 TPC 中的 C 基准程序。如下面的输出所示：

```
Running Average tpmC: 37642.59        Current tpmC: 36923.18
```

"Running Average tpmC"代表从开始测到现在的平均 tpmC，"Current tpmC"是指最近 1min 内的 tpmC，一般记录前者。在上面的输出中，显示出本机的 TPCC 测试分值为 37642.59。

5.5 集群方案

数据库可利用集群功能提升性能和可靠性，具体来说有两种不同的模式。

1. 双机热备模式

双机热备模式又称 HA 模式，即对于重要的数据服务，使用两台服务器，互相备份，共同执行同一服务。任何时刻都由一台主服务器提供服务（Master），另一台服务器称为从服务器（Slave）。当主服务器出现故障时，可以由另一台从服务器切换为主服务器继续提供服务，从而在不需要人工干预的情况下，自动保证系统能持续提供服务，如图 5-10 所示。

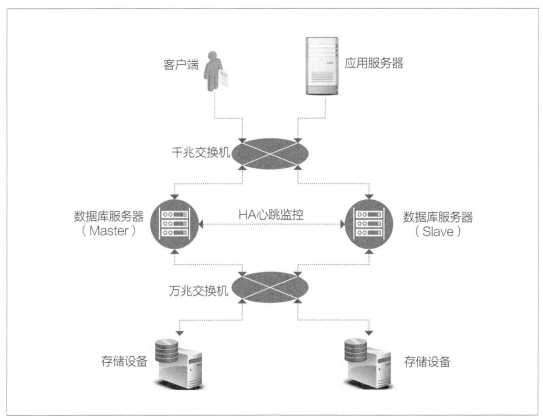

图 5-10　双机热备

客户端、应用服务器一般通过千兆交换机访问数据库服务器。数据库服务器与存储设备之间采用万兆交换机以加快数据同步效率。两台数据库服务器分别与两台存储设备一对一进行挂载，即每一个数据库服务器只对一台存储设备进行读、写操作。数据库服务器之间直接使用 HA 心跳监控，采用数据库双写方式，将数据写入后端存储设备。

2. 读写分离模式

读写分离模式即一台主服务器保存所有数据，其他服务器作为从服务器并且与主服务器自动同步数据（Replication），但是只执行"读数据"的服务。从服务器可能是一台或者是多台。这种模式对于应用程序中以"读"为主的访问能够提升性能，但是对于一般的性能测试（TPCC）并不一定能够提高分值，如图 5-11 所示。

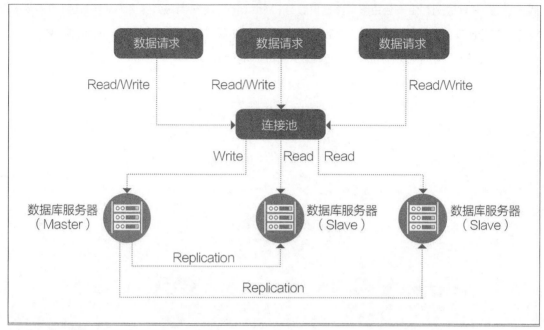

图 5-11　读写分离

对于本章中介绍的两种数据库，MySQL 和神通数据库都支持双机热备和读写分离两种集群功能，可以根据实际需要选用。

5.6　项目实战

5.6.1　案例 1：Qt 访问神通数据库

在 Loongnix 上使用 Qt 图形开发环境，搭建一个简单的应用系统实例来访问神通数据库。主要使用 Qt Creator 内置的向导模板，只需要简单的安装配置就可以完成。Loongnix 内置集成了 Qt Creator 集成开发环境。在开始菜单中找到"编程"栏，启动 Qt Creator，就可以开发 Qt 应用了。为了方便讲述，我们直接使用 Qt 官方提供的一个示例项目 SQL Browser，代码下载网站为 http://doc.qt.io/archives/qt-4.8/qt-demos-sqlbrowser-example.html。下载的代码放在 /opt/sqlbrowser 目录下。在 Qt Creator 菜单中选择"文件⇨打开文件或项目"，选择"/opt/sqlbrowser"目录下的 sqlbrowser.pro 文件，如图 5-12 所示。

打开项目后，可以根据需要设置构建环境，例如选择 Qt 的编译版本（默认为空），如图 5-13 所示。

图 5-12　打开 SQL Browser 项目

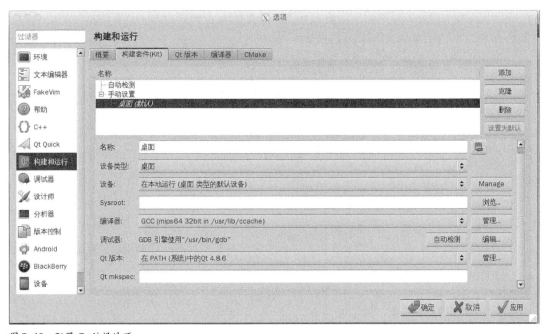

图 5-13　配置 Qt 编译选项

　　单击"应用"按钮后，返回编辑界面，在编辑界面可直接修改源代码，如图 5-14 所示。

　　单击左下方的绿色三角"执行"按钮 ▶ 来运行项目，出现"Qt SQL Browser"界面，填写连接神通数据库的正确参数，单击"OK"按钮连接数据库，如图 5-15 所示。

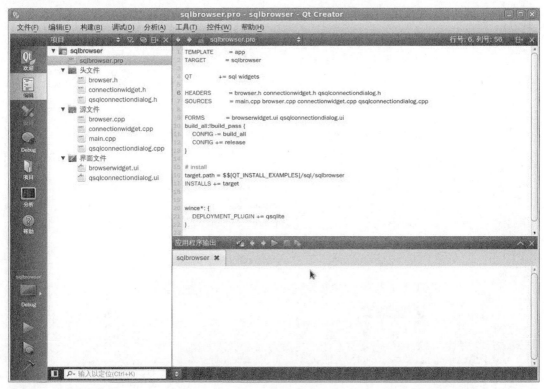

图 5-14　代码编辑界面

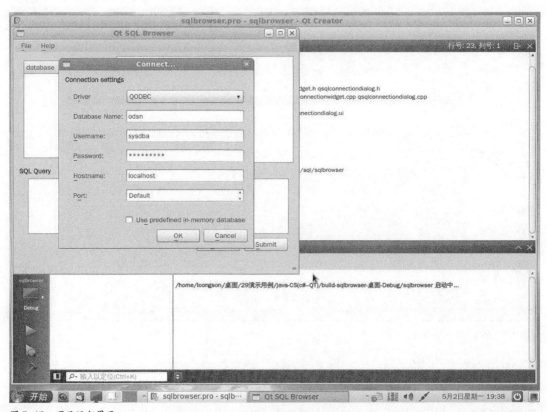

图 5-15　项目运行界面

连接后出现数据表操作界面，如图 5-16 所示。可以在该界面中进行数据库的各种查询操作。在右侧表格中可以单击右键进行字段编辑，也可以在下方"SQL Query"文本框中输入 SQL 命令直接进行数据表的操作。

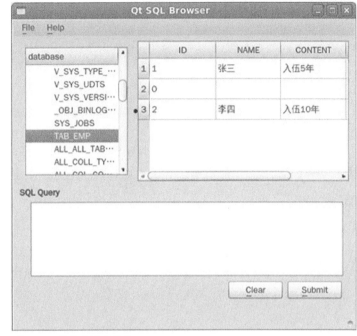

本案例显示了使用 Qt 访问神通数据库的典型编程方法。龙芯电脑上的很多应用系统都是使用 Qt 编写程序界面，使用神通数据库实现数据存储，可以作为同类应用系统的参考架构。

图 5-16　数据表操作界面

5.6.2　案例 2：龙芯移植 RethinkDB

RethinkDB 属于 NoSQL 数据库，是一种用于构建实时 Web 应用程序的开源数据库，存储模型采用 JSON 文档，其核心是一个高度并行的 B 树实现。RethinkDB 也可以用于易扩展的分布式数据库，支持自动故障转移和稳健容错的高可用性数据库集群。

本节讲述 RethinkDB 在龙芯电脑上的移植过程。

1. 安装用于编译的依赖软件

```
#yum install gcc-c++ protobuf-devel ncurses-devel jemalloc-devel \
        boost-static wget protobuf-compiler which zlib-devel \
        openssl-devel libcurl-devel make m4

#wget http://ftp.loongnix.org/others/server/RethinkDB/
   jemalloc-4.2.1-1.fc21.loongson.mips64el.rpm
#wget http://ftp.loongnix.org/others/server/RethinkDB/
   jemalloc-devel-4.2.1-1.fc21.loongson.mips64el.rpm

#rpm -Uvh jemalloc-4.2.1-1.fc21.loongson.mips64el.rpm \
        jemalloc-devel-4.2.1-1.fc21.loongson.mips64el.rpm
```

2. 下载 RethinkDB 源代码

本例中使用的 RethinkDB 的版本为官方 2.3.5 版本：

```
#wget https: //download.rethinkdb.com/dist/rethinkdb-2.3.5.tgz
#tar xf rethink-2.3.5.tgz
```

3. 添加适用于龙芯电脑的 patch 文件

由于 RethinkDB 的官方开发者没有考虑支持龙芯电脑，因此代码在龙芯电脑上编译会出问题。龙芯开发者已经修正了编译问题，并公开提供了代码 patch，使用下面的命令下载 patch 并添加到官方代码中：

```
#wget http://ftp.loongnix.org/others/server/RethinkDB/sources/ ↵
    0001-rethinkdb-2.3.5-add-mips64el-support.patch

#cd rethinkdb-2.3.5

#patch -p1 < ../0001-rethinkdb-2.3.5-add-mips64el-support.patch
```

0001-rethinkdb-2.3.5-add-mips64el-support.patch 文件包含了 RethinkDB 在龙芯电脑上移植所必须修正的代码。具体内容如下：

```
From 7129b267d581dcffcc9f2be101d9bddf1d0a9166 Mon Sep 17 00: 00: 00 2001
Date: Wed, 1 Mar 2017 08: 58: 35 +0800
Subject: [PATCH] rethinkdb-2.3.5 add mips64el support

---
 configure                          |  3 +++
 mk/support/pkg/v8.sh               |  4 ++-
 src/arch/runtime/context_switching.cc | 48 +++++++++++++++++++++++++++++++++++++++--
 src/rpc/connectivity/cluster.cc     |  2 +-
 4 files changed, 53 insertions (+) , 4 deletions (-)

diff --git a/configure b/configure
index 728c2a6..c657371 100755
---a/configure
+++ b/configure
@@-84, 6 +84, 9 @@configure ( ) {
        arm*)
            var_append LDFLAGS -ldl
            final_warning="ARM support is still experimental"; ;
```

```
+        mips64el*)
+            var_append LDFLAGS -ldl
+            final_warning="mips64el support is still experimental"; ;
         *)
             error "unsupported architecture: $MACHINE"
     esac
diff --git a/mk/support/pkg/v8.sh b/mk/support/pkg/v8.sh
index dc339ad..e04111d 100644
---a/mk/support/pkg/v8.sh
+++ b/mk/support/pkg/v8.sh
@@-36, 16 +36, 18 @@pkg_install ( ){
         export GYP_DEFINES='clang=1 mac_deployment_target=10.7'
     fi
     arch_gypflags=
+    ldsd_path=
     raspberry_pi_gypflags='-Darm_version=6 -Darm_fpu=vfpv2'
     host=$ ( $CXX -dumpmachine )
     case ${host%%-*}in
         i?86)   arch=ia32 ; ;
         x86_64 ) arch=x64 ; ;
         arm*)   arch=arm; arch_gypflags=$raspberry_pi_gypflags ; ;
+        mips64*)   arch=mips64el ldso_path='/lib64/ld.so.1'; ;
         *)       arch=native ; ;
     esac
     mode=release
-   pkg_make $arch.$mode CXX=$CXX LINK=$CXX LINK.target=$CXX GYPFLAGS="-
Dwerror= $arch_gypflags"V=1
+     pkg_make $arch.$mode CXX=$CXX LINK=$CXX LINK.target=$CXX LDSO_
PATH="$ldso_path"GYPFLAGS="-Dwerror= $arch_gypflags"V=1
     for lib in `find "$build_dir/out/$arch.$mode"-maxdepth 1 -name \*.a`
`find "$build_dir/out/$arch.$mode/obj.target"-name \*.a`; do
         name=`basename $lib`
         cp $lib "$install_dir/lib/${name/.$arch/}"
diff --git a/src/arch/runtime/context_switching.cc b/src/arch/runtime/
context_switching.cc
index d729575..e71c1b7 100644
---a/src/arch/runtime/context_switching.cc
+++ b/src/arch/runtime/context_switching.cc
```

```
@@-101, 6 +101, 8 @@artificial_stack_t: : artificial_stack_t(void (*initial_
fun)(void), size_t _stack_
 #elif defined(__arm__)
        /*We must preserve r4, r5, r6, r7, r8, r9, r10, and r11.Because we
have to store the LR (r14)in swapcontext as well, we also store r12 in
swapcontext to keep the stack double-word-aligned.However, we already
accounted for both of those by decrementing sp twice above (once for r14
and once for r12, say).*/
        sp -= 8;
+#elif defined(__mips64)
+       sp -= 10;
 #else
 #error "Unsupported architecture."
 #endif
@@-257, 12 +259, 11 @@void context_switch(artificial_stack_context_ref_t
*current_context_out, artific
        so we have to do that ourselves.*/
        void *dest_pointer = dest_context_in->pointer;
        dest_context_in->pointer = nullptr;
-
        lightweight_swapcontext(&current_context_out->pointer, dest_pointer);
 }


 asm(
-#if defined(__i386__)|| defined(__x86_64__)|| defined(__arm__)
+#if defined(__i386__)|| defined(__x86_64__)|| defined(__arm__)|| defined(__
mips64)
 //We keep the i386, x86_64, and ARM stuff interleaved in order to enforce
commonality.
 #if defined(__x86_64__)
 #if defined(__LP64__)|| defined(__LLP64__)
@@-273, 6 +274, 10 @@asm(
 #endif
 #endif //defined(__x86_64__)
 ".text\n"
+#if defined(__mips64)
+".globl _lightweight_swapcontext\n"
+".set noreorder\n"
```

```
+#endif
 "_lightweight_swapcontext: \n"


 #if defined ( __i386__ )
@@-281, 6 +286, 8 @@asm (
      /*`current_pointer_out` is in `%rdi`.`dest_pointer` is in `%rsi`.*/
 #elif defined ( __arm__ )
      /*`current_pointer_out` is in `r0`.`dest_pointer` is in `r1` */
+#elif defined ( __mips64 )
+     /*`current_pointer_out` is in `a0`.`dest_pointer` is in `a1` */
 #endif


      /*Save preserved registers (the return address is already on the stack).*/
@@-302, 6 +309, 18 @@asm (
      "push {r12}\n"
      "push {r14}\n"
      "push {r4-r11}\n"
+#elif defined ( __mips64 )
+     "daddiu $sp, $sp, -80\n"
+     "sd $s0, 8 ($sp) \n"
+     "sd $s1, 16 ($sp) \n"
+     "sd $s2, 24 ($sp) \n"
+     "sd $s3, 32 ($sp) \n"
+     "sd $s4, 40 ($sp) \n"
+     "sd $s5, 48 ($sp) \n"
+     "sd $s6, 56 ($sp) \n"
+     "sd $s7, 64 ($sp) \n"
+     "sd $fp, 72 ($sp) \n"
+     "sd $ra, 80 ($sp) \n"
 #endif


      /*Save old stack pointer.*/
@@-316, 6 +335, 9 @@asm (
 #elif defined ( __arm__ )
      /*On ARM, the first argument is in `r0`.`r13` is the stack pointer.*/
      "str r13, [r0]\n"
+#elif defined ( __mips64 )
+     /*On mips, the first argument is in `a0`.*/
```

```
+       "sd $sp, ($a0) \n"
 #endif


        /*Load the new stack pointer and the preserved registers.*/
@@-330, 6 +352, 9 @@asm (
 #elif defined (__arm__)
        /*On ARM, the second argument is in `r1` */
        "mov r13, r1\n"
+#elif defined (__mips64)
+       /*On MIPS, the second argument is in `a1` */
+       "move $sp, $a1\n"
 #endif


 #if defined (__i386__)
@@-348, 6 +373, 21 @@asm (
        "pop {r4-r11}\n"
        "pop {r14}\n"
        "pop {r12}\n"
+#elif defined (__mips64)
+       //restore registers of the new context
+       "ld $s0, 8 ($sp) \n"
+       "ld $s1, 16 ($sp) \n"
+       "ld $s2, 24 ($sp) \n"
+       "ld $s3, 32 ($sp) \n"
+       "ld $s4, 40 ($sp) \n"
+       "ld $s5, 48 ($sp) \n"
+       "ld $s6, 56 ($sp) \n"
+       "ld $s7, 64 ($sp) \n"
+       "ld $fp, 72 ($sp) \n"
+       "ld $ra, 80 ($sp) \n"
+
+       //restore stack space
+       "daddiu $sp, $sp, 80\n"
 #endif


 #if defined (__i386__) || defined (__x86_64__)
@@-360, 6 +400, 10 @@asm (
        /*Above, we popped `LR` (`r14`) off the stack, so the bx instruction will
```

```
        jump to the correct return address.*/
        "bx r14\n"
+#elif defined ( __mips64 )
+       "jr $ra\n"
+       "nop\n"
+       ".set reorder\n"
 #endif


 #else
diff --git a/src/rpc/connectivity/cluster.cc b/src/rpc/connectivity/
cluster.cc
index b43f7ab..1e20637 100644
---a/src/rpc/connectivity/cluster.cc
+++ b/src/rpc/connectivity/cluster.cc
@@-103, 7 +103, 7 @@static bool resolve_protocol_version ( const std: :
string &remote_version_string,
        return false;
 }


-#if defined ( __x86_64__ ) || defined ( _WIN64 )
+#if defined ( __x86_64__ ) || defined ( _WIN64 ) || defined ( __mips64 )
 const std: : string connectivity_cluster_t: : cluster_arch_bitsize ( "64bit" );
 #elif defined ( __i386__ ) || defined ( __arm__ )
 const std: : string connectivity_cluster_t: : cluster_arch_bitsize ( "32bit" );
--
2.1.0
```

在上面的代码文件中，增加了在龙芯电脑上编译 RethinkDB 的支持，补充了与 "#if
defined" 相关的龙芯平台类型名称，重新编写了与龙芯 CPU 指令集有关的汇编代码。

4. 编译安装 RethinkDB

使用 RethinkDB 自带的 configure 脚本进行配置，执行 make 命令进行编译，执行 make
install 命令进行安装。具体命令如下:

```
#./configure --prefix=/usr --sysconfdir=/etc --localstatedir=/var --dynamic
jemalloc
#make THREADED_COROUTINES=1 -j4
#sudo make THREADED_COROUTINES=1 install
```

5. 启动 RethinkDB 服务

RethinkDB 需要使用特定的用户名 rethinkdb 进行启动，因此要使用下面的命令添加用户：

```
#groupadd -r rethinkdb
#useradd --system --no-create-home --gid %{name}--shell /sbin/nologin
--comment "RethinkDB Daemon"rethinkdb


#cp /etc/rethinkdb/default.conf.sample /etc/rethinkdb/instances.d/default.
conf
（可根据需求进行修改）
```

为 RethinkDB 的数据目录加上必要的访问权限，否则启动时会提示 permission 错误：

```
#chown rethinkdb: rethinkdb /var/lib/rethinkdb -R
#chown rethinkdb: rethinkdb /run/rethinkdb -R
```

现在可以启动 RethinkDB 服务：

```
#/etc/init.d/rethinkdb start
```

运行后可在浏览器中访问 http://localhost：8080，出现 RethinkDB 数据库的管理页面，这表明 RethinkDB 服务器已经正确启动，如图 5-17 所示。

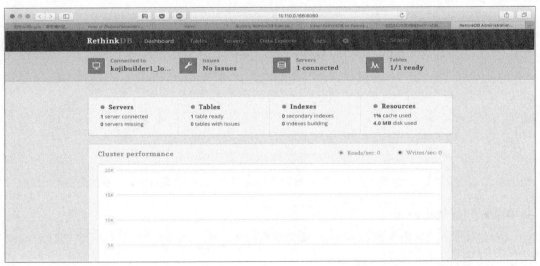

图 5-17　RethinkDB 数据库管理页面

经过龙芯开发者的多年努力，主流的开源数据库软件都已经在龙芯电脑上移植完成，方便应用系统迁移到龙芯电脑。

提示：移植数据库软件的一般套路

　　RethinkDB 是一个基于 C 语言编写的数据库软件，在向龙芯电脑移植 RethinkDB 的整个过程中，所遵循的执行步骤和解决问题的方法有一定代表性，代表了移植同类 C/C++ 大型应用软件所需要遵循的一般套路。

　　首先是要安装必要的依赖包。编译一个 C/C++ 应用程序往往需要先安装很多头文件、库文件，一般是使用 yum install 命令进行安装。

　　其次是要有能力解决在龙芯电脑出现的代码问题。官方源代码往往没有在龙芯电脑上做过测试，如果直接进行编译会出现各种未预期的错误，即使编译通过也有可能在运行时刻出现功能异常。开发者需要对编译错误信息进行分析排查，结合源代码找到 bug 并解决。这个过程对能力要求较高，不仅需要了解数据库的原理，还需要了解与本机 CPU 有关的编程方法，像 RethinkDB 就需要开发者熟悉掌握龙芯 CPU 的汇编语言才能实现正常功能。

　　最后要明白所移植的整个软件的使用方法。要学习 RethinkDB 的官方使用文档，知道怎样启动服务、访问什么网址、出现什么样的界面才能代表功能正常。

　　所以，在龙芯电脑上移植开源软件是一个很有挑战性的工作，也是一个非常好的学习机会。在移植的过程中需要解决各种问题，不仅要"知其然"，更要"知其所以然"。

思考与问题

1. 在龙芯电脑上怎样设置 MySQL 的语言编码？

2. MySQL 不支持哪些 SQL 语法？

3. 从 Oracle、Microsoft SQL Server 向 MySQL 迁移数据库，经常发生哪些问题？

4. 怎样安装神通数据库？

5. JDBC、ODBC 有什么用处？

6. MongoDB 和 MySQL 有什么区别？

7. TPCC 测试有哪些步骤？

8. 数据库集群有哪些类型？

9. 怎样在 Java、Qt 程序中访问 MySQL？

10. 在龙芯电脑上移植 RethinkDB 的过程中会发生哪些问题？

第06章

信息门户：浏览器

浏览器是桌面电脑中最重要的软件。自从进入网络计算时代，很多电脑用户都是使用浏览器工作，浏览器在很大程度上决定了用户体验。为了打造优秀的网页开发平台，浏览器提供了各种开发语言和编程框架，正因为如此，有人把浏览器称为"第二操作系统"，曾经一度对操作系统的地位构成挑战。像 Google 推出的 Chrome App 应用商店，其意图就是通过浏览器屏蔽本机的 Windows、Linux，把持住用户使用计算机的"信息门户"入口，从而实现控制桌面软件生态。

浏览器衍生出成百上千种编程语言、框架以及第三方库，构成了网页应用程序开发的基础平台。本章将介绍龙芯电脑上的浏览器编程环境和开发技术。

学习目标

龙芯电脑上两种浏览器 Firefox 和 Chromium，
浏览器支持的编程语言、框架、以及第三方库。
龙芯浏览器的兼容性问题，浏览器的调试工具
和性能测试工具。学习 C/B/S 应用程序（即本
地程序嵌入 Web 页面）在龙芯电脑上的实现
方式。Node.js 的编程方式。

学习重点

龙芯浏览器上编写 Ajax、jQuery、AngularJS、
Bootstrap，HTML 5 和 WebGL，浏览器插
件，CEF 和 Electron，Node.js，Chromium
的 -app 参数。

主要内容

龙芯电脑支持哪些浏览器

Ajax、jQuery、AngularJS、Bootstrap

HTML5 和 WebGL

CEF 框架、Electron

Node.js

网页调试工具和性能测试工具

使用 Chromium 的 -app 参数包装网页应用程序

网页应用程序访问本地资源的方案

6.1 龙芯支持的 Firefox 和 Chromium

龙芯电脑支持 Firefox（火狐浏览器）和 Chromium 两款浏览器。Firefox 由 Mozilla 社区开发，Loongnix 长期维护 Firefox 52 版本。Chromium 由 Google 开发，Loongnix 长期维护 Chromium 60 版本。"长期维护"是指在未来 3 ~ 5 年内一直在这两个基线版本上解决问题和提供升级包。两款浏览器如图 6-1 所示。

图 6-1　Firefox 和 Chromium

Firefox 和 Chromium 都是符合 W3C（World Wide Web Consortium，万维网联盟）标准的浏览器，能够完善支持 JavaScript/HTML/CSS 等标准的网页协议规范，两者在功能上可视作兼容。两者的区别主要是 Firefox 的商业背景要低于 Chromium，所以开源领域对 Firefox 的喜欢程度要略高于 Chromium。在龙芯的实际应用场景中，Firefox 的用户要多于 Chromium。本章的示例在多数情况下使用 Firefox 进行展示，实际上在 Chromium 中的运行效果是完全相同的。

6.2 浏览器编程语言和框架

6.2.1　JavaScript 和 Ajax

JavaScript 是在网页上实现动态交互编程的方案，龙芯电脑上的 Firefox 和 Chromium 都完善支持 JavaScript，能够高度兼容 Windows 上的 Internet Explorer 浏览器。由于 HTML 语言对于交互式编程的支持比较匮乏，所以各家浏览器厂商都提出了 JavaScript 来处理网页上动态的事件编程，例如按钮、鼠标、定时器、动画效果等。大型网站都必不可少要使用 JavaScript，例如电子邮箱、在线地图、网盘、视频网站、小游戏这些网页应用都要使用 JavaScript，即使是在普通的业务 OA 系统中也要大量使用 JavaScript 来实现校验页面输入、在线编辑文档等交互功能。

Ajax 是在 JavaScript 的基础上实现 B/S（浏览器—服务器）异步通信的技术方案，龙芯的 Firefox 和 Chromium 都完善支持 Ajax，能够高度兼容 Windows 上的浏览器。在早期的 Web 网站中，每次提交一个表单（Form）就要引发浏览器重新加载新页面，响应时间很长，体验较差。

以 Google 为代表的 Web 2.0 网站提出 Ajax（Asynchronous JavaScript and XML，异步 JavaScript 和 XML）技术，能够在无须重新加载整个网页的情况下，使用 JavaScript 与后台服务器交换数据，并且使用后台传回的数据更新一部分网页。Ajax 技术出现后在短时间内大量普及，并发展出来一系列编程框架，如 jQuery、AuglarJS 等，龙芯电脑的浏览器都能够完善地兼容和支持。

> **提示！**
>
> Ajax 技术在 1998 年前后开始得到应用，微软的 Outlook Web Access 小组写成第一个组件 XmlHttp，允许客户端脚本发送 HTTP 请求，该组件原属于微软 Exchange Server，并且迅速成为 Internet Explorer 4.0 的一部分。一般认为 Outlook Web Access 是第一个应用了 Ajax 技术的成功的商业应用程序。到 2005 年，Google 在它很多的交互应用程序中使用了异步通信，如 Google 地图、Google 搜索、Gmail 邮箱等，随后 Ajax 被开发者广泛接受。

本节使用一个游戏项目展示在龙芯电脑上运行 JavaScript 的效果。这是一个使用原生 JavaScript 编写的游戏 flappy-pig，模拟手机上流行的"Flappy Bird"，如图 6-2 所示。

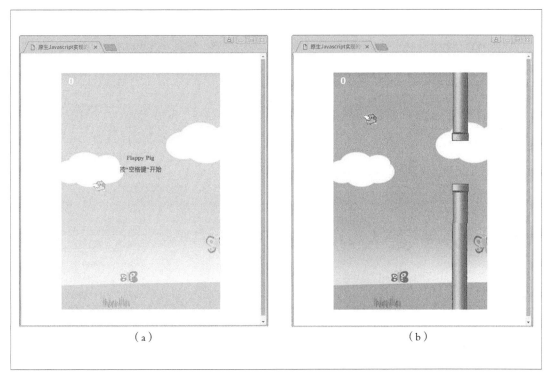

（a） （b）

图 6-2　JavaScript 游戏页面

本项目在 Github 社区上提供了源代码，可以搜索链接 https://github.com/keenwon/flappy-pig 进入项目主页，如图 6-3 所示。

图 6-3　flappy-pig 项目主页

　　单击页面右侧的绿色"Clone or download"按钮下载，得到一个 flappy-pig-master.zip 文件。在文件管理器中对这个文件包解压缩，展开的目录文件内容结构如图 6-4 所示。

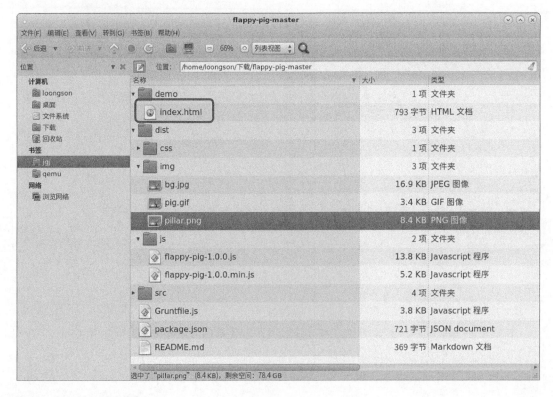

图 6-4　flappy-pig 项目文件

找到 demo 目录下的 index.html，双击鼠标打开，则自动启动 Firefox 浏览器显示游戏界面。

在游戏界面中显示了背景图像和游戏主体 pig，游戏开始后，主体模拟飞翔动作，在没有键盘输入时主体会受重力作用而下降，利用空格键的输入事件可以使主体飞得更高，如果主体掉落在地上，则游戏结束。

这些复杂的软件逻辑都是在 js/flappy-pig-1.0.0.js 中编程处理的，整个文件全部使用原生的 JavaScript 写成，没有引用任何第三方库，代码极为紧凑，全部源代码总共只有 510 行，可以作为一个学习 JavaScript 的良好范例。整个程序主要分几个部分：pig 类（控制游戏主体的跳跃、掉落等），柱子类（渲染柱子，控制柱子移动），位置判断（判断 pig 有没有撞到柱子上），controller（控制器，初始化各个类，全局设置，计时器的开始和结束，UI 控制等），主函数（程序起点）。下面简单列出 pig 类的 JavaScript 实现代码：

```javascript
var flappy = (function (self){
    'use strict';

    var option = self.option,
        $ = self.util.$;

    // 游戏主体
    self.pig = {
        Y: 0, // 当前高度（底边）
        init: function (overCallback, controller){
            var t = this;

            t.s = 0, // 位移
            t.time = 0, // 时间
            t.$pig = $('pig');
            t.$pig.style.left = option.pigLeft + 'px';
            t._controller = controller;

            t._addListener(overCallback);
        },
        // 添加监听
        _addListener: function (overCallback){
            this._overCallback = overCallback;
        },
        // 启动
        start: function (){
            var t = this,
```

```
                interval = option.frequency /1000;

          t.s = option.v0 * t.time -t.time * t.time * option.g *2; // 竖直上
抛运动公式
          t.Y = option.pigY + t.s;
          if (t.Y >= option.floorHeight){
              t.$pig.style.bottom = t.Y + 'px';
          }else {
              t._dead();
          }
          t.time += interval;
      },
      // 跳
      jump: function (){
          var t = this;

          option.pigY = parseInt(t.$pig.style.bottom, 10);
          t.s = 0;
          t.time = 0;
      },
      // 撞到地面时触发
      _dead: function (){
          this._overCallback.call(this._controller);
      },
      // 撞到地面的处理
      fall: function (){
          var t = this;

          // 摔到地上，修正高度
          t.Y = option.floorHeight;
          t.$pig.style.bottom = t.Y + 'px';
      },
      // 撞到柱子的处理
      hit: function (){
          var t = this;

          // 坠落
          var timer = setInterval(function (){
```

```
                    t.$pig.style.bottom = t.Y + 'px';
                    if ( t.Y <= option.floorHeight ){
                        clearInterval ( timer ) ;
                    }
                    t.Y -= 12;
                }, option.frequency ) ;
            }
        };

    return self;

} ) ( flappy || {} ) ;
```

游戏主体的运动模型采用高中物理的"竖直上抛运动"，其公式为：

$$s = v_0 t + \frac{1}{2} g t^2$$

游戏开始时设定一个默认的初速度，决定了游戏主体的初始弹跳力，随着计时器 t 的变化，计算出游戏主体跳动的当前高度。程序同时处理了按键事件和碰撞到障碍物、地面的逻辑。

通过本例可以看到，龙芯浏览器运行复杂 JavaScript 程序的效果和 Windows 是相同的。

6.2.2 jQuery

jQuery 是 John Resig 创造的一个优秀的 JavaScript 组件库，具有轻量级、快速简洁的特点，封装了很多复杂的 JavaScript 函数，并且屏蔽了很多对底层浏览器的依赖（图 6-5）。相比使用原生 JavaScript，利用 jQuery 库能够写出更

图 6-5 jQuery 形象标识

简短的代码，实现更复杂的动态页面效果。而且在网络上已经有无数的 jQuery 组件资源，形成了一个生态圈。jQuery 已经成为 Web 前端开发工程师必须掌握的技能。

本节使用一个基于 jQuery 编写的"广告轮播"组件，展示龙芯电脑上运行 jQuery 的效果。这个组件可以在网站首页显示多个广告图片，并且定时切换图片。Github 社区 https://github.com/yefengchui/zslider_simple 提供了该项目的源代码下载，解压缩后可以看到只引用了一个脚本文件 jquery-1.9.1.js。使用浏览器打开 index.html，显示出广告轮播的页面效果。使用鼠标单击页面下方的四个圆形按钮①～④可以手动切换图片，并且切换图片时会有淡入淡出的过渡效果，如图 6-6 所示。

图 6-6　jQuery 广告轮播组件

程序中实现图片切换和按钮控制的 JavaScript 代码都在 index.html 中，核心片断如下：

```
<script type="text/javascript">
     $(document).ready(function(){
          var length,
               currentIndex = 0,
               interval,
               hasStarted = false, // 是否已经开始轮播
               t = 3000; // 轮播时间间隔
          length = $('.slider-panel').length;

          // 将除了第一张图片隐藏
          $('.slider-panel: not(: first)').hide();
          // 将第一个 slider-item 设为激活状态
          $('.slider-item: first').addClass('slider-item-selected');
          // 隐藏向前、向后翻按钮
          $('.slider-page').hide();

          // 鼠标上悬时显示向前、向后翻按钮,停止滑动,鼠标离开时隐藏向前、向后翻按钮,
开始滑动
          $('.slider-panel, .slider-pre, .slider-next').hover(function(){
```

```
                stop ( ) ;
                $ ( '.slider-page' ) .show ( ) ;
        }, function ( ) {
                $ ( '.slider-page' ) .hide ( ) ;
                start ( ) ;
        } ) ;


        $ ( '.slider-item' ) .hover ( function ( e ) {
                stop ( ) ;
                var preIndex = $ ( ".slider-item" ) .filter ( ".slider-
item-selected" ) .index ( ) ;
                currentIndex = $ ( this ) .index ( ) ;
                play ( preIndex, currentIndex ) ;
        }, function ( ) {
                start ( ) ;
        } ) ;


        $ ( '.slider-pre' ) .unbind ( 'click' ) ;
        $ ( '.slider-pre' ) .bind ( 'click', function ( ) {
                pre ( ) ;
        } ) ;
        $ ( '.slider-next' ) .unbind ( 'click' ) ;
        $ ( '.slider-next' ) .bind ( 'click', function ( ) {
                next ( ) ;
        } ) ;


        /**
         * 向前翻页
         */
        function pre ( ) {
                var preIndex = currentIndex;
                currentIndex = ( --currentIndex + length ) %length;
                play ( preIndex, currentIndex ) ;
        }
        /**
         * 向后翻页
         */
        function next ( ) {
```

```
                                var preIndex = currentIndex;
                                currentIndex = ++currentIndex %length;
                                play(preIndex, currentIndex);
                        }
                        /**
                         * 从 preIndex 页翻到 currentIndex 页
                         * preIndex 整数，翻页的起始页
                         * currentIndex 整数，翻到的那页
                         */
                        function play(preIndex, currentIndex) {
                                $('.slider-panel').eq(preIndex).fadeOut(500)
                                        .parent().children().eq(currentIndex).fadeIn(1000);
                                $('.slider-item').removeClass('slider-item-selected');
                                $('.slider-item').eq(currentIndex).addClass
('slider-item-selected');
                        }

                        /**
                         * 开始轮播
                         */
                        function start() {
                                if(!hasStarted) {
                                        hasStarted = true;
                                        interval = setInterval(next, t);
                                }
                        }
                        /**
                         * 停止轮播
                         */
                        function stop() {
                                clearInterval(interval);
                                hasStarted = false;
                        }

                        // 开始轮播
                        start();
                });
</script>
```

上面的广告轮播组件使用了 jQuery 的常用语法，在实际应用系统中广泛使用。龙芯浏览器支持 jQuery 的效果和 Windows 基本没有差别。

6.2.3　AngularJS

AngularJS 是一款优秀的前端 JavaScript 框架，诞生于 2009 年，由 Misko Hevery 等人创建，后为 Google 所收购。AngularJS 已经被用于 Google 的多款产品中（图6-7）。自从发布之日起，很多前端开发者在项目中使用 AngularJS，反响良好。

图 6-7　AngularJS 形象标识

AngularJS 有着诸多特性，最为核心的是 MVW（Model-View-Whatever）、模块化、自动化双向数据绑定、语义化标签、依赖注入等。AngularJS 的发布形式是一个以 JavaScript 编写的文件，可以通过 <script> 标签添加到 HTML 页面中。AngularJS 扩展了 HTML 的语法指令，并且通过表达式绑定数据到 HTML。

在本节中演示一个简单的 AngularJS 应用程序，在页面中实现数据域的"输入—输出"联动功能，借此来展示使用 AngularJS 能够大幅度减少代码量的能力。

STEP 1 下载 Angular.js 框架文件。

```
$ mkdir angular
$ cd angular
$ wget http://apps.bdimg.com/libs/angular.js/1.4.6/angular.min.js
```

STEP 2 编辑一个示例页面 index.html。

```
<!DOCTYPE html>
<html>
<head lang="en">
    <meta charset="UTF-8">
    <title></title>
</head>
<body ng-app="Hello"ng-controller="helloCtrl">
<input type="text"ng-model="name"/>
<p> {{name}}</p>
</body>

<script src="angular.min.js"></script>
<script src="app.js"></script>
<script src="controller.js"></script>
```

159

在上述页面中，ng-app 是 AngularJS 扩展的语法指令，指定 app 名称"Hello"，ng-controller 指定控制器的名称"helloCtrl"。输入的文本框使用 ng-model 与变量"name"进行数据绑定，只要文本框的内容发生变化，则标签"<p>"中显示的文本同步刷新。

STEP 3 编写两个脚本文件 app.js 和 controller.js。内容都非常简单，第一个文件 app.js 只有一行，新建一个 app 模块，名称为"Hello"，与 index.html 中的 ng-app 相对应。[] 里面的数组为引用的其他模块名称，本程序没有引用其他模块，所以为空数组。app.js 的完整内容如下：

```
var app = angular.module ('Hello', []);
```

第二个文件 controller.js 中，为变量"name"设置一个初始值，也就是首次显示在页面上的值。controller.js 的完整内容如下：

```
app.controller ('helloCtrl', function ($scope){
        $scope.name = "中国芯";
});
```

STEP 4 运行 AngularJS 程序。现在所有代码都已经编写完毕，双击 index.html，在浏览器中的运行页面如图 6-8 所示。页面上的文本框初始值是"中国芯"，如果输入其他字符，则下面标签中的文本自动同步显示成相同的值。

图 6-8　AngularJS 程序运行效果

本例虽然比较简单，但是已经显示出 AngularJS 与 jQuery 相比，在设计思想上有着本质区别。

1. jQuery 需要手工操作 DOM 元素，而 AngularJS 是利用"数据绑定"的机制，自动实现数据同步。AngularJS 是一种"描述性"的数据处理方式，而 jQuery 需要"显式地"更新数据，因此

jQuery 在代码上更为冗余，当页面中的元素数量增多时非常容易产生编程错误。

2. AngularJS 是一种比 jQuery 更为"重量级"的框架。即使是最简单的 AngularJS 程序，也需要从"应用""模块""控制器""视图"等各个角度进行分解设计，虽然从表面上看来显得很烦琐，但是这样才能使项目的结构更清晰，降低各模块之间的耦合度，这对于日益庞大的项目管理来说是十分必要的。而 jQuery 只能定位于一个"组件库"，难以上升为"框架"的高度。

龙芯电脑的浏览器运行 AngularJS 框架的效果和 Windows 是相同的，读者可以根据项目的实际需求来灵活选用 AngularJS。

> **提示！**
>
> Angular 信奉的是一种"声明式"的编程思维，开发者只需要描述数据之间的同步关系，不需要处理数据更新的具体动作。相比之下，使用传统的 JavaScript 或者 jQuery 是一种"命令式"的编程，需要开发者处理页面上的所有具体逻辑。一般来说，声明式的代码要比命令式的代码描述简单、节省代码量，从而减少 bug 的数量。

6.2.4　Bootstrap

Bootstrap 是优秀的前端 CSS 框架（图 6-9）。Bootstrap 来自于 Twitter 早期项目开发的实际代码，把页面中最常见的元素定义成风格一致的组件，只需要引用预定义的组件名称就可以方便地生成高质量的美观页面，还可以利用网上丰富的主题资源进行皮肤切换。自从 Bootstrap 出现，即使是不懂美工的开发者也能编写出有一定水准的页面，顶替了以前只有设计师才能胜任的很多工作。

图 6-9　Bootstrap 形象标识

Bootstrap 框架包括基本组件、CSS 组件、Bootstrap 布局组件和 Bootstrap 插件几个部分。本节展示一个最简单的"门户主页"示例程序，项目来源于 Bootstrap 中文网的示例教程。

STEP 1 新建 index.html，直接复制官网链接 http://v3.bootcss.com/getting-started/ 的一个基本模板。

```html
<!DOCTYPE html>
<html lang="zh-CN">
  <head>
    <meta charset="utf-8">
    <meta http-equiv="X-UA-Compatible"content="IE=edge">
    <meta name="viewport"content="width=device-width, initial-scale=1">
    <!-- 上述 3 个 meta 标签 * 必须 * 放在最前面，任何其他内容都 * 必须 * 跟随其后！ -->
    <title>Bootstrap 101 Template</title>
```

```
    <!--Bootstrap -->
    <link href="https://cdn.bootcss.com/bootstrap/3.3.7/css/bootstrap.min.
css"rel="stylesheet">

    <!--HTML5 shim和 Respond.js是为了让 IE8支持 HTML5元素和媒体查询(media
queries)功能 -->
    <!-- 警告: 通过 file:// 协议(就是直接将html页面拖曳到浏览器中)访问页面时
Respond.js不起作用 -->
    <!--[if lt IE 9]>
      <script src="https://cdn.bootcss.com/html5shiv/3.7.3/html5shiv.min.
js"></script>
       <script src="https://cdn.bootcss.com/respond.js/1.4.2/respond.min.
js"></script>
    <![endif]-->
  </head>
  <body>
    <h1>你好, 世界! </h1>

    <!--jQuery(Bootstrap的所有 JavaScript插件都依赖 jQuery,所以必须放在前边 )-->
    <script src="https://cdn.bootcss.com/jquery/1.12.4/jquery.min.js"></
script>
    <!-- 加载 Bootstrap 的所有 JavaScript 插件。你也可以根据需要只加载单个插件。-->
    <script src="https://cdn.bootcss.com/bootstrap/3.3.7/js/bootstrap.min.
js"></script>
  </body>
</html>
```

STEP 2 在浏览器中打开 index.html, 出现基本的页面, 显示"你好, 世界!", 如图 6-10 所示。

目前这个页面还比较简单, 接下来就可以添加 Bootstrap 的组件了。

STEP 3 在 Bootstrap 中提供了一个 "navbar" 组件, 可以非常方便地实现"导航条"页面模板。在刚才的 index.html 文件中, 把 "<h1>你好,

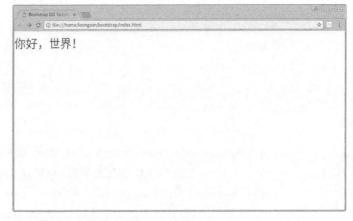

图 6-10　Bootstrap 基本页面

世界! </h1>" 部分的文字替换成下面的片段, 就生成了一个非常专业的二级导航主页。

```
<!--Static navbar -->
<nav class="navbar navbar-default navbar-static-top">
  <div class="container">
    <div class="navbar-header">
      <button type="button"class="navbar-toggle collapsed"
                    data-toggle="collapse"data-target="#navbar"
                    aria-expanded="false"aria-controls="navbar">
        <span class="sr-only">Toggle navigation</span>
        <span class="icon-bar"></span>
        <span class="icon-bar"></span>
        <span class="icon-bar"></span>
      </button>
      <a class="navbar-brand"href="#">Project name</a>
    </div>
    <div id="navbar"class="navbar-collapse collapse">
      <ul class="nav navbar-nav">
        <li class="active"><a href="#">Home</a></li>
        <li><a href="#about">About</a></li>
        <li><a href="#contact">Contact</a></li>
        <li class="dropdown">
          <a href="#"class="dropdown-toggle"data-toggle="dropdown"
                        role="button"aria-haspopup="true"aria-expanded="
false">Dropdown
                        <span class="caret"></span></a>
          <ul class="dropdown-menu">
            <li><a href="#">Action</a></li>
            <li><a href="#">Another action</a></li>
            <li><a href="#">Something else here</a></li>
            <li role="separator"class="divider"></li>
            <li class="dropdown-header">Nav header</li>
            <li><a href="#">Separated link</a></li>
            <li><a href="#">One more separated link</a></li>
          </ul>
        </li>
      </ul>
      <ul class="nav navbar-nav navbar-right">
        <li><a href="../navbar/">Default</a></li>
        <li class="active"><a href="./">Static top
                    <span class="sr-only">（current）</span></a></li>
```

```
           <li><a href="../navbar-fixed-top/">Fixed top</a></li>
      </ul>
    </div><!--/.nav-collapse -->
  </div>
</nav>


<div class="container">
  <!--Main component for a primary marketing message or call to action -->
  <div class="jumbotron">
    <h1>Navbar example</h1>
      <p>This example is a quick exercise to illustrate how the
default, static and fixed to top navbar work.It includes the responsive CSS
and HTML, so it also adapts to your viewport and device.</p>
      <p>To see the difference between static and fixed top navbars, just
scroll.</p>
      <p>
       <a class="btn btn-lg btn-primary"href="../../components/#navbar"
role="button">View navbar docs &raquo; </a>
      </p>
    </div>

  </div> <!--/container -->
```

STEP4 在浏览器中刷新 index.html，运行页面如图 6-11 所示。

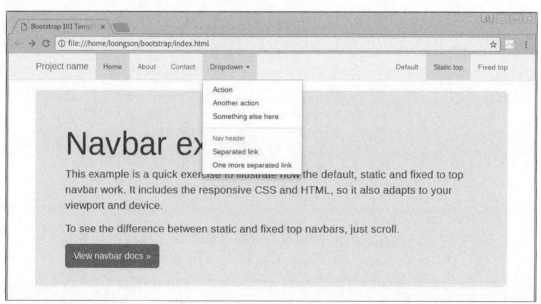

图 6-11　Bootstrap 导航条

通过本节的实例，可以看到 Bootstrap 能够快速创建复杂页面，龙芯电脑的浏览器对这些流行编程框架具有良好的兼容性，Windows 上的网页应用可以很容易地迁移到龙芯电脑上。

6.2.5　HTML5

HTML5 是下一代网页标准，对 HTML4 的很多不足进行了弥补，目前几乎所有的主流网站都在转向 HTML5（图6-12）。HTML5 和 CSS、JavaScript 一样是得到工业界和开发者普遍认可的标准，具备长久的生命力，应用系统可以放心地采用 HTML5。

图 6-12　HTML5 形象标识

HTML5 增加了很多网站需要的常用功能。例如，以前 HTML4 没有定义视频播放功能，在网页上实现视频播放的主要方式需要通过安装额外的 Flash 插件，而现在国内代表性的视频网站优酷的电脑版已经支持 HTML5，因此不需要 Flash 插件就能播放了。在 Loongnix 里手工删除 Flash 插件文件（/usr/lib64/mozilla/plugins/libflashplayer.so），再重启浏览器，是能够正常播放优酷网站的视频的。在 3A3000 电脑上测试"超清模式"，在全屏尺寸下都能够完全流畅地播放。

> **提示！**
>
> 　　虽然优酷已经支持 HTML5，但是由于很多网站的升级存在滞后性，目前并不是所有网站都改成了支持 HTML5。仍有很多视频网站会提示"需要安装 Flash 播放器"，说明 Flash 播放器在有些网站上还是有用的。

龙芯电脑上的 Firefox 和 Chromium 都完善支持 HTML5。由于 HTML5 是近几年逐渐普及的标准，早期的开源浏览器在支持上都比较缺乏，只有在新版本中才会不断完善。读者如果想检查一下浏览器对 HTML5 的支持水平，可以在 http://html5test.com 这个在线网站中进行测试，检查结果在网页上显示测试分值，分值越高代表支持 HTML5 越好。具体测试内容有几十项，分别针对 HTML5 描述语法、媒体播放、3D 图形、设备访问、离线存储、WebSocket 等特性。网站上还公开了 Edge、Firefox、Chrome、Safari、Opera 等各种版本浏览器的测试分值。

图 6-13 是在龙芯 Chromium 中的检查结果，可以看到支持程度是非常高的。

网络上有大量 HTML5 的资源，实现了炫酷的页面效果。例如，网站 http://www.graphycalc.com 展示了一个使用 HTML5 绘制立体曲线的程序，能够根据用户输入的数学函数生成曲线图形，并且能够使用鼠标进行三维旋转，如图 6-14 所示。

图 6-13　HTML5 兼容度测试

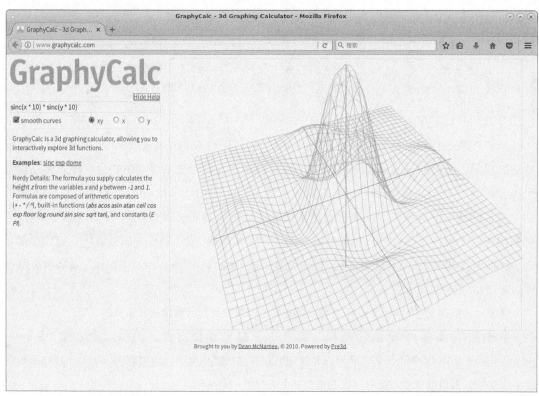

图 6-14　HTML5 绘制立体曲线

6.2.6　WebGL

WebGL（Web Graphics Library）是在网页上编写 3D 应用的一个标准规范，使用 JavaScript 调用 OpenGL ES 2.0 的 3D 接口，可以为 HTML5 Canvas 提供硬件 3D 加速渲染，借助显卡硬件能够更流畅地展示浏览器中的 3D 场景和模型。WebGL 技术可用于创建具有复杂 3D 对象的网站页面，甚至可以用来设计 3D 网页游戏。

在网页上编写一个最简单的 3D 立方体程序，并且可以自动旋转。编写 index.html 如下：

```
<!doctype html>
<html>
  <body>
    <canvas width = "570"height = "570"id = "my_Canvas"></canvas>

    <script>

      /*=============== Creating a canvas ==================*/
      var canvas = document.getElementById('my_Canvas');
      gl = canvas.getContext('experimental-webgl');

      /*============= Defining and storing the geometry =========*/

      var vertices = [
         -1, -1, -1, 1, -1, -1, 1, 1, -1, -1, 1, -1,
         -1, -1, 1, 1, -1, 1, 1, 1, 1, -1, 1, 1,
         -1, -1, -1, -1, 1, -1, -1, 1, 1, -1, -1, 1,
         1, -1, -1, 1, 1, -1, 1, 1, 1, 1, -1, 1,
         -1, -1, -1, -1, -1, 1, 1, -1, 1, 1, -1, -1,
         -1, 1, -1, -1, 1, 1, 1, 1, 1, 1, 1, -1,
      ];

      var colors = [
         5, 3, 7, 5, 3, 7, 5, 3, 7, 5, 3, 7,
         1, 1, 3, 1, 1, 3, 1, 1, 3, 1, 1, 3,
         0, 0, 1, 0, 0, 1, 0, 0, 1, 0, 0, 1,
         1, 0, 0, 1, 0, 0, 1, 0, 0, 1, 0, 0,
         1, 1, 0, 1, 1, 0, 1, 1, 0, 1, 1, 0,
         0, 1, 0, 0, 1, 0, 0, 1, 0, 0, 1, 0
      ];
```

```
        var indices = [
            0, 1, 2, 0, 2, 3, 4, 5, 6, 4, 6, 7,
            8, 9, 10, 8, 10, 11, 12, 13, 14, 12, 14, 15,
            16, 17, 18, 16, 18, 19, 20, 21, 22, 20, 22, 23
        ];

        //Create and store data into vertex buffer
        var vertex_buffer = gl.createBuffer ( ) ;
        gl.bindBuffer ( gl.ARRAY_BUFFER, vertex_buffer ) ;
        gl.bufferData ( gl.ARRAY_BUFFER, new Float32Array ( vertices ) , gl.STATIC
_DRAW ) ;

        //Create and store data into color buffer
        var color_buffer = gl.createBuffer ( ) ;
        gl.bindBuffer ( gl.ARRAY_BUFFER, color_buffer ) ;
        gl.bufferData ( gl.ARRAY_BUFFER, new Float32Array ( colors ) , gl.STATIC
_DRAW ) ;

        //Create and store data into index buffer
        var index_buffer = gl.createBuffer ( ) ;
        gl.bindBuffer ( gl.ELEMENT_ARRAY_BUFFER, index_buffer ) ;
        gl.bufferData ( gl.ELEMENT_ARRAY_BUFFER, new Uint16Array ( indices ) ,
gl.STATIC_DRAW ) ;

        /*==================== Shaders =========================*/

        var vertCode = 'attribute vec3 position; '+
            'uniform mat4 Pmatrix; '+
            'uniform mat4 Vmatrix; '+
            'uniform mat4 Mmatrix; '+
            'attribute vec3 color; '+//the color of the point
            'varying vec3 vColor; '+

            'void main ( void ) {'+//pre-built function
                'gl_Position = Pmatrix * Vmatrix * Mmatrix * vec4(position, 1. ); '+
                'vColor = color; '+
            '}';
```

```
var fragCode = 'precision mediump float; '+
    'varying vec3 vColor; '+
    'void main(void){'+
        'gl_FragColor = vec4(vColor, 1.); '+
    '}';

var vertShader = gl.createShader(gl.VERTEX_SHADER);
gl.shaderSource(vertShader, vertCode);
gl.compileShader(vertShader);

var fragShader = gl.createShader(gl.FRAGMENT_SHADER);
gl.shaderSource(fragShader, fragCode);
gl.compileShader(fragShader);

var shaderProgram = gl.createProgram();
gl.attachShader(shaderProgram, vertShader);
gl.attachShader(shaderProgram, fragShader);
gl.linkProgram(shaderProgram);

/*====== Associating attributes to vertex shader =====*/
var Pmatrix = gl.getUniformLocation(shaderProgram, "Pmatrix");
var Vmatrix = gl.getUniformLocation(shaderProgram, "Vmatrix");
var Mmatrix = gl.getUniformLocation(shaderProgram, "Mmatrix");

gl.bindBuffer(gl.ARRAY_BUFFER, vertex_buffer);
var position = gl.getAttribLocation(shaderProgram, "position");
gl.vertexAttribPointer(position, 3, gl.FLOAT, false, 0, 0);

//Position
gl.enableVertexAttribArray(position);
gl.bindBuffer(gl.ARRAY_BUFFER, color_buffer);
var color = gl.getAttribLocation(shaderProgram, "color");
gl.vertexAttribPointer(color, 3, gl.FLOAT, false, 0, 0);

//Color
gl.enableVertexAttribArray(color);
gl.useProgram(shaderProgram);
```

```
/*==================== MATRIX =====================*/


function get_projection(angle, a, zMin, zMax){
    var ang = Math.tan((angle * .5) * Math.PI/180); //angle*.5
    return [
        0.5/ang, 0 , 0, 0,
        0, 0.5*a/ang, 0, 0,
        0, 0, -(zMax+zMin)/(zMax-zMin), -1,
        0, 0, (-2 * zMax * zMin)/(zMax-zMin), 0
    ];
}


var proj_matrix = get_projection(40, canvas.width/canvas.height,
1, 100);


var mov_matrix = [1, 0, 0, 0, 0, 1, 0, 0, 0, 0, 1, 0, 0, 0, 0, 1];
var view_matrix = [1, 0, 0, 0, 0, 1, 0, 0, 0, 0, 1, 0, 0, 0, 0, 1];


//translating z
view_matrix[14]= view_matrix[14]-6; //zoom


/*==================== Rotation =====================*/


function rotateZ(m, angle){
    var c = Math.cos(angle);
    var s = Math.sin(angle);
    var mv0 = m[0], mv4 = m[4], mv8 = m[8];

    m[0]= c * m[0]-s * m[1];
    m[4]= c * m[4]-s * m[5];
    m[8]= c * m[8]-s * m[9];

    m[1]=c * m[1]+s * mv0;
    m[5]=c * m[5]+s * mv4;
    m[9]=c * m[9]+s * mv8;
}


function rotateX(m, angle){
```

```
      var c = Math.cos ( angle ) ;
      var s = Math.sin ( angle ) ;
      var mv1 = m[1], mv5 = m[5], mv9 = m[9];

      m[1]= m[1] * c-m[2] * s;
      m[5]= m[5] * c-m[6] * s;
      m[9]= m[9] * c-m[10] * s;

      m[2]= m[2] * c+mv1 * s;
      m[6]= m[6] * c+mv5 * s;
      m[10]= m[10] * c+mv9 * s;
   }

   function rotateY ( m, angle ) {
      var c = Math.cos ( angle ) ;
      var s = Math.sin ( angle ) ;
      var mv0 = m[0], mv4 = m[4], mv8 = m[8];

      m[0]= c * m[0]+s * m[2];
      m[4]= c * m[4]+s * m[6];
      m[8]= c * m[8]+s * m[10];

      m[2]= c * m[2]-s * mv0;
      m[6]= c * m[6]-s * mv4;
      m[10]= c * m[10]-s * mv8;
   }

   /*================= Drawing =========================*/
   var time_old = 0;

   var animate = function ( time ) {

      var dt = time-time_old;
      rotateZ ( mov_matrix, dt * 0.005 ) ; //time
      rotateY ( mov_matrix, dt * 0.002 ) ;
      rotateX ( mov_matrix, dt * 0.003 ) ;
      time_old = time;
```

```
        gl.enable(gl.DEPTH_TEST);
        gl.depthFunc(gl.LEQUAL);
        gl.clearColor(0.5, 0.5, 0.5, 0.9);
        gl.clearDepth(1.0);

        gl.viewport(0.0, 0.0, canvas.width, canvas.height);
        gl.clear(gl.COLOR_BUFFER_BIT | gl.DEPTH_BUFFER_BIT);
        gl.uniformMatrix4fv(Pmatrix, false, proj_matrix);
        gl.uniformMatrix4fv(Vmatrix, false, view_matrix);
        gl.uniformMatrix4fv(Mmatrix, false, mov_matrix);
        gl.bindBuffer(gl.ELEMENT_ARRAY_BUFFER, index_buffer);
        gl.drawElements(gl.TRIANGLES, indices.length, gl.UNSIGNED_
SHORT, 0);

        window.requestAnimationFrame(animate);
    }
    animate(0);

    </script>
  </body>
</html>
```

使用 Firefox 打开这个文件，可以看到 3D 立方体的旋转效果，如图 6-15 所示。

通过本例可以看到，只使用 WebGL 的原生代码，不使用任何插件，就可以在浏览器中编写 3D 应用，无论多么复杂的 3D 应用都可以通过调用 WebGL 的函数来实现。在 http://madebyevan.com 网站上提供了一个更复杂的实例"WebGL Water"，可以看到已经非常贴近 3D 游戏的效果，在龙芯电脑上的运行效果和 Windows 是完全相同的，如图 6-16 所示。

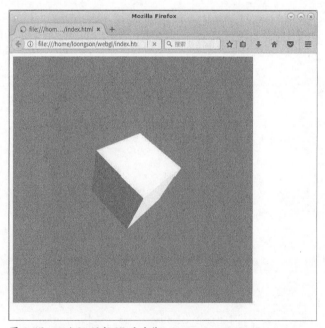

图 6-15　WebGL 运行 3D 立方体

172

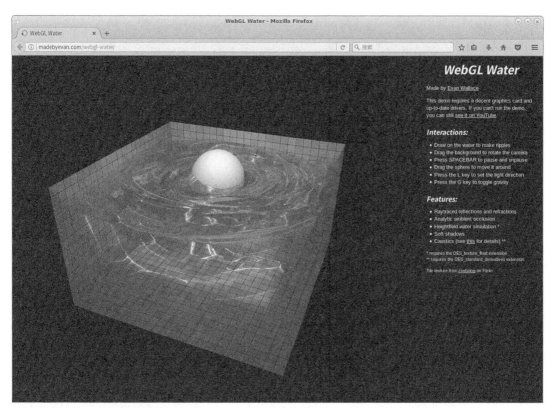

图 6-16　WebGL 运行复杂 3D 模型

6.2.7　浏览器插件

插件（Plugin）是浏览器支持的一种扩展机制，允许开发者使用本地编程语言（一般是 C/C++）编写某种功能的扩展库，按照一定的接口机制在浏览器的网页应用程序中调用。插件具有鲜明的两面性：一方面，插件弥补了标准网页协议的局限性，可以让网页应用程序随心所欲地实现所有功能；另一方面，插件引入了和本地操作系统的依赖性，使用插件会导致应用程序与其他操作系统不兼容，严重降低应用程序的可移植性。

现有的各种浏览器分别定义了不同的插件标准，例如 ActiveX、PPAPI、NPAPI、Java Applet、Adobe Flash、Chrome Native Client 等，这些标准有的只支持特定的操作系统（例如 ActiveX 只能在 Windows 中运行，不支持 Loongnix 的浏览器），有的只支持特定的编程语言（例如 Java Applet 只能使用 Java 语言开发插件），应用程序难以通过一种插件实现对所有操作系统和编程语言的广泛支持，必须重复开发不同的插件，才能保证在不同的浏览器上运行，不仅工作量大，而且会使软件的可移植性很差。

为了方便 X86 电脑上的应用程序迁移到龙芯电脑，龙芯浏览器对主流的插件提供了支持，包括以下类型。

1. Flash 插件。Flash 是 Adobe 公司开发的浏览器插件，主要用于在网页上实现动画效果、视频播放、交互游戏。龙芯电脑的 Firefox 浏览器支持 FlashPlayer 11.1 版本的全部 API 及功能集（AS2 及 AS3），但是 Chromium 不支持 Flash 插件。如果在 X86 电脑上的应用系统使用了 Flash 插件，那么迁移到龙芯电脑上时只能在 Firefox 中正常运行，不能使用 Chromium。

由于 Adobe 对 Flash 的支持呈现减弱趋势，Adobe 公司已经宣布在 2020 年停止对 Flash 的支持，建议开发者摒弃 Flash 插件，全面改用 HTML5。

2. PDF 插件。龙芯 Firefox、Chromium 均内置支持 PDF 插件，对于网址是 .pdf 扩展名的文件，不需要下载文件，也不需要其他工具，就能够在浏览器网页内部预览 PDF 文件。

3. 视频播放插件。如果应用程序在 X86 电脑上使用 Windows 专有的 Media Player 插件播放视频，那么在迁移到龙芯电脑上时肯定无法找到对应的插件。解决方法是程序改成 HTML5 的方式播放视频，龙芯 Firefox、Chromium 均支持 HTML5 视频播放。

4. Java Applet 插件。龙芯 Firefox 支持 Java Applet 插件，而 Chromium 不支持。

5. ActiveX 插件。Windows 上的 ActiveX 插件在 Loongnix 中完全不支持，必须使用开源浏览器支持的编程语言重新改造。

6. 应用程序自定义插件。X86 电脑上存在大量的应用系统，这些应用系统有可能已经面向浏览器编写了插件程序。例如，B/S 应用系统的一个常见需求是在网页中编辑 Word、Excel 等文档，WPS Office 就提供了一个插件程序，安装到浏览器中，实现网页中的文档编辑功能。这样的插件多数使用 C/C++ 编写，因此在移植到龙芯电脑上都需要使用源代码重新编译，并且在龙芯浏览器中适配测试以保证功能正常。

在实际开发工作中，浏览器插件是非常容易造成兼容问题的环节，往往占据更多的迁移时间。建议读者在龙芯电脑上进行开发时，尽可能避免使用上述插件机制，全面转向公开标准 HTML5。

提示！

浏览器和插件之间需要定义一种接口标准才能实现调用。历史上，Firefox、Chromium 曾经定义不同的接口标准，有一些已经在未来取消支持，开发者应该避免使用这些接口标准。

1. NPAPI。Chromium 从 45 开始就已经移除掉了 NPAPI 支持。由于龙芯电脑的 Flash 插件使用 NPAPI 接口，所以龙芯电脑的 Chromium 60 浏览器不能运行 Flash。

2. PPAPI。2010 年，Google 开发了新的 PPAPI，本意是作为 NPAPI 的替代标准。PPAPI 将外挂插件全部放到沙盒里运行，比 NPAPI 具有更高的安全性。2012 年 Windows、Mac 版本的 Chromium 浏览器先后升级了 PPAPI Flash Player，并希望年底之前彻底淘汰 NPAPI。但是，由于许多厂商不愿意对原来基于 NPAPI 的应用程序进行改造，PPAPI 并未得到广泛支持，前景很不明朗。

3. 另外，还有较新推出的 WebAssembly、Chrome Native Client 的功能，目前还都不成熟，没有形成工业标准，没有得到开发者的广泛拥护，使用起来会有很大风险。

总之，建议读者在龙芯电脑上进行开发时，摒弃上述老的接口标准，全面转向 HTML5。

> **提示！**
>
> 在龙芯电脑上使用 Java Applet 插件的安装方法，参见 http://www.loongnix.org/index.php/
> Java-plugin。

6.2.8 龙芯浏览器的兼容性问题

实际应用中有大量 B/S 架构的软件，这些软件从 X86 电脑迁移到龙芯电脑时，由于浏览器不同而产生一些兼容性问题。X86 电脑上使用 Windows 的 IE（Internet Explorer）浏览器，而龙芯电脑使用 Firefox、Chromium 两种浏览器。下面从三方面进行分析，即 JavaScript、HTML/CSS、浏览器插件。

1. JavaScript 引发的兼容性问题较少

龙芯电脑的浏览器无论是 Firefox 还是 Chromium 都对 JavaScript 具有高度的兼容性。其内置的 JavaScript 引擎均引入了 JIT（即时编译）机制，经过龙芯团队多年优化，能够保证较高的执行效率。因此像前面所述的 jQuery、AngularJS 等 JavaScript 框架都能够正常兼容，从 X86 向龙芯电脑移植应用程序时很少在 JavaScript 层面遇到兼容性问题。

2. 兼容性问题多数由 HTML/CSS 和插件引发

如果 Windows 上的应用程序只针对 IE 进行测试，没有对 IE 之外的其他浏览器进行测试，那么由于 IE 自身和标准 W3C 协议有不一致的实现，在 HTML/CSS 层面很可能会发生不兼容，导致页面在 Windows 和 Loongnix 中显示不一致。解决方法有两种：第一种方法是在开发阶段针对尽可能多的浏览器进行测试，不仅要针对 IE，还要针对 Firefox、Chromium 等主流的开源浏览器进行测试，保证同一套代码在所有浏览器上都有相同的外观；第二种方法是尽量使用成熟的 HTML/CSS 框架，例如前面所展示的 Bootstrap，这些框架已经屏蔽了底层浏览器的差异，应用程序只要坚持使用框架定义的样式，不仅降低开发工作量，还能够明显降低发生浏览器兼容性问题的概率。

至于插件，前面已经分析过其弊端，应用程序要尽可能避免使用插件。

6.3 浏览器的辅助工具

浏览器作为 Web 应用开发的重要平台，为开发者提供了若干辅助工具来提高开发效率。本节介绍两种这样的辅助工具：一种是调试工具；另一种是性能测试工具。

6.3.1 调试工具

Firefox、Chromium 都面向网页开发提供了强大的调试工具。在 Firefox 中按快捷键 F12，在窗口下部出现"开发者工作台"工具，如图 6-17 所示。

图 6-17　Firefox 的调试工具

Firefox 的调试工具包括 6 项功能。

1. 查看器。分析网页的 DOM 结构，支持用鼠标选择页面上的一个 HTML 元素，显示其大小、位置、颜色等信息，以及 CSS 属性。

2. 控制台。显示网页上 JavaScript 程序的输出。在 JavaScript 程序中被调试的代码位置加入 console.log（）函数，就可以把被观察的变量值打印出来。

3. 调试器。对网页上的 JavaScript 程序进行调试，支持单步、断点、监视表达式等功能。

4. 样式编辑器。可以对 CSS 样式进行查看，也可以手工编辑 CSS 的属性值，修改的结果在页面中即时显示。

5. 内存。显示网页中的资源占用内存的情况。

6. 网络。这是用于分析网页加载时间的最常用的工具，可以用来追踪网页上所有资源（HTML、JavaScript、CSS、图片等文件）从后台服务器传递到前台的时间，以时间线的方式直观显示，经常用于在网页加载速度慢时分析性能瓶颈。

Chromium 的调试工具也是使用快捷键 F12 调用出来，内容比 Firefox 更为丰富，例如在 Performance 页面中可以精确显示所有页面资源的执行时间，对于开发者了解页面的性能是非常有帮助的，如图 6-18 所示。

Firefox 和 Chromium 的调试工具都是功能非常强大的，开发者可以灵活地使用 Firefox 或者 Chromium 的调试工具来查看网页的内容、分析网站的性能瓶颈。

图 6-18　Chromium 的调试工具

6.3.2　性能测试工具

开发者需要根据浏览器的性能来评估网页程序的运行速度。对网页运行速度影响最大的是 JavaScript，由于各种浏览器在实现技术上的不同，对于 JavaScript 的运行性能也会存在差别。可以使用一些公开的 JavaScript 性能测试工具，这些工具都是在线网站，只要使用浏览器进行访问，运行几分钟就可以打印出分值。表 6-1 是在开发过程中经常使用的浏览器性能测试工具。

表 6-1　浏览器性能测试工具

测试项	测试方法	预期结果
Octane	在线测试	分值越高越好
V8 基准测试	在线测试	分值越高越好

图 6-19 显示了 Firefox 浏览器运行 Octane 的测试分值。

如果开发者将 X86 电脑的应用系统迁移到龙芯电脑上时发现网页运行性能太低，可以使用本节提供的几种性能测试工具，比较龙芯浏览器和 X86 浏览器的性能差距，其结果有助于分析网页性能瓶颈，找到问题的解决方向。

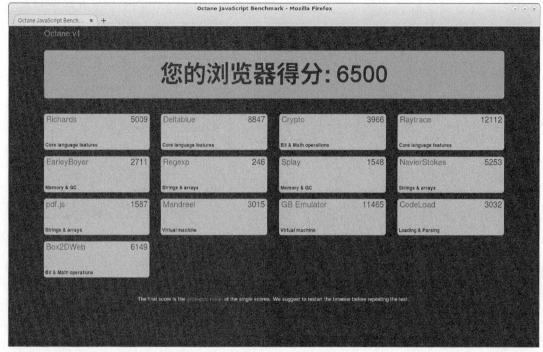

图 6-19 Octane 测试性能

6.4 C/B/S：本地程序嵌入 Web 页面

应用程序有这样一种类型，程序本身是带有独立图形窗口的本地应用程序，但是在程序中要嵌入显示 Web 网页。这种应用程序的流行名称是"C/B/S"（客户端 – 浏览器 – 服务器）编程方式，其含义就是在传统的"C/S"应用程序的界面中嵌入一个 Browser 组件，也就是指在一个本地窗口界面中，使用浏览器的 JavaScript/HTML/CSS 语言来显示远程服务器上的网页。

这种编程方式的好处在于，JavaScript/HTML/CSS 是跨平台的标准语言，不依赖于任何一种 CPU 或者操作系统，而且只要会 Web 编程就可以从事本地图形界面编程，开发效率得到本质性的提升。

在龙芯电脑上实现 C/B/S 有两种推荐的方式：一种是 CEF 框架；另一种是 Electron。

6.4.1 CEF 框架

CEF 框架（Chromium Embedded Framework）是基于 Chromium 内核源代码，将 Chromium 浏览器组件嵌入一个本地窗口中，为应用程序提供了集成浏览器组件、显示指定网页的能力。Loongnix 中集成了 CEF 的支持库，可以使用下面的命令安装：

```
#yum install -y cef

#rpm -ql cef
/usr/bin/cefclient
/usr/bin/cefsimple
/usr/lib64/cef/cefclient/libcef.so
/usr/lib64/cef/cefsimple/cefsimple
......

$ ls  -lh /usr/lib64/cef/cefclient/libcef.so
-rwxr-xr-x  253M 9月  20 2017 /usr/lib64/cef/cefclient/libcef.so
```

可以看到 CEF 提供了一个动态库文件 libcef.so，这个动态库实际上包含了一个完整 Chromium 浏览器的功能，所以体积达到了惊人的 253MB。使用 CEF 的应用程序必须依赖于一个非常大的库文件，这也是 CEF 方案被人诟病的一方面。

CEF 自带了演示程序，运行 cefclient 命令如下：

```
#cefclient
```

这个演示程序模拟实现一个浏览器的界面，再加上若干操作按钮，就可以显示用户在地址栏中指定的网址页面，如图 6-20 所示。用于实现 cefclient 程序的代码量很少，开发者可以在此基础上定制出非常复杂的应用。

图 6-20　基于 CEF 开发简单浏览器

6.4.2 Electron

Electron 是一个使用 Web 技术创建本地图形界面程序的框架，开发者可以像编写网页程序一样使用 JavaScript、HTML 和 CSS 语言快速实现本地应用程序，实现绚丽的交互效果。我们熟悉的钉钉、网易云音乐、腾讯微云等应用都使用了 Electron 的方案。

Loongnix 已经集成了 Electron 的支持库。可以使用下面的命令安装运行：

```
#yum install -y electron

#/usr/bin/electron
```

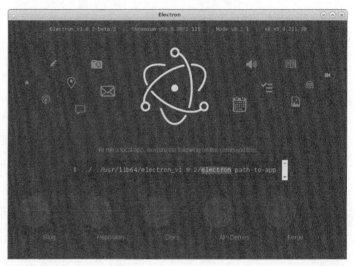

Electron 的运行界面如图 6-21 所示。

通过本节的例子可以看出，无论是 CEF 框架还是 Electron，都提供了向本地应用程序嵌入浏览器组件的功能，可以用于在龙芯电脑上高效地实现 C/B/S 的编程方式。

图 6-21　Electron 运行界面

> **提示！**
>
> 　　除了本节所述的 CEF 框架、Electron 两种方式之外，还有以下两种方案可以实现在本地应用程序中嵌入 Web 组件。
>
> 　　1. 如果应用程序使用 Qt 库编程，可以利用 Qt 库中用于显示 Web 网页的两个组件，即 QtWebkit 和 QtWebEngine。由于 QtWebkit 已经在 Qt 最新版本中移除，建议应用程序只使用 QtWebEngine。实际上 QtWebEngine 也是对 Chromium 源代码的封装，因此在显示效果上和 CEF 是完全相同的。对于这两个 Qt 组件的编程方式，将在后面 Qt 一章中详细讲述。
>
> 　　2. 还有一种使用 Chromium 浏览器的简单方式：Chromium 浏览器支持 -app 参数，启动后只显示一个主窗口，去除了浏览器地址栏、工具栏等界面成分，可以用于方便地把一个网页应用"包装"成本地程序。这种方式在本章最后的项目实战中详细讲述。

6.5 Node.js：服务器端的 JavaScript

Node.js 是一种面向 Web 服务器编程的脚本语言，其语法是 JavaScript（图 6-22）。本章前面所讲的 JavaScript 都是在浏览器上运行，用来加强 HTML 页面的交互能力，位于 B/

图 6-22　Node.js 形象标识

S 架构的前端。开发者发现 JavaScript 语言非常安全、灵活、高效，因此把它移植到服务器上，用于方便地搭建响应速度快、易于扩展的网络应用，位于 B/S 架构的后端，这就是 Node.js。从 2009 年出现，到现在已经有非常高的普及率。

Node.js 使用 Google 的 V8 项目作为 JavaScript 的执行引擎，V8 实际上就是 Chromium 浏览器的核心组件。以前 Node.js 官方代码只支持 MIPS 32 位 CPU，由龙芯团队实现了 MIPS 64 位 CPU 的支持代码，并且提交给官方，现在已经接收到官方代码库，如图 6-23 所示。

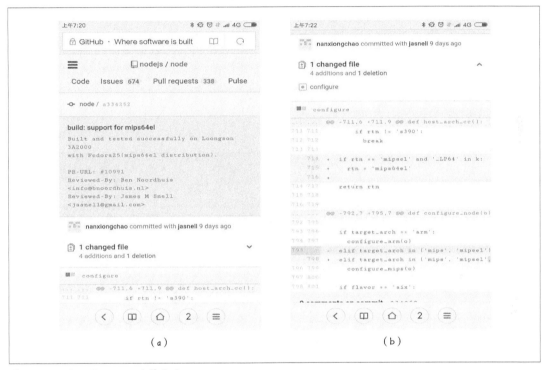

图 6-23　Node.js 的 MIPS64 支持代码

Loongnix 可以完善运行 Node.js 应用程序。本节展示在龙芯电脑上运行 Node.js 应用的方法，运行下面的命令安装必要的软件包：

```
#yum install -y nodejs
```

检查 Node.js 的版本号：

```
$ node -v
v4.3.1
```

编写一个最小的 Web 服务器程序 web.js，内容如下：

```
var http = require("http");


http.createServer(function(req, res){
```

```
    res.writeHead(200, {"Content-Type": "text/html"});
    res.write("<h1>Node.js OK</h1>");
    res.end("<p>Hello Loongson 3A3000!</p>");
}).listen(3000);

console.log("HTTP server is running at port 3000.");
```

使用 node 命令运行这个程序：

```
$ node web.js
HTTP server is running at port 3000.
```

现在打开浏览器，输入地址：http://localhost: 3000，可以看到龙芯运行 Node.js 的正确页面，如图 6-24 所示。

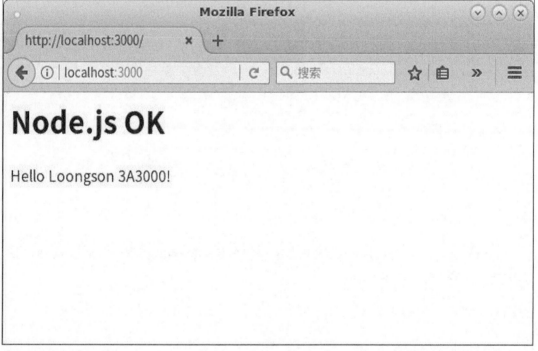

图 6-24　Node.js 运行实例

Node.js 是平台无关的语言，这意味着龙芯电脑拥有了 Node.js 的全套软件生态，以前在 X86 电脑上开发的 Node.js 应用系统都能够迁移到龙芯电脑。Node.js 的资源非常丰富，笔者试验了一些较大规模的系统，例如 TiddlyWiki5，这是一款交互式的 wiki 系统，用于捕获、组织和分享复杂信息，可以使用一种简洁的语法编写笔记、待办事项和技术文档，如图 6-25 所示。读者可以再找出更多的系统搭建起来。

图 6-25　TiddlyWiki5 运行实例

6.6 项目实战

6.6.1 案例 1：龙芯应用公社客户端

本节采用一个实例来展示 C/B/S 应用的最简单实现方式。Chromium 浏览器支持 -app 参数，启动后只显示一个主窗口，去除了浏览器地址栏、工具栏等界面成分，可以用于方便地把一个网页应用"包装"成本地程序。龙芯应用公社的客户端就使用了这种方案，具体实现方式按照以下步骤。

STEP 1 建立应用公社的 Web 网站。龙芯应用公社 http://app.loongnix.org 提供了应用软件的提交、搜索、下载、安装、评论、积分奖励等完整功能。这是一个典型的服务器应用，使用 Apache、PHP、MySQL 开发。

STEP 2 使用 Chromium 浏览器的 -app 参数包装网页应用。使用下面的命令，就能以本地窗口的形式运行龙芯应用公社，相当于将龙芯应用公社的 Web 网站"包装"成一个本地运行的程序。

```
$ /usr/bin/chromium-browser -app=http://app.loongnix.org
```

运行效果如图 6-26 所示，它是在一个单独的窗口中运行龙芯应用公社，外观上就是在运行一个本地程序，感觉不出它这是在浏览器中运行的。

图 6-26　把龙芯应用公社"包装"成本地程序

STEP 3 添加桌面图标。上面的运行方式需要使用命令行，很不方便。为了提高易用性，最终发布应用程序时是在用户的桌面上创建一个图标，用户只需要双击图标就可以运行应用公社。在 Loongnix 中创建桌面图标的方式和 Windows 有很大的不同，Loongnix 没有 Windows 中"快捷方式"的概念，而是在当前用户的"桌面目录"下创建一个扩展名为 .desktop 的文件。"桌面目录"的实际位置一般位于"/home/< 用户名 >/ 桌面"。例如，如果用户名为 loongson，那么桌面目录的实际路径是"/home/loongson/ 桌面"，在这个目录下编写一个文件 loongson-app.desktop，内容如下：

```
[Desktop Entry]
Name=Application Community
Name[zh_CN]=应用公社
Type=Application
Icon=/opt/app/favicon.png
Exec=/usr/bin/chromium-browser -app=http://app.loongnix.org
Comment=Loongson Application Community
Comment[zh_CN]=龙芯应用公社
```

Loongnix 为 .desktop 文件定义了一套明确的语法规则。例如在 loongson-app.desktop 文件中，Name 指定了图标显示的文字名称，Type 指定了图标的类型是应用程序（Application），Icon 指定了图标显示的文件路径，Exec 指定了应用程序运行的完整命令行，Comment 指定了应用程序的说明信息。

Loongnix 要求 .desktop 文件必须具有可执行权限，执行下面的命令：

```
$ chmod +x /home/loongson/ 桌面 /loongson-app.desktop
```

完成上述操作后，在 loongson 用户的桌面上自动出现应用公社的图标，如图 6-27 所示。

使用鼠标双击桌面上的应用公社图标，运行效果和前面在命令行上运行是完全相同的。通过本节的例子，能够方便地将应用公社网站包装成一个本地运行的程序，开发者可以使用相同的方法封装更多的"网页版"应用程序。

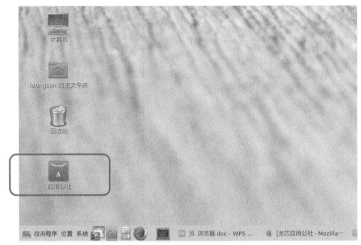

图 6-27　应用公社桌面图标

> **提示：网页版微信**
>
> 利用 Chromium 浏览器的 -app 参数，可以把一大批"网页版"应用程序包装成本地应用程序，有效地填补了龙芯电脑上的应用软件需求。例如，很多用户常用的 QQ、微信这两个程序都没有在龙芯电脑上移植客户端，但是提供了网页版，这样就可以使用本节的方法把网页版 QQ、网页版微信包装成本地应用，在桌面上创建图标。
>
> 对 QQ、微信等网页应用进行包装的源代码可以在 http://github.com/jinguojie-loongson/weixin-app 下载。

6.6.2　案例 2：浏览器插件的通用替代方案

一些网页应用程序出于功能的需要，往往有访问本地资源的要求。本地资源是指操作系统中的一些关键数据和信息，典型的例子包括以下几种操作。

1. 对硬盘文件进行读写。

2. 对应用软件进行安装和卸载。

3. 对操作系统配置文件（类似于 Windows 的注册表）进行读取和修改。

4. 对硬件设备进行访问，例如 U 盘、串口、音频等。

为了防止恶意的网页应用程序对本机进行破坏，浏览器限制了 JavaScript 的执行权限，不允许 JavaScrip 脚本程序访问本地资源。以前的开发者多数会采用浏览器插件的方式，突破浏览器的权限来访问本地资源。但是插件存在很多弊端，前文已经明确建议开发者摒弃插件，网页应用程序如何在避免使用插件的条件下访问本地资源呢？

本节展示一种通用的插件替代方案，主要思想是网页应用程序通过网络调用本地服务来访问本地资源，其流程如图 6-28 所示。

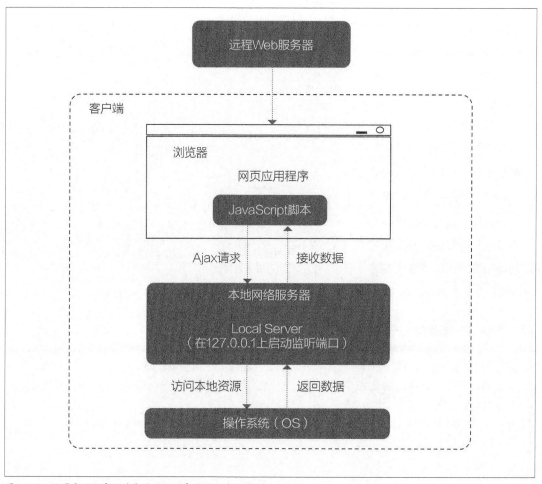

图 6-28　网页应用程序通过本地网络服务器访问本地资源

本方案的关键技术步骤如下。

STEP 1 启动本地网络服务器。在操作系统开机时，启动一个本地网络服务器（Local Server）。本地网络服务器在环回 IP 地址（127.0.0.1）上执行监听，绑定某一个端口，能够处理来自本机的网页应用程序的网络请求。

STEP 2 浏览器加载网页应用程序。浏览器访问远程 Web 服务器的网址，下载网页应用程序，如果网页中有 JavaScript 脚本，则执行之。

STEP 3 网页应用程序需要访问本地资源时，通过 JavaScript 脚本向本地网络服务器（Local Server）发送请求。JavaScript 脚本以 Ajax 访问本地网络服务器（IP 地址为 127.0.0.1），连接本地网络服务器预先绑定的端口，连接成功以后向本地网络服务器发送一个请求报文，报文数据以一定的格式指明要请求访问的本地资源。

STEP 4 本地网络服务器访问本地资源。本地网络服务器接收到请求报文，解析其中的内容，按照内容要求访问本地资源。

STEP 5 本地网络服务器访问本地资源后，将数据回传给网页应用程序。本地网络服务器访问本地资源结束后，将获得的数据返回给 JavaScript 脚本程序。

上述步骤实现了一个"浏览器中的网页应用程序访问本地资源"的完整流程。下面使用 Python 语言编写一个最简单的本地网络服务器程序（Local Server）。使用 Python 的优点是代码更简洁。

STEP 1 编写本地网络服务器程序 server.py。

```python
#!/usr/bin/python
#-*-coding: utf-8 -*-
#http://app.loongnix.org

import io
import os
import sys
import urllib
import commands
import json


try:
    #Python 2.x
    from SocketServer import ThreadingMixIn
    from SimpleHTTPServer import SimpleHTTPRequestHandler
    from BaseHTTPServer import HTTPServer
except ImportError:
    #Python 3.x
    from socketserver import ThreadingMixIn
    from http.server import SimpleHTTPRequestHandler, HTTPServer


class ThreadingSimpleServer(ThreadingMixIn, HTTPServer):
    pass


class MyRequestHandler(SimpleHTTPRequestHandler):
    web_port = 8765;
```

```
protocol_version = "HTTP/1.1"
server_version = "PSHS/0.1"
sys_version = "Python/2.7.x"
target = "D: /web"


def do_GET(self):
    print "do_GET: "+ self.path
    if self.path == "/"or self.path == "/index":
        content = "index.html"
        self.send_head(content)
    elif self.path.startswith("/shell"):
        content = self.do_shell(self.path)
        self.send_head(content)
    else:
        path = self.translate_path(self.path)
        if os.path.exists(path):
            extn = os.path.splitext(path)[1].lower()
            content = open(path, "rb").read()
            self.send_head(content, type=self.extensions_map[extn])
        else:
            content = "404.html"
            self.send_head(content, code=404)
    self.send_content(content)


def do_POST(self):
    if self.path == "/signin":
        data = self.rfile.read(int(self.headers["content-length"]))
        data = urllib.unquote(data)
        data = self.parse_data(data)
        try:
            uid = data["uid"]
            if uid != "":
                content = open("success.html", "rb").read()
                content = content.replace("$uid", uid)
                self.send_head(content)
                #do-something-in-backend
                if not os.path.exists(self.target + "/"+ uid):
                    os.mkdir(self.target + "/"+ uid)
```

```
            else:
                content = "400, bad request."
                self.send_head(content, code=400)
        except KeyError:
            content = "400, bad request."
            self.send_head(content, code=400)
    else:
        content="403, forbiden."
        self.send_head(content, code=403)
    self.send_content(content)


def parse_data(self, data):
    ranges = {}
    for item in data.split("&"):
        k, v = item.split("=")
        ranges[k]= v
    return ranges


def send_head(self, content, code=200, type="text/html"):
    self.send_response(code)
    self.send_header("Access-Control-Allow-Origin", "*")
    self.send_header("Content-Type", type)
    self.send_header("Content-Length", str(len(content)))
    self.end_headers()


def send_content(self, content):
    f = io.BytesIO()
    f.write(content)
    f.seek(0)
    self.copyfile(f, self.wfile)
    f.close()


#Service: 执行 Shell 命令
# 输入：
#    cmd 命令
# 输出：返回数据 JSON 格式
#    errno: 命令执行的返回代码
#    stdout: cmd 在本机上执行的标准输出
```

```
    #      stderr: cmd 在本机上执行的标准错误
    def do_shell(self, path):
        #path: /shell?cmd=ls
        print "--do_shell --path="+ path;
        data = path.decode('utf8').split('?')[-1]
        print urllib.unquote_plus(path).decode('utf8')
        data = self.parse_data(data)   #{'cmd': 'ls', 'root': '1'}
        #print(data);
        return self.exec_cmd(urllib.unquote_plus(data['cmd']))


    def exec_cmd(self, cmd):
        print(cmd);
        result = commands.getstatusoutput(cmd)
        print "exec_cmd: "+ cmd + "[DONE]";
        return  json.dumps(result)


if __name__ == "__main__":
    if len(sys.argv) == 2:
        #set the target where to mkdir, and default "D: /web"
        MyRequestHandler.target = sys.argv[1]
    try:
        # 从父进程 fork 一个子进程出来
        pid = os.fork()
        if pid:
            # 退出父进程，sys.exit() 方法比 os._exit() 方法会多执行一些刷新缓冲工作
            sys.exit(0)


        server = ThreadingSimpleServer(('', MyRequestHandler.web_port),
MyRequestHandler)
        print "simple-http-server started, serving at http://localhost: "+
str(MyRequestHandler.web_port);
        server.serve_forever()
    except KeyboardInterrupt:
        server.socket.close()
```

在命令行上运行脚本文件 server.py：

```
#python server.py
simple-http-server started, serving at http://localhost: 8765
```

上面的输出信息表明 Local Server 已经运行起来，在本地端口 8765 上启动了 Web 服务器，其完整的 Web 服务网址是 http://localhost：8765/shell。现在可以向这个网址发送 HTTP 请求，在 HTTP 请求的参数中输入任何 Linux Shell 命令，都可以由 Local Server 接收处理，并把 Shell 命令的执行结果通过 JSON 的数据格式返回。例如，"查看本机硬盘目录"在 JavaScript 中是没有权限访问的，而通过 Local Server 则可以实现。

STEP 2 编写网页应用程序。首先编写 JavaScript 脚本文件 localserver.js：

```
/* 处理本机的服务接口 */

/* 系统中的配置文件 */
var LOCAL_SERVER_URL = "http://localhost: 8765/shell";

function get_local_service(cmd, func, error_func)
{
  console.log("CMD: "+ cmd);
  $.ajax({
    url: LOCAL_SERVER_URL,
    type: 'GET',
    async: true,
    data: {
        cmd: cmd
    },
    dataType: 'json',    // 返回的数据格式: json/xml/html/script/jsonp/text
    success: function(data, textStatus, jqXHR){
        console.log('Success: ')
        console.log(data);
        func(data[1], data[0]);
    },
    error: function(xhr, textStatus){
        console.log('错误');
        console.log(xhr);
        console.log(textStatus);
        if (error_func)
            error_func(textStatus);
    },
  })
}
```

在上面的 localserver.js 中，定义了函数 get_local_service（），通过 jQuery 提供的函数 $.ajax（）访问 Local Server 的 Web 服务网址，发送要执行的任意一条 Shell 命令 cmd，这条 cmd 将由 server.py 进行解析，并且在本地执行 cmd 命令来访问本地资源。cmd 命令的执行结果 data 包含了访问本地资源所获得的数据，这个数据返回给 JavaScript 脚本，由回调函数 func（）进行处理。

STEP 3 编写网页文件 index.html：

```html
<html xmlns="http://www.w3.org/1999/xhtml">
<head>
<meta http-equiv="Content-Type"  content="text/html; charset=utf-8"/>

<title>测试本地服务 </title>

<script type="text/javascript"  src="jquery.js"></script>
<script type="text/javascript"  src="localserver.js"></script>

</head>

<body>
<div id="ajax_result">测试本地服务 </div>
</body>

<script>
  console.log（"get_local_app_list: "）;
  cmd = "ls -l /usr/bin ";
  get_local_service（cmd, function（data, errno）{
    if （errno == 0）
    {
      console.log（data）;
      $（"#ajax_result"）.html（"<pre>"+ data + "</pre>"）;
    }
    else
      $（"#ajax_result"）.html（"访问本地服务出错！"）;
  }）;

</script>
</html>
```

在上面的 index.html 中，调用 get_local_service（）函数以访问本地资源，请求执行的 Shell 命令是 "ls -l /usr/bin"，即显示本机硬盘上 /usr/bin 目录下的文件名，返回的结果用于填充 id 为 #ajax_result 的 div 图层。由于 ls 命令返回的数据 data 中含有换行符，为了在浏览器中正确显示换行的效果，data 前后要加上 HTML 标签 "<pre> </pre>"。index.html 在浏览器中运行的页面如图 6-29 所示。

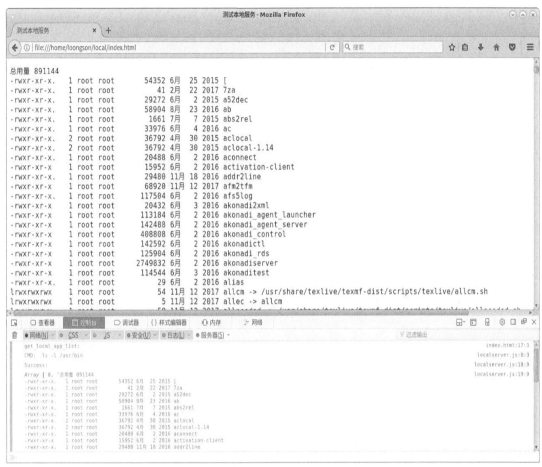

图 6-29　在网页中访问本地目录

可以看到，在应用程序的网页中成功获取到了本机硬盘上的目录内容。这个操作在一般的 JavaScript 中没有权限直接访问的，只有借助于 Local Server 的返回结果才能获得。为了确认返回结果的正确性，在本机的命令行终端工具中直接执行 ls -l /usr/bin 命令，可以看到输出结果和网页中显示的内容完全相同，如图 6-30 所示。

```
loongson@localhost:/home/loongson/local
文件(F) 编辑(E) 查看(V) 搜索(S) 终端(T) 帮助(H)
[loongson@MiWiFi-R3-srv local]$ ls -l /usr/bin/     | more
总用量 891144
-rwxr-xr-x.  1 root root     54352 6月   25 2015 [
-rwxr-xr-x.  1 root root        41 2月   22 2017 7za
-rwxr-xr-x.  1 root root     29272 6月    2 2015 a52dec
-rwxr-xr-x.  1 root root     58904 8月   23 2016 ab
-rwxr-xr-x.  1 root root      1661 7月    7 2015 abs2rel
-rwxr-xr-x.  1 root root     33976 6月    4 2016 ac
-rwxr-xr-x.  2 root root     36792 4月   30 2015 aclocal
-rwxr-xr-x.  2 root root     36792 4月   30 2015 aclocal-1.14
-rwxr-xr-x.  1 root root     20488 6月    2 2016 aconnect
-rwxr-xr-x   1 root root     15952 6月    2 2016 activation-client
-rwxr-xr-x.  1 root root     29480 11月  18 2016 addr2line
-rwxr-xr-x   1 root root     68920 11月  12 2017 afm2tfm
-rwxr-xr-x.  1 root root    117504 6月    2 2016 afs5log
-rwxr-xr-x   1 root root     20432 6月    3 2016 akonadi2xml
-rwxr-xr-x   1 root root    113184 6月    2 2016 akonadi_agent_launcher
-rwxr-xr-x   1 root root    142488 6月    2 2016 akonadi_agent_server
-rwxr-xr-x   1 root root    408808 6月    2 2016 akonadi_control
-rwxr-xr-x   1 root root    142592 6月    2 2016 akonadictl
-rwxr-xr-x   1 root root    125904 6月    2 2016 akonadi_rds
-rwxr-xr-x   1 root root   2749832 6月    2 2016 akonadiserver
-rwxr-xr-x   1 root root    114544 6月    3 2016 akonaditest
-rwxr-xr-x.  1 root root        29 6月    2 2016 alias
lrwxrwxrwx   1 root root        54 11月  12 2017 allcm -> /usr/share/texlive/texmf-dist/scripts/texlive/allcm.sh
lrwxrwxrwx   1 root root         5 11月  12 2017 allec -> allcm
lrwxrwxrwx   1 root root        58 11月  12 2017 allneeded -> /usr/share/texlive/texmf-dist/scripts/texlive/allne
eded.sh
-rwxr-xr-x   1 root root     42136 6月    1 2016 alsa_in
-rwxr-xr-x.  1 root root     27791 8月   16 2014 alsa-info
lrwxrwxrwx.  1 root root         9 6月    2 2016 alsa-info.sh -> alsa-info
```

图 6-30　在命令行中访问本地目录

本节展示了在网页应用程序中不使用插件但能够突破 JavaScript 权限来访问本机硬盘目录的实例。该方法的原理简单，不仅能够在 Loongnix 中使用，也可以在 Windows 中使用；各种浏览器 IE、Firefox、Chromium 都可以使用本方法；本地网络服务器可以使用 C/C++、Java、Shell、Python 等各种语言编写。本方法可以作为适用于各种操作系统和浏览器的通用方法，应用软件只需要开发一次，就能够在所有操作系统上实现对本地资源的访问。

> **提示！**
>
> 本节中介绍的“去插件化”方案，已经在很多龙芯软件项目中使用。龙芯应用公社的客户端就采用了本方案，实现在本地操作系统中安装、卸载软件，因为安装、卸载软件也是需要特殊权限的操作。
>
> 龙芯应用公社的源代码可以在 http://github.com/jinguojie-loongson/loongson-app 下载。

思考与问题

1. 龙芯电脑支持哪些浏览器？

2. 龙芯浏览器有哪些兼容性问题？

3. 使用浏览器插件有哪些弊端？

4. 为什么不推荐使用 Flash 插件？

5. HTML5 有哪些优势？

6. 简述 WebGL 程序的基本结构。

7. 什么是 C/B/S 应用程序？

8. CEF 和 Electron 有哪些优点？

9.Node.js 适用于什么项目？

10. 浏览器的调试工具有哪些？

11. 怎样测试浏览器的性能？

12.Chromium 浏览器的 -app 参数有什么作用？

13. 怎样在桌面上生成应用程序图标？

14. 怎样使用 Python 编写 Web 服务器？

15.JavaScript 怎样使用 Ajax 调用本地 Web 服务？

16.JavaScript 怎样解析 JSON 数据？

第 **07** 章

MFC 替代者: Qt 图形库

本地图形界面程序是指在操作系统中直接运行的典型应用程序形态。Windows 应用程序通过调用 MFC（Microsoft Foundation Classes，微软基础类库）来实现图形界面编程，但是 MFC 只绑定于 Windows，直到现在 Linux 也不能提供 MFC 的函数库。如果基于 MFC 的 Windows 应用程序要迁移到龙芯电脑，则需要寻找合适的替代方案。

Qt 库提供了 MFC 编程的所有替代控件，甚至比 MFC 编程更为简单方便，能够实现更加现代化的界面和高质量的界面体验。本章将介绍在龙芯电脑上使用 Qt 库开发本地图形界面程序的方法。

学习目标

Qt 相比 MFC 的优点，龙芯电脑上 Qt 库的版本，可视化设计器 Qt Creator、内置控件、图表控件、视频播放控件。使用 Python 调用 Qt 库。掌握 Qt 提供的两个 Web 组件。编写桌面程序的常用技巧。对 Qt 程序进行性能分析和优化的工具。安装程序制作工具的制作实际案例。

学习重点

Qt 常用控件，图表、视频播放控件。Python 语言编写 Qt 程序。QtWebkit 和 QtWebEngine 组件的区别。程序自启动、托盘图标、消息气泡。性能优化的一般方法。

主要内容

MFC 和 Qt 的对比

Qt Creator

Qt 内置控件，图表控件，视频播放控件

PyQt

QtWebkit 和 QtWebEngine

程序自启动、托盘图标、消息气泡

Oprofile 和 Perf

安装程序制作工具

7.1 MFC 和 Qt 的对比

在 Windows 上开发本地图形界面程序的集成环境主要是 Visual Studio，编程语言是 C/C++，函数库是 Win32 API（一套用于调用 Windows 核心服务的 C 函数集合），并且在此基础上封装成 C++ 的 MFC 类库。MFC 是 Windows 上所有应用程序的基础平台，无论是小到只有几个按钮的简单对话框，还是大到 Microsoft Office 这样千万行代码的巨型软件，都是调用 MFC 的类和方法实现的，MFC 类库如图 7-1 所示。

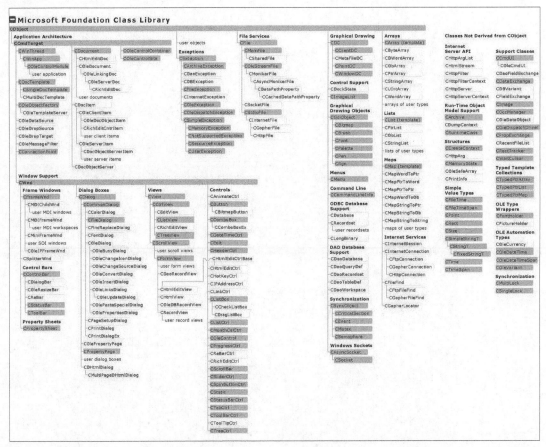

图 7-1 MFC 类库

以往在 Windows 上开发的大量应用系统都需要迁移到龙芯电脑。MFC 只捆绑于 Windows，Loongnix 使用 Qt 图形库取代 MFC。Qt 在 1991 年由 Qt Company 开发，使用 C++语言，能够开发跨平台的图形用户界面应用程序（图 7-2）。Qt 是面向对象的框架，提倡控件编程模式，由窗口小控件经过一定的胶合控件进行组装，形成层次化的图形界面结构。Qt 自带了庞大的基础类库，既可以开发 GUI 程序，也包含了用于

图 7-2 Qt 形象标识

处理文件、进程、网络、时钟等非 GUI 的类库，所以同样适合于开发控制台工具和服务器。只要

是 MFC 能够开发的界面程序，Qt 都能够完成，而且实现的效果更好。所以有很多企业即使是在 Windows 上编写本地图形界面应用程序，也选择使用 Qt 而不是 MFC。

Qt 在 Windows、Loongnix 上提供统一的编程函数接口，Windows 上的应用程序如果使用 Qt 开发，只需要重新编译就可以迁移到 Loongnix 上，如果使用 MFC，则需要改写成调用 Qt。

7.2 龙芯 Qt 基础

Qt 是龙芯电脑首选的本地图形界面库。国产办公软件 WPS 从 Windows 移植到 Loongnix 时就是选择了 Qt 作为图形库。Loongnix 长期维护 Qt 5.6，虽然比官方当前最新版本 5.10 要低，但是实际上 Qt 近年的版本升级已经明显放缓，Qt 5.6 的功能已经趋于完善，到现在仍然有大量用户在使用，开发者不需要一味追求最新版本。本章中的所有实例对于 Qt 5.6 和 5.10 都是完全兼容的。

> **提示！**
>
> 截至本书编写完成，龙芯已经提供新版本 Qt 5.9，在使用方法上和本书介绍的内容都是相同的。

下面各节依次介绍 Loongnix 上 Qt 的常用编程方法，包括可视化设计器、内置控件、图表控件、视频播放控件等。

7.2.1 可视化设计器 Qt Creator

本节展示龙芯电脑上的集成开发环境 Qt Creator，这是类似于 Visual Studio 的可视化开发工具。在 Loongnix 中启动"开始菜单⇨编程⇨ Qt Creator"，运行主界面如图 7-3 所示。

在 Qt Creator 的 菜 单中选择"File ⇨ New file or Project"，如图 7-4 所示。

图 7-3　Qt Creator 运行主界面

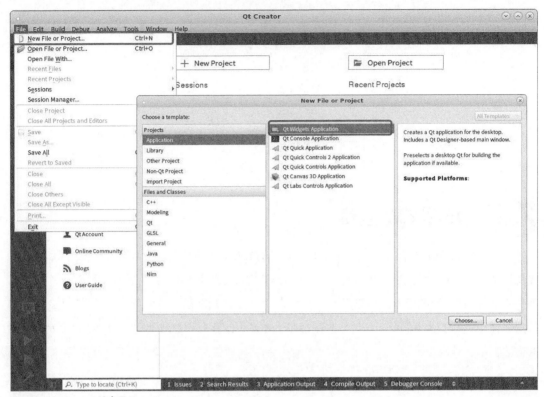

图 7-4 Qt Creator 创建项目

在弹出的对话框中，选择默认的项目类型"Qt Widgets Application"，单击"Choose"按钮，会弹出一个向导程序（Wizard），只需要填写很少的信息就能够创建一个标准的项目。输入项目名称"basic"，如图 7-5 所示。剩下的所有选项保持默认值不变，一直单击"下一步"按钮。

在向导程序的最后一个界面上显示了自动生成的源代码文件名，如图 7-6 所示。注意其中有一个"界面文件"，扩展名是 .ui，这是一个 XML 文件，使用专门定义的语法描述 Qt 程序中的图形界面。另外还有用来编写界面响应事件的 .cpp 源代码等。这些选项保持默认值即可，不需要更改，单击"下一步"按钮。

图 7-5 项目向导

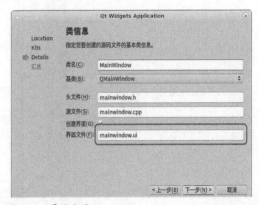

图 7-6 界面文件

向导程序结束后创建出一个工程"basic"，Qt Creator 生成了默认的源代码文件 mainwindow.cpp，如图 7-7 所示。

图 7-7　代码编辑器

Qt 向导创建的程序界面是一个空白的窗口，下面可以进行界面的定制。在图 7-7 中"项目面板"区域的树型结构中，找到界面文件 mainwindows.ui，双击鼠标就打开可视化的界面编辑器，如图 7-8 所示。

就像 Visual Studio 一样，Qt Creator 也是提供可视化的界面设计方式，利用鼠标拖曳就可以向窗口上添加控件，以及设置控件的位置和属性。图 7-8 中显示了 Qt 的控件库，每一个控件（Control）都是一种具有特殊外观和功能操作的界面元素。控件库中显示了控件的名称和图标，使用鼠标单击控件库中的控件，就可以拖动到右侧的窗口上。在图 7-8 中已经添加了两个控件：一个是滑杆 Slider；另一个是圆形仪表盘 Dial。可以看到，Qt 的这种"可视化"编程方式和 Visual Studio 是完全相同的。

添加了控件之后，还需要设置控件要处理的操作事件。事件（Event）是指一个控件可以响应的用户操作，例如鼠标单击、键盘输入等。Qt 提供的事件处理方式称为"信号—槽"机制。信号（Signal）是指一个控件可以响应的事件，槽（Slot）是指用于处理一个控件事件的函数。在 Qt Creator 中，按快捷键 F4 建立信号和槽的一个映射，用鼠标左键先单击 Slider 上面不要松开，一直按住左键，向右拖动到 Dial 上再松开鼠标，这个过程中的界面如图 7-9 所示。

控件库　　　　　　　　　界面编辑器　　　　　　　　控件属性编辑器

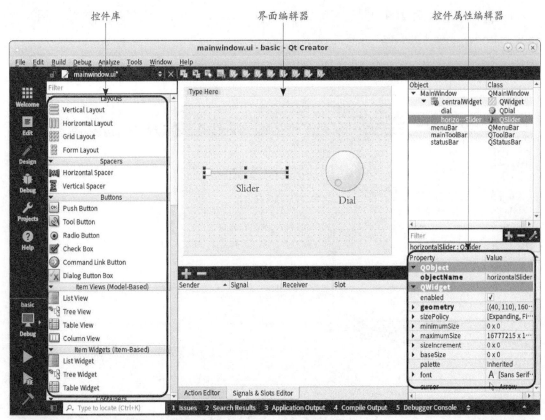

图 7-8　界面编辑器

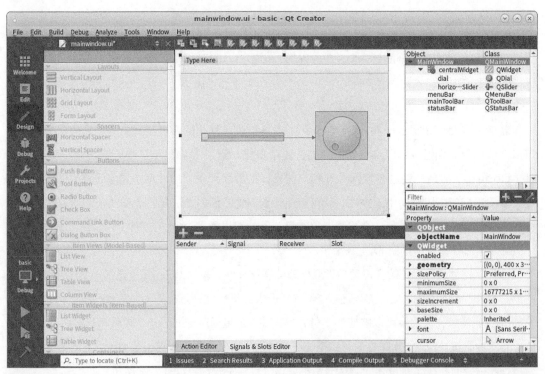

图 7-9　设置控件的信号

这时会弹出一个对话框，左侧的列表是 Slider 响应的所有信号，右侧是 Dial 可以处理的所有槽，如图 7-10 所示，选择 valueChanged（）和 setValue（）进行映射，这意味着无论 Slider 的值变成多少，Dial 都会自动同步变化。

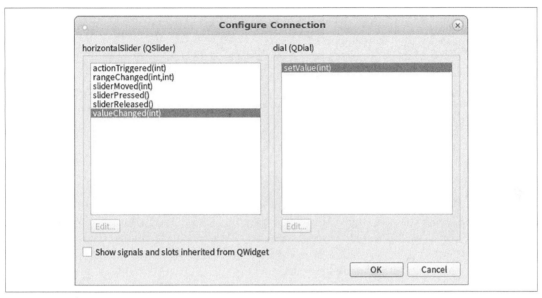

图 7-10　映射事件

单击 OK 按钮完成信号设置，返回界面编辑器，已经建立的"信号—槽"的映射关系在可视化工具中有直观的显示，如图 7-11 所示。

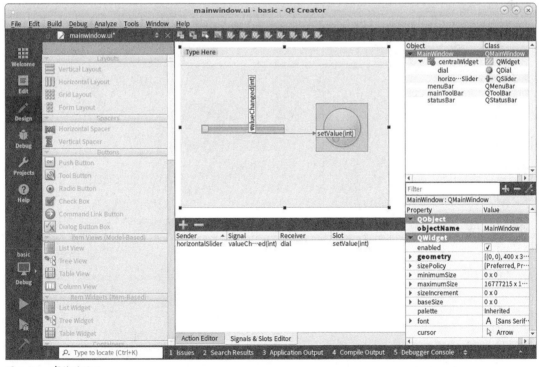

图 7-11　事件的显示

信号和槽可以在多个控件之间指定。按照前面介绍的相同方法，再在窗口上添加一个 SpinBox 控件，并且从 Slider 再向 SpinBox 建立一个 valueChanged（）和 setValue（）的事件映射，如图 7-12 所示。这意味着改变 Slider 也会导致 SpinBox 同步变化。

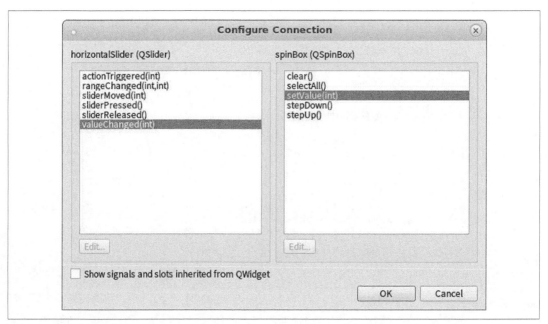

图 7-12　SpinBox 的事件映射

单击"OK"按钮，现在界面编辑器如图 7-13 所示。

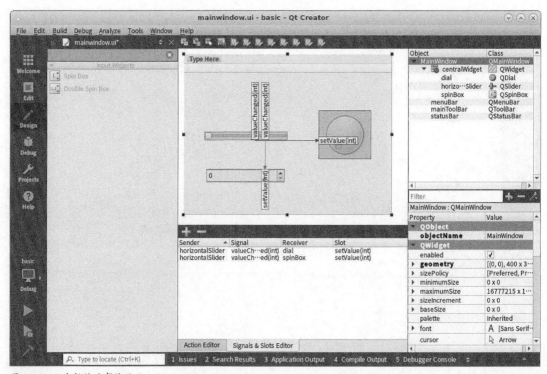

图 7-13　3 个控件的事件显示

到目前为止，我们没有编写任何一行代码，只是利用 Qt Creator 工具的可视化编辑功能就建立了 3 个控件的联动关系。下面可以运行这个程序来看一下效果。由于 Qt 程序基于 C++ 语言，所以需要对源代码进行编译。单击界面编辑器左下角的绿色三角形按钮 ▶ 进行编译，编译完成后自动弹出窗口的运行界面，如图 7-14 所示，只要使用鼠标拖动 Slider 的滑杆，另外两个控件就会立即变化成相同的数值。

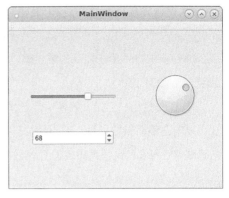

图 7-14　运行界面

> **提示！**
>
> 　　这个例子曾经无数次在 Qt 教学中使用，对于初次接触 Qt 的开发者，能够在 5min 之内看到"Qt 比 Visual Studio 更好用"的效果。这其中的原因是，Qt 的控件库比 Visual Studio 更丰富，"信号—槽"的事件处理机制也比 Visual Studio 派生方法的方式更为快捷。一旦试用过 Qt，很少有开发者愿意再使用 MFC。

7.2.2　Qt 控件

　　Qt 在发展过程中不断提供新的控件集合，到目前已经有上百种。大部分控件使用起来都非常简单，只要按照 Qt 的教程学习即可。图 7-15 只列出 Qt 庞大控件库的很小一部分，可以看到有很多控件是 Visual Studio 中不提供的。

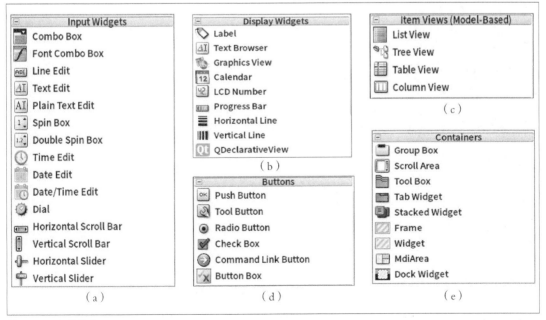

图 7-15　Qt 控件库

Qt 控件分成以下几类：Input Widgets 是最大的一类，包含了所有用于输入数据的控件；Display Widgets 包含了用于显示数据的控件；Buttons 主要是接受鼠标点击事件的控件；Item Views 包含的控件用于显示列表、树、表格等各种复杂数据；Containers 提供分组框、Tab 标签等用于容纳其他控件。

Qt 还支持用户自定义控件。自定义控件是指如果开发者想要使用的控件在 Qt 库中不提供，那么可以自己编写新的控件，并且添加到 Qt 的控件库中，在以后的项目中重复使用。有很多软件公司就是专门开发和销售高质量的 Qt 控件产品，例如图表控件、办公控件等，形成了很大的市场。

7.2.3 Qt 显示图表

本节展示 QCustomPlot 图表控件的使用方法。在使用 Qt 编写实际业务系统和控制类应用时，经常需要显示大量的图表数据，也就是常说的"数据可视化"。Qt 本身没有提供比较好用的图表绘制控件，但是有很多第三方的开源控件可以使用，QCustomPlot 就是一个基于 C++ 的图形控件，用于绘制图表和数据，制作漂亮的 2D 图表，包括曲线图、趋势图、坐标图、柱状图等，有着完备的文档。QCustomPlot 可以导出为各种格式，比如 PDF 文件和位图文件（PNG、JPG、BMP 等）。

为了使用 QCustomPlot，首先要下载控件源代码。进入 QCustomPlot 首页下载最新的完整源代码，它是一个压缩包 QCustomPlot-source.tar.gz，如图 7-16 所示。

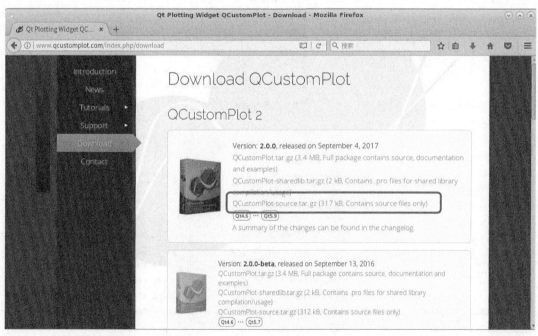

图 7-16　下载 QCustomPlot

在前面的例子中都是使用 Qt Creator 进行可视化编程，而在本节中采用的是 Qt 编程的另一种方法：不使用可视化的界面设计器，而是完全手工编写源代码、手工编译。实际上 Qt Creator 也是把编写源代码、编译、运行的整个过程封装起来，下面把这个过程拆解成每一个单独的步骤，方便读者了解一个 Qt 项目的详细编译过程。

> **提示！**
>
> Visual Studio 属于最早流行的集成开发环境（IDE），把编写源代码、编译、运行、调试的所有工具集成在一个统一的界面中，极大地提升了开发效率，开发者日常的开发工作主要是在 IDE 中完成。Qt Creator 具备 IDE 的所有优点。但是对于学习者来说，IDE 把所有工作都封装在"黑盒里面"，反而不利于学习编译的具体过程。很多 Visual Studio 开发者工作多年也说不清楚什么是编译器（Compiler）、链接器（Linker）这些底层概念。在教学过程中要适当地进行"拆解"展示，使学习者既知其然也要知其所以然。

QCustomPlot 源代码只有两个文件（qcustomplot.h 与 qcustomplot.cpp），只使用 Qt 本身标准类库，没有进一步的依赖关系。解压缩下载的 QCustomPlot-source.tar.gz，得到 qcustomplot.h 与 qcustomplot.cpp 两个文件，这两个文件要放在项目文件夹中，假定项目名称为 chart。具体命令如下：

```
#mkdir chart
#cd chart
#tar zxf ../QCustomPlot-source.tar.gz
#ls
qcustomplot.h     qcustomplot.cpp
```

下面编写 chart 应用程序的所有源代码。

STEP 1 每一个 Qt 项目需要有一个工程文件，扩展名是 .pro 文件。应用程序名称是 chart，则编写 chart.pro 内容如下：

```
QT        += core gui widgets printsupport

TARGET = chart
TEMPLATE = app
SOURCES += main.cpp qcustomplot.cpp
HEADERS += qcustomplot.h
```

Qt 库严格定义了 .pro 的语法，例如第一行指明了应用程序要引用的模块列表。注意 QCustomPlot 要求项目必须使用 printsupport 模块，否则编译时会出现错误。

STEP 2 编写一个主程序文件 main.cpp：

```
#include <QApplication>
#include <QMainWindow>
#include "qcustomplot.h"
```

```
int main ( int argc, char *argv[] )
{
    QApplication a ( argc, argv );

    QMainWindow w;
    w.setMinimumSize ( 640, 480 );

    QCustomPlot *pCustomPlot = new QCustomPlot ( &w );
    pCustomPlot->resize ( 640, 480 );

    // 可变数组存放绘图的坐标数据，分别存放 x 和 y 坐标的数据，101 为数据长度
    QVector<double> x ( 101 ), y ( 101 );

    // 添加数据，这里演示 y = x^3，为了正负对称，x 从 -10 到 +10
    for ( int i = 0; i < 101; ++i )
    {
        x[i]= i/5 -10;
        y[i]= qPow ( x[i], 3 );   //x 的 y 次方;
    }

    // 向绘图区域 QCustomPlot 添加一条曲线
    QCPGraph *pGraph = pCustomPlot->addGraph ( );

    // 添加数据
    pCustomPlot->graph ( 0 )->setData ( x, y );

    // 设置坐标轴名称
    pCustomPlot->xAxis->setLabel ( "x" );
    pCustomPlot->yAxis->setLabel ( "y" );

    // 设置背景色
    pCustomPlot->setBackground ( QColor ( 50, 50, 50 ) );

    pGraph->setPen ( QPen ( QColor ( 32, 178, 170 ) ) );

    // 设置 x/y 轴文本色、轴线色、字体等
    pCustomPlot->xAxis->setTickLabelColor ( Qt::white );
```

```
        pCustomPlot->xAxis->setLabelColor ( QColor ( 0, 160, 230 ) );
        pCustomPlot->xAxis->setBasePen ( QPen ( QColor ( 32, 178, 170 ) ) );
        pCustomPlot->xAxis->setTickPen ( QPen ( QColor ( 128, 0, 255 ) ) );
        pCustomPlot->xAxis->setSubTickPen ( QColor ( 255, 165, 0 ) );
        QFont xFont = pCustomPlot->xAxis->labelFont ( );
        xFont.setPixelSize ( 20 );
        pCustomPlot->xAxis->setLabelFont ( xFont );

        pCustomPlot->yAxis->setTickLabelColor ( Qt::white );
        pCustomPlot->yAxis->setLabelColor ( QColor ( 0, 160, 230 ) );
        pCustomPlot->yAxis->setBasePen ( QPen ( QColor ( 32, 178, 170 ) ) );
        pCustomPlot->yAxis->setTickPen ( QPen ( QColor ( 128, 0, 255 ) ) );
        pCustomPlot->yAxis->setSubTickPen ( QColor ( 255, 165, 0 ) );
        QFont yFont = pCustomPlot->yAxis->labelFont ( );
        yFont.setPixelSize ( 20 );
        pCustomPlot->yAxis->setLabelFont ( yFont );

        // 设置坐标轴显示范围，否则只能看到默认范围
        pCustomPlot->xAxis->setRange ( -11, 11 );
        pCustomPlot->yAxis->setRange ( -1100, 1100 );

        w.show ( );
        return a.exec ( );
}
```

STEP 3 编译和运行 chart 程序。因为 qcustomplot.cpp 有 3 万多行代码，所以编译这个项目需要几分钟时间。具体编译和运行命令如下：

```
$ /usr/lib64/qt5/bin/
qmake        # 将 .pro 文件转
换成 Makefile
$ make
$ ./chart
```

chart 程 序 的 运 行 界 面如图 7-17 所 示，可 以 看 到

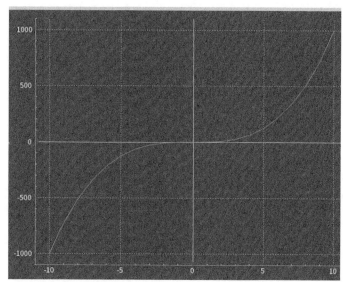

图 7-17　QCustomPlot 生成的图表

QCustomPlot 生成的图表是非常精美的，支持曲线平滑渲染、网格线、坐标刻度等丰富的特性。

QCustomPlot 能够支持的图表类型还包括直方图、饼图等更多的类型，读者可以阅读文档，在自己的项目中利用起来。

7.2.4 Qt 播放视频

视频播放是本地图形界面程序的常见功能，尤其是在处理媒体文件的应用程序中必不可少。Qt 使用 Phonon 多媒体框架来播放常见的媒体格式文件，其中媒体文件可以是本地文件也可以是通过 QUrl 指向的网络流文件。Phonon 原本是 KDE 4（利用 Qt 开发的一个桌面环境）的多媒体API，后来与 Qt 合并。Phonon 提供很多类库，其中最简单的是 VideoPlayer 这个类，可以方便地实现一个视频播放器，支持播放、暂停与停止等常见控制操作。

为了测试视频播放功能，需要首先在本机硬盘上准备一个视频文件，例如文件名为landscape.mpg，这个视频文件将在下面的示例程序中播放。

在 Loongnix 中提供了 Phonon 的库文件，使用以下命令安装：

```
#yum install -y phonon-devel phonon-qt5-deve
```

使用 Phonon 开发程序的简单过程如下。

STEP 1 编写工程文件 video.pro，内容如下：

```
QT        += core gui widgets phonon4qt5

TARGET = video
TEMPLATE = app

SOURCES += main.cpp
```

注意在 .pro 文件的第一行中指定要引用 phonon4qt5 模块，否则在编译时会提示缺少依赖库。

STEP 2 编写源代码文件 main.cpp，内容如下：

```cpp
#include <QApplication>
#include <QWidget>
#include <phonon/VideoPlayer>
#include <QUrl>

int main(int argc, char *argv[])
{
    QApplication app(argc, argv);
```

```
    QWidget *widget = new QWidget;
    widget->setWindowTitle("Video Player");
    widget->resize(640, 480);
    Phonon: : VideoPlayer *player =
        new Phonon: : VideoPlayer(Phonon: : VideoCategory, widget);

    player->load(Phonon: : MediaSource("./landscape.mpeg"));

    player->play();
    widget->show();

    return app.exec();
}
```

STEP 3 编译和运行项目，命令如下：

```
$ /usr/lib64/qt5/bin/qmake
$ make
$ ./video
```

video 程序运行后能够成功播放指定的视频文件，界面如图 7-18 所示。

图 7-18　Qt 播放视频

通过本例可以看到，main.cpp 中调用 Phonon 库的 VideoPlayer 组件，以很少量的代码就能够实现一个最简单的媒体播放器。

7.2.5　在 Python 中调用 Qt

虽然 Qt 支持的原生语言是 C/C++，但是还有其他一些语言也可以使用 Qt 库。Python 是一种面向对象的解释型计算机程序设计语言，比 C/C++ 更简单易用，深受程序员的喜爱。Python 语言提供了调用 Qt 库的接口，所使用的函数名称和 C++ 程序是相同的。本节使用一个例子来展示在 Python 程序中生成图形窗口的方法。

在 Loongnix 中需要安装一个 PyQt 库，命令如下：

```
#yum install -y PyQt4
```

编写 Python 语言源文件 button.py 如下，由于 Python 写出来的程序比 C/C++ 更为简洁，所以这个文件只有 20 行。

```python
import sys
from PyQt4 import QtCore, QtGui

class HelloPyQt(QtGui.QWidget):
    def __init__(self, parent = None):
        super(HelloPyQt, self).__init__(parent)
        self.setWindowTitle("PyQt Test")

        self.textHello = QtGui.QTextEdit("A Python program can use Qt!")
        self.btnPress = QtGui.QPushButton("Press me!")

        layout = QtGui.QVBoxLayout()
        layout.addWidget(self.textHello)
        layout.addWidget(self.btnPress)
        self.setLayout(layout)

        self.btnPress.clicked.connect(self.btnPress_Clicked)

    def btnPress_Clicked(self):
        self.textHello.setText("The button has been pressed.")
```

```
if __name__=='__main__':
    app = QtGui.QApplication(sys.argv)
    mainWindow = HelloPyQt()
    mainWindow.show()
    sys.exit(app.exec_())
```

Python 是解释型的语言，不需要像 C/C++ 一样编译程序，只需要使用 Python 命令就可以直接运行，这样比 C/C++ 简单很多。尤其是在开发阶段，程序有问题需要反复修改和调试，那么使用 Python 的开发过程会比 C/C++ 明显加快。运行 Python 程序的命令如下：

```
$   python button.py
```

button.py 程序的运行界面如图 7-19 所示，左边是初始界面，包含一个文本框和一个按钮。如果使用鼠标单击按钮，则执行程序中指定的按钮事件处理函数，文本框中的文字会发生变化。

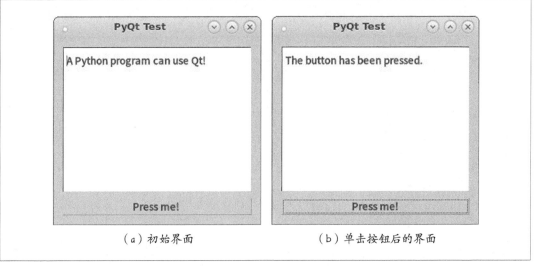

（a）初始界面　　　　　　　　　（b）单击按钮后的界面

图 7-19　Python 调用 Qt

本例展示了使用 Python 调用 Qt 非常简单方便，PyQt 是一种值得推荐的快速开发图形界面的工具。龙芯在很多软件项目中大量使用 PyQt 开发图形界面程序，包括 Loongnix 中的很多应用软件工具都是使用 PyQt 开发的。

> **提示！**
>
> Python 相比 C/C++ 有很多优势，在应用软件开发中的份额逐年增大。只要是对性能要求不高的程序，Python 完全可以胜任，并且开发速度更快、bug 更少，大有盖过 C/C++ 的势头。Python 基本上快要成为除 Java、C/C++ 之外的又一门"必学语言"。

7.2.6　Qt 自带 Demo

Qt 除了为开发者提供控件库、文档库之外，还为初学者提供了几十个样例 Demo 程序，这些程序都带有源代码，可以作为学习 Qt 编程的良好范本。在 Loongnix 中使用下面的命令安装 Qt 的 Demo 程序：

```
#yum install -y qt-demos
$ /usr/bin/qtdemo-qt4
```

qtdemo-qt4 命令运行以后，左侧列出了所有的 Demo 程序，每一个程序都显示了文字描述和界面截图，界面如图 7-20 所示。

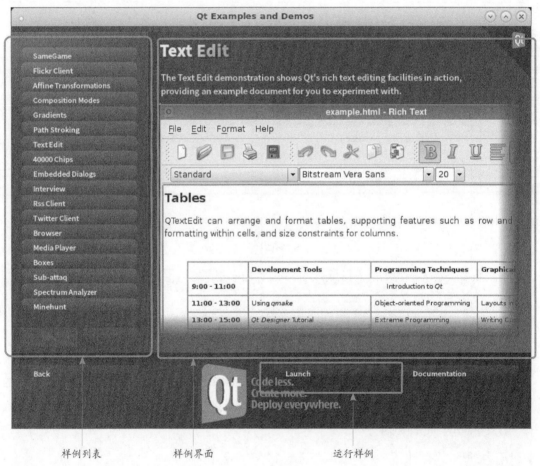

图 7-20　Qt 样例程序集

单击左侧的按钮可以选择样例程序，单击下面的"Launch"按钮可运行样例。例如"Boxes"是一个使用 OpenGL 的 3D 演示程序，有很多个立方体在同时旋转，还可以动态设置颜色、阴影、光照、材质、透明度等属性，综合展示了使用 Qt 进行三维图形编程的典型方法，如图 7-21 所示。

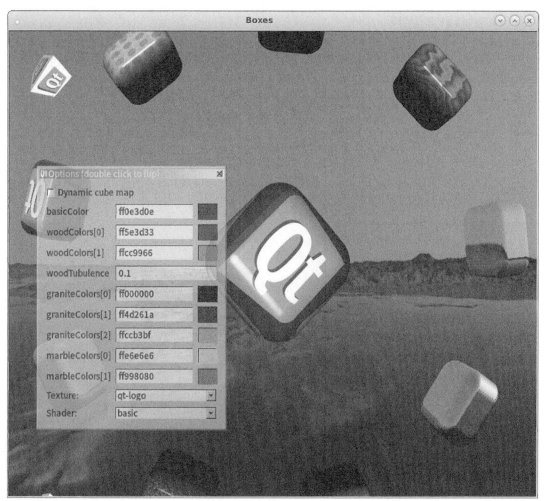

图 7-21　Boxes 3D 程序

　　其他样例程序也都各有特点，读者可以在各个程序中进行体验，对照源代码和帮助文档学习 Qt
编写复杂应用程序的方式。

7.3　Qt 程序嵌入网页

　　在第 6 章的浏览器开发中，已经讲到"C/B/S"架构，也就是将 Web 页面嵌入一个本地窗口
中的编程方式，当时是使用 CEF（Chromium Embedded Framework）和 Electron 两种方案。
Qt 也提供了类似的组件 QtWebkit 和 QtWebEngine，可以实现相同的功能，本节讲述这两个控
件的编程方法。

7.3.1 QtWebkit

QtWebkit 是对开源浏览器组件 Webkit 项目的封装, 用于在 Qt 应用程序界面中嵌入 Web 网页。但是 QtWebkit 控件没有出现在 Qt Creator 的控件库中, 只能以手工编写源代码的方式引用。下面是使用 QtWebkit 编写应用程序的一般方法。

STEP 1 编写项目工程文件 webkit.pro, 内容如下:

```
QT       += core gui webkit webkitwidgets network

TARGET = webkit
TEMPLATE = app
SOURCES += main.cpp
```

STEP 2 编写源代码文件 main.cpp, 内容如下:

```cpp
#include <QApplication>
#include <QtWebKitWidgets/QWebView>

int main (int argc, char *argv[])
{
    QApplication a (argc, argv);

    QWebView *view = new QWebView;

    view->load (QUrl ("http://www.ptpress.com.cn"));
    view->show ();

    return a.exec ();
}
```

main.cpp 中引用了 QtWebkit 组件库中的 QWebView 这个控件, 并且指定要加载的网页地址为出版社的网站。

STEP 3 编译和运行项目, 命令如下:

```
#yum install qt5-qtwebkit qt5-qtwebkit-devel    # 安装 qtwebkit 编译库文件
$ /usr/lib64/qt5/bin/qmake
$ make
$ ./webkit
```

现在出现 webkit 程序的运行界面, 成功加载了网站页面, 如图 7-22 所示。

图 7-22　QtWebkit 显示网站页面

7.3.2　QtWebEngine

Qt 从 5.6 以后引入了新的浏览器组件 QtWebEngine。与 QtWebkit 的区别在于，QtWebEngine 不再基于 Webkit 项目，而是改成使用更有发展潜力的 Chrome 浏览器内核引擎，与 Chrome 具有相同的网页兼容性和 HTML5 支持度，因此建议未来的应用程序都转向使用 QtWebEngine。

在 Loongnix 中使用以下命令安装 QtWebEngine 库：

```
#yum install -y qt5-qtwebengine qt5-qtwebengine-devel
```

使用 QtWebEngine 开发程序的简单过程如下。

STEP 1 编写工程文件 webengine.pro，内容如下：

```
QT        += core gui widgets webengine webenginewidgets


TARGET = webengine
TEMPLATE = app


SOURCES += main.cpp
```

STEP 2 编写源代码文件 main.cpp，内容如下：

```
#include <QApplication>
#include <QtWebEngineWidgets/QWebEngineView>

int main(int argc, char *argv[])
{
    QApplication a(argc, argv);

    QWebEngineView*webview = new QWebEngineView;
    webview->load(QUrl("http://www.fedoraproject.org"));
    webview->show();

    return a.exec();
}
```

STEP 3 编译和运行项目，命令如下：

```
$ /usr/lib64/qt5/bin/qmake
$ make
$ ./webengine
```

webengine 程序运行的界面如图 7-23 所示。

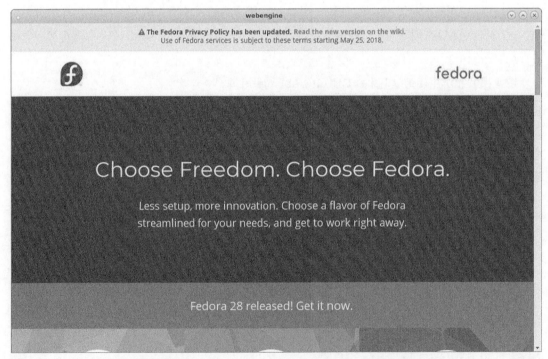

图 7-23　QtWebEngine 显示网站页面

> **提示！**
> 在 Loongnix 的 Qt 5.6 中，同时包含 QtWebkit 和 QtWebEngine 的组件。但是在后续的 Qt 版本中，QtWebkit 已经被移除，所以只能使用 QtWebEngine。

7.4 桌面程序特性

在 Windows 等桌面操作系统上运行的应用程序，为了用户使用方便，往往有一些习惯性的界面设计方式，这些构成了桌面编程的共性需求。例如，有的程序需要在电脑开机后自动运行，有的程序运行后会在桌面右下角显示一个小图标，有的程序需要在通知用户时显示一个消息气泡，这些都能通过 Qt 进行编程实现。

为了描述上的简洁清晰，本节的示例都使用 Python 语言调用 Qt 库来展示，读者在项目中可以很容易将其转换成 C++ 代码。

7.4.1 程序自启动

Loongnix 提供了设置程序自启动的方法。Loongnix 的桌面系统基于 mate-desktop，这是一种广泛使用的桌面系统，支持 Linux、Unix、FreeBSD 等多种平台，历史上曾经称为 Gnome。

例如，要把前面编写的程序 button.py 设置成自动启动，只需要做到以下步骤。

STEP 1 在操作系统的 /etc/xdg/autostart 目录下增加一个扩展名为 desktop 的文件，文件名任意。例如以 button.desktop 为文件名，内容是：

```
[Desktop Entry]
Name=button.py
Name[zh_CN]=PyQt 测试程序
Type=Application
Exec=python /home/loongson/pyqt/button.py
Comment=PyQt Test Program
Comment[zh_CN]=PyQt 测试程序
```

Button.desktop 遵循 Loongnix 桌面系统定义的一套描述语法，内容很简洁，一望便知。Name、Comment 都是应用程序的一般性文字描述，只有 Exec 是最关键的一项，要指定运行程序的完整命令行。由于是在开机阶段启动程序，还没有登录用户的环境，所以对于 button.py 文件要写出完整的绝对路径。

STEP 2 现在可以做一下测试，执行"开始菜单➪系统➪关机"，选择"重启"。再次登录用户，进入桌面后，button.py 的窗口能够自动运行起来。

利用本节介绍的方法，可以将任何应用程序设置成开机自启动。事实上，Loongnix 本身就是有很多的桌面服务程序，都是通过在 /etc/xdg/autostart 目录下放置 .desktop 文件而实现开机自启动。

7.4.2　托盘图标

有些应用程序启动后会在桌面的右下角区域（称为"系统托盘"）生成一个小图标，并且响应鼠标的事件。例如，QQ 就会生成一个托盘图标，如果用户关闭 QQ 的主窗口，还能够通过托盘图标显示新消息的个数。类似的还有输入法、音量控制、网络状态都在系统托盘中生成了图标。

Qt 提供一个 QSystemTrayIcon 类，可以用于方便地生成托盘图标。使用 Python 脚本编写示例程序 tray.py 如下：

```python
#!/usr/bin/python
#-*-coding: utf-8 -*-
from PyQt4 import QtGui
import sys


def tray_clicked ( ) :
    print ( "系统托盘图标被点击了" )


if __name__ == '__main__':
    app = QtGui.QApplication ( sys.argv )

    w = QtGui.QWidget ( )
    w.resize ( 250, 150 )
    w.move ( 300, 300 )
    w.setWindowTitle ( 'Simple' )
    w.show ( )

    tray = QtGui.QSystemTrayIcon ( w )
    icon = QtGui.QIcon ( 'icon.png' )
    tray.setIcon ( icon )
    tray.activated.connect ( tray_clicked )   # 设置鼠标单击事件
    tray.show ( )

    sys.exit ( app.exec_ ( ) )
```

使用 python tray.py 命令运行程序，效果如图 7-24 所示，一个小图标显示在托盘区域中，并且能够在鼠标单击图标时打印信息。

QSystemTrayIcon 类支持的功能很丰富，包括动态切换图标文件、向托盘图标添加右键菜单等功能都可以实现，可以参见 Qt 的帮助文档。

图 7-24　QSystemTrayIcon 设置托盘图标

7.4.3　消息气泡

消息气泡是在托盘图标上显示的一个文本区域，是显示系统通知消息的良好设计，给用户以很好的使用体验。本节展示在托盘图标上显示消息气泡的编程方法，仍然是调用 QSystemTrayIcon 类。基于前面的 tray.py 程序，只需要在 tray.show（）后面添加两行代码即可实现：

```
......
tray.setIcon（icon）
tray.activated.connect（tray_clicked）
tray.show（）

# 下面两行是新加入代码，弹出消息气泡
messageIcon = QtGui.QSystemTrayIcon.MessageIcon（）
tray.showMessage（u"提示"，u"您有新的任务，请注意查收"，messageIcon，10000）

sys.exit（app.exec_（））
```

运行这个修改后的脚本，成功出现消息气泡的通知提示，如图 7-25 所示。

图 7-25　显示消息气泡

> **提示！**
> 对于弹出消息气泡，除了使用 Qt 库的 QSystemTrayIcon 类之外，还有一种简单的方法，不需要调用 Qt 库，只使用运行 Shell 脚本命令就可以实现。Loongnix 提供了一个命令行工具 notify-send，使用之前需要安装 libnotify 软件包：

```
#yum install -y libnotify
```
在命令行终端工具上，运行 notify-send 命令行就可以显示消息气泡，例如下面的命令：
$ notify-send -t 5000 "你有新的邮件" "[人民邮电出版社]《龙芯应用开发教程》新书发布！"

notify-send 命令的参数中，-t 指定消息气泡出现之后停留多长时间自动消失，单位是毫秒，5000 毫秒即 5 秒。后面的参数是显示在消息气泡中的文字内容。上面的命令运行后，在桌面上显示的消息气泡效果如下：

> **你有新的邮件**   ✕
> [人民邮电出版社]《龙芯应用开发教程》新书发布！

7.5 Qt 应用性能优化

开发者在使用 C/C++ 语言和 Qt 库开发本地图形界面程序时，经常需要考虑程序的性能因素。本节总结了一些有助于提升性能的设计原则、工具和优化方法，下面进行详细介绍。

7.5.1 GCC 编译优化

C/C++ 程序的源代码都需要通过编译器才能转换成可执行的二进制代码。Loongnix 采用 GCC 作为编译器（图 7-26），长期维护 4.9.3 以上版本。

龙芯版 GCC 编译器提供了大量面向 CPU 指令集的优化选项，对性能会产生提升。

图 7-26　GCC 形象标识

● -O3。GCC 提供了上百种编译优化算法，一般来讲，优化级别越高，则性能越高。实际应用产品至少要使用 -O2 以上优化。

● -mips64。龙芯 3 号系列处理器是 MIPS64 指令集兼容的，由于 GCC 的 mips64 指令集选项比 mips3 指令集在指令选择和调度上具有明显优势，使用 -mips64 指令集选项能够在龙芯 3 号系列处理器上获得更高性能。

● -march=loongson3a。在 MIPS64 指令集基础上，龙芯 3 号系列处理器还提供了一套扩展指令集，其中的三操作数定点除、取模指令、128 位访存指令等都可以契合处理器流水线特征，进一步减小指令密度，从而提高程序性能。在 GCC 编译器中添加了龙芯 3 号的定制选项 -march=loongson3a，能够更充分地利用上述指令资源。

需要注意的是，编译器的优化选项一般只对密集型计算程序起到明显效果，例如 SPEC CPU2006 基准测试集。对于一般的应用程序，并不一定会得到明显性能提升，建议应用程序根据实际测试结果来决定是否使用这些选项。

7.5.2　多核优化

龙芯处理器采用了多核架构（multi-core architecture），每一个 3A3000 处理器包含 4 个处理器核，都可以独立的执行计算功能。多核架构对于应用程序是不透明的，这意味着应用程序必须在自身的结构上实现并行化的设计，才能在运行时占满多个处理器核的资源。这就需要采用操作系统中的多进程（multi-process）、多线程（multi-thread）编程方法。如果应用程序是单进程、单线程的结构，那么在 3A3000 处理器上运行时最多只能利用一个处理器核。

多核优化的本质是把单线程的应用程序改造成尽可能多的线程，操作系统会自动把多个线程平均调度到不同的处理器核上运行，从而实现把多个处理器核都能够利用起来的目标。具体有以下 4 种方式。

1. 使用 fork（）系统调用创建进程

fork（）是 Loongnix 中用于创建进程的标准函数，可以从一个进程上派生出另一个进程，新创建的进程称为子进程。fork（）是实现多进程编程的标准方法。

2. 使用 Pthread 多线程库

Pthread 是 Loongnix 中用于创建线程的标准函数库，可以使用 pthread_create（）函数在一个进程内部创建多个线程，是实现多线程编程的标准方法。线程和进程相比更轻量级、更少占用系统资源，所以现在的软件大多倾向于由以前的多进程架构转向多线程架构。

3. 使用 Qt 库的 QThread 类

QThread 是兼容 Windows、Loongnix 的多线程类库，在 Loongnix 中实际是对 Pthread 多线程库的封装，功能上与 Pthread 等价，使用上更为简单方便。在 Windows 中则是对 Win32 API 中 _beginthread（）等函数的封装。

4. 使用 OpenMP、MPI 等面向并行编程和分布式计算的平台引擎

这两种平台都提供了并行编程的函数接口，可以方便地实现对应用程序的并行化。两者都是开源软件，在龙芯电脑上的具体使用方法和 X86 电脑相同。

如果应用程序发生性能不足的问题，除了要对耗时较多的热点函数进行优化，在架构上的建议则是将程序改造成多线程。

7.5.3　性能分析工具

性能分析工具的作用是辅助开发人员找到性能瓶颈点。一个优秀的开发平台往往要提供功能强大的性能分析工具，像 Windows 上就有 Intel VTune、WPT（Windows Performance Toolkit）、PerfView 等很多种。

在龙芯电脑上可以使用 Oprofile、Perf 两个工具。这些工具与龙芯处理器架构进行深度适配，可以在微结构级别分析应用性能，可统计 cache 缺失率、memory 访问信息、分支预测错误率、系统调用次数、上下文切换次数、任务迁移次数、缺页例外次数等细粒度的指标。下面分别进行介绍。

1. Oprofile

Oprofile是Loongnix平台上的一个功能强大的性能分析工具,支持两种采样(sampling)方式:基于事件的采样（event-based）和基于时间的采样（time-based）。

基于事件的采样是指 Oprofile 只记录特定硬件事件的发生次数。CPU 内部有一个性能计数器（performace counter），当达到用户设定的指定值时，CPU 会发出事件通知 Oprofile 记录一次。

基于时间的采样是指借助操作系统的时钟中断机制，每个时钟中断 Oprofile 都会记录一次。引入此种采样方式的目的是针对没有硬件性能计数器的 CPU（例如某些嵌入式 CPU），要借助操作系统时钟中断的支持。这种方式的精度要明显低于基于事件的采样，而且对于禁用中断的内核代码无法进行分析。

在 Loongnix 中使用以下命令安装 Oprofile 工具:

```
#yum install -y oprofile
```

安装好的 Oprofile 包含有一系列的工具集，这些工具位于 /usr/bin 目录下，常用的有以下几种。

1. op_help: 列出可用的事件，并带有简短的描述。

2. opcontrol: 控制 Oprofile 的数据收集。

3. opreport: 对结果进行统计输出。

4. opannaotate: 产生带注释的源 / 汇编文件，源语言级的注释需要编译源文件时已加上调试符号信息的支持。

5. oparchive: 将所有的原始数据文件收集打包，从而可以在另一台机器上进行分析。

Oprofile 在结构上分成两部分: 一个是内核模块（oprofile.ko）；另一个为用户空间的守护进程（oprofiled）。前者负责访问性能计数器或者注册基于时间采样的函数，后者负责从内核空间收集数据显示给用户。

使用 Oprofile 进行性能分析，需要注意以下事项: 第一，内核需要支持 profile，目前 Loongnix 的内核都带有这项功能。第二，运行 Oprofile 需要 root 权限，因为它要加载内核模块、启动 oprofiled 后台程序等，所以在运行之前需要切换到 root 用户。

2. Perf

Perf 是 Loongnix 提供的另一种性能调优工具，架构如图 7-27 所示。

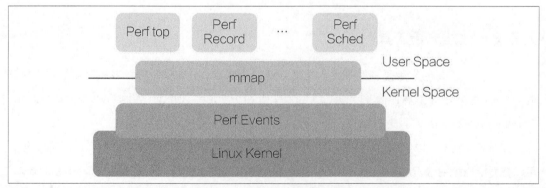

图 7-27　Perf 架构

Perf 在架构上主要包括内核空间的 Perf 事件和用户空间的 Perf 命令。内核空间的 Perf 事件依赖于 CPU 的性能监测单元（PMU），目前该功能已经在龙芯处理器中得到支持，默认集成到 Loongnix 中，用户空间的 Perf 命令通过以下命令安装：

```
#yum install -y perf
```

Perf 统计的事件包括两种：硬件性能事件和软件性能事件。硬件性能事件主要借助于 PMU 进行统计，龙芯 3 号处理器的硬件性能事件主要包括：CPU 周期、分支指令预测、TLB 重填例外、Cache 缺失等。软件性能事件内置于内核各个功能模块，用于统计与操作系统相关的性能事件，主要包括：系统调用次数、上下文切换次数、任务迁移次数、缺页例外次数等。

Perf 工具涉及的命令很多，一些常用命令如下。

1. perf help：查看 perf 命令使用方法。

2. perf list：查看性能事件列表。

3. perf stat：分析程序的整体性能。

4. perf top：实时显示进程的性能统计信息。

5. perf record：记录一段时间内的性能事件。

6. perf report：读取 perf record 生成的 perf.data 文件，并显示分析结果。

7. perf timechart：将系统的运行状态以 SVG 图形输出。

关于 Perf 的详细使用方法参见 http://www.loongnix.org/index.php/Perf。

3. 选择哪一个

本节介绍了两种性能分析工具——Oprofile 和 Perf。通过比较可以发现，这两种工具可以统计的性能参数大部分是相同的，那么哪一个更好呢？根据开发过程中的使用经历，总体感觉是 Perf 可以统计的项目更精细一些，不仅能统计应用态的指令，而且能够统计内核态的指令，并且在分析结果的界面显示上更为直观。Perf 的官方支持力度比 Oprofile 更强一些。因此除非是有某种功能必须 Oprofile 才能支持，一般情况下优先推荐使用 Perf 进行性能分析。

7.5.4 Qt 库性能测试工具

用于测试 Qt 库性能的工具，其基本原理都是在短时间内创建大量的窗口控件并显示出来，统计用于生成这些控件的最短时间，时间越短，则意味着 Qt 库的性能越高。常用的有 qtperf 项目，下载地址是 https：//github.com/shuttie/qtperf。下载源代码 qtperf-master.zip 后进行编译和运行，命令如下：

```
$ unzip qtperf-master.zip
$ cd qtperf-master
$ /usr/lib64/qt4/bin/qmake
```

```
$ make
$ ./qtperf4
QLineEdit -0.657 s
QComboBox -2.93 s
QComboBoxEntry -2.329 s
QSpinBox -0.344 s
QProgressBar -0.25 s
QPushButton -0.147 s
QCheckbox -0.12 s
QRadioButton -0.276 s
QTextEdit add text -1.401 s
QTextEdit scroll -0.83 s
QPainter lines -22.694 s
QPainter circles -25.023 s
QPainter text -2.964 s
QPainter pixmap -0.226 s
Total: 60.191002 s
```

QtPerf 的运行界面如图 7-28 所示，总共包括 4 类测试：输入控件、按钮、文字、画图。运行后会打印每一类测试的运行时间，最后打印出总的测试时间，时间越短，则代表 Qt 库的性能越高。

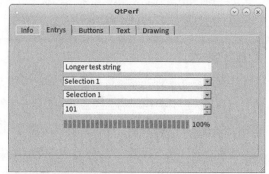

图 7-28　QtPerf 测试

提示：本地界面编程会消亡吗

从 2000 年以后，越来越多的应用系统倾向于采用 B/S（Browser and Server）架构，使用 Java、PHP、Python 等语言编写服务器上的脚本，用于描述界面的语法是 HTML/CSS/JavaScript 的组合。有人说"单机编程的年代"已经过去了，能够从事 Visual Studio 和 Qt 界面编程的程序员也越来越少。

虽然本地界面编程的份额在减少，但是应该永远不会消亡，因为对于桌面上体验要求较高的应用来说，浏览器的限制还是比较多的，只有本地界面编程才能最大限度地发挥程序的灵活性。尤其是对于性能要求很高的计算型程序和游戏而言，浏览器的运行速度还是不能满足要求。所以像大型游戏、复杂控制类应用仍然是以本地界面编程为主。无论互联网和移动设备怎样推陈出新，"单机编程"的模式永远会占有一席之地。Qt 这种经典的图形界面编程库应该属于程序员要掌握的基础素质，至少要了解图形化窗口编程的基本思想。

7.6 项目实战：安装程序制作工具

7.6.1 什么是安装程序制作工具

安装程序制作工具是把一个应用程序使用的所有文件整合成一个"安装程序"文件，这样的安装程序文件可以在互联网上发布，用户下载安装程序后以最简单的方式安装到龙芯电脑上。图 7-29 是安装程序制作工具的工作流程。

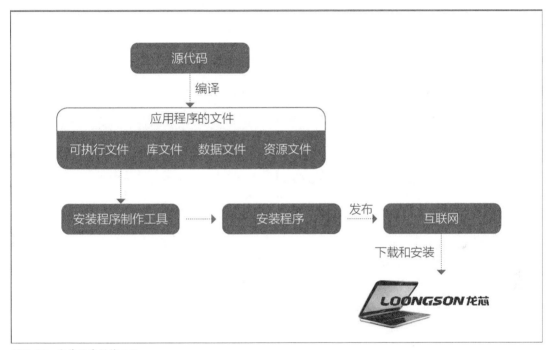

图 7-29　安装程序制作工具

一个安装程序往往要向操作系统中安装多个文件，包括以下类型。

1. 可执行文件：指具有运行权限的程序文件。

2. 库文件：指可执行文件需要调用的动态库文件，文件名一般以"lib"开头，以".so"结尾。

3. 数据文件：指应用程序运行过程中的数据保存到硬盘上的文件，以及保存配置信息的文件。

4. 资源文件：指应用程序调用显示的图标、音频、皮肤、多国语言等文件。

以 WPS Office 为例，在系统中安装以下文件，如图 7-30 所示。

在图 7-30 中，WPS Office 的可执行文件有 wps（字处理）、et（电子表格）、wpp（演示），分别对应 3 种类型的办公软件。由于 WPS Office 是使用 Qt 开发的应用程序，所以使用的库文件主要是 Qt 类库，包括 Qt 核心库文件 libQtCore.so.4.7.4，以及 QtWebkit 组件库文件 libQtWebKit.so.4.9.3 等。数据文件有 qt.conf，包含对 WPS Office 进行配置的内容。资源文件主要是用于绘制皮肤的一些 png 图片文件。

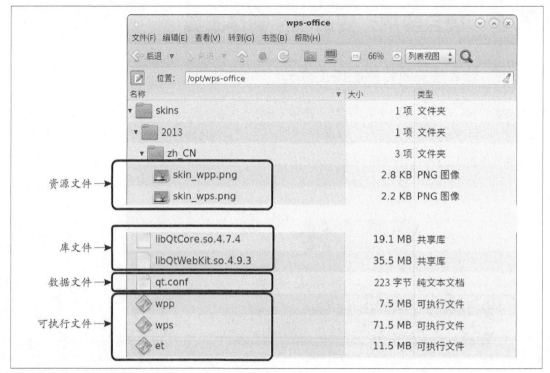

图 7-30　WPS Office 的文件

读者可以看到，由于应用程序包含的文件数量很大，大型应用程序能达到几百个甚至更多的文件，在发行一个应用程序时，一般是把上述这些文件打包成一个"安装程序"文件，这样才能够便于在互联网发行、下载和使用。安装程序制作工具就是实现这个作用的软件，在 Windows 上有 Windows Installer、Install Shield、Install Wizard 等各种安装程序制作工具，而在 Loongnix 上尚未提供较完善的专业工具。

本节的案例将制作一个具有基本功能的安装程序制作工具，用于展示的应用程序是前面介绍的 "Qt 播放视频程序"，按照下面各节的步骤生成一个安装程序。

7.6.2　准备要打包的文件

按照前面的章节，已经开发完成一个应用程序 "Qt 播放视频程序"，编译生成了可执行文件 video。

1. 创建发布目录，添加可执行文件

为了便于打包，首先要把所有文件保存在一个发布目录 release 下，执行下面的命令：

```
$ mkdir ~/release
$ cp video ~/release
```

上面的命令把可执行文件 video 复制到了发布目录 release 中。

2. 添加 Qt 库文件

由于 video 程序和 WPS Office 一样是使用 Qt 开发的，所以在运行时刻也要调用 Qt 的库。虽然当前各种龙芯操作系统都已经内置提供了 Qt 库，但是它们包含的 Qt 库版本可能有所区别。Loongnix 提供的是 Qt 4.8 和 5.6 两个版本，但是其他一些操作系统（例如中标麒麟、深度等）有可能提供的 Qt 版本并不相同。这样会导致一个问题：在开发阶段是使用 Loongnix 对 video 进行编译，基于 Loongnix 自带的 Qt 库 5.6，然而将来要安装到的操作系统可能并不是 Loongnix，那么如果目标操作系统上的 Qt 库版本比 Loongnix 中的低，有可能不包含 Qt 5.6 专门增加的新类，则 video 会运行失败。

为了解决这个问题，可以采用"库文件打包"的手段，将 Loongnix 的 Qt 库随着应用程序 video 一起打包，将来在目标操作系统上运行时，video 调用的是应用程序自带的 Qt 库而不是目标操作系统中的 Qt 库，无论目标操作系统的 Qt 库是什么版本都能够保证 video 运行正常。正是因为这个原因，WPS Office 自身的目录下带有了 Qt 库文件 libQtCore.so.4.7.4 和 libQtWebKit.so.4.9.3，脱离了对于 Loongnix 操作系统 Qt 5.6 的依赖。这在本质上就是采用了"库文件打包"的原理。

> **提示！**
>
> 计算机领域内经常把可执行文件对动态库的依赖关系称为"动态库陷阱"，其含义就是指，在开发应用程序时依赖的动态库与将来要安装的目标系统中的动态库版本不一致，导致应用程序运行错误。这个问题在 Windows 也是存在的，例如 Win32 API 的某些函数在 Windows 7 和 Windows XP 上的行为就是有区别的。由于 Windows 的动态库以 .dll 扩展名结尾，所以又称为"DLL 陷阱"。解决动态库陷阱的常用方法就是本文所给出的"库文件打包"，很多绿色软件就是包含了 Windows 的 DLL 文件。

Loongnix 提供了一个 ldd 命令，可以显示一个可执行文件依赖的所有动态库。图 7-31 显示了 video 程序依赖的动态库。

从图 7-31 中可以看出 video 程序依赖的 Qt 库文件，即 libQt5Core.so.5、libQt5Widgets.so.5、libphonon4qt5.so.4

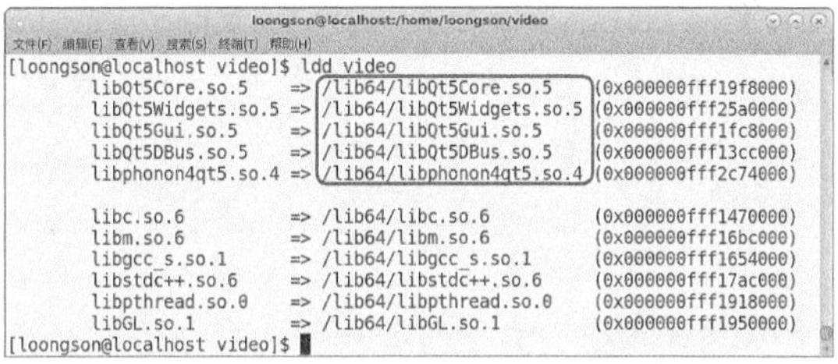

图 7-31　video 程序依赖的动态库

等。又由于 video 是使用 C/C++ 语言开发的，所以还依赖于标准的 C/C++ 库，即 libc.so.6、libstdc++.so.6 等，这些库文件都在操作系统的 /lib64 目录下。由于龙芯与各个操作系统厂商对 C/C++ 库版本进行了约定，所以各种龙芯操作系统的 C/C++ 库版本一般是相同的，不会发生兼容性问题，实际上需要打包的只有 Qt 库文件。

把 video 依赖的 Qt 库文件都复制到 release 目录中，执行下面的命令：

```
$ mkdir ~/release/lib
$ cp /lib64/libQt5Core.so.5 /lib64/libQt5Widgets.so.5    \
     /lib64/libQt5Gui.so.5  /lib64/libQt5DBus.so.5       \
     /lib64/libphonon4qt5.so.4     \
     ~/release/lib
```

上面的命令把可执行文件 video 依赖的 Qt 库文件复制到发布目录 release 下的 lib 目录中。

为了使 video 程序在运行时调用的是自带的 Qt 库而不是操作系统的 Qt 库，需要创建一个总的运行脚本 run.sh，内容如下：

```
# 获取 run.sh 所在的目录位置
dir=`dirname $0`

#LD_LIBRARY_PATH 环境变量指定要调用的动态库位置
export LD_LIBRARY_PATH=$dir/lib

# 运行 run.sh 所在目录下的 video 程序
$dir/video
```

run.sh 的内容是把 Qt 库文件所在的 lib 目录位置添加到环境变量 LD_LIBRARY_PATH 中，凡是在这个目录下的库文件都将被应用程序优先调用。把 run.sh 添加到发布目录：

```
$ chmod +x run.sh
$ cp run.sh  ~/release
```

3. 添加数据文件

video 程序比较简单，没有要保存的数据文件。如果应用程序比较复杂，需要对程序运行的数据进行保存，例如 WPS Office 需要使用一个文件保存最近打开的文件名，这样的数据文件都需要打包。在本例中出于展示的目的，只放置一个用于保存版本号的 VERSION 文件。执行下面的命令生成 VERSION 文件：

```
$ echo 1.0.0 > ~/release/VERSION
```

4. 添加资源文件

测试 video 程序时使用了一个视频样例文件 landscape.mpg，这属于一种典型的资源文件，也要打包到安装程序中，使用下面的命令：

```
$ cp landscape.mpg   ~/release
```

另外，还可以给应用程序添加一个桌面图标。本书前面已经介绍过添加桌面图标的方法，首先是准备一个图标文件 video.png，像素是 48×48，可以使用任何图像处理工具绘制（例如 GIMP）。然后编写 video.desktop 文件如下：

```
[Desktop Entry]
Name=Simlpe Video Demo
Name[zh_CN]=简单 Qt 视频播放程序
```

```
Type=Application
Icon=/opt/video/video.png
Exec=/opt/video/run.sh
Comment=Simlpe Video Player developed with Qt
Comment[zh_CN]= 使用 Qt 开发的简单视频播放程序
```

根据 Loongnix 的规范，video.desktop 需要增加可执行权限，再将这两个文件都复制到发布目录下：

```
$ chmod +x video.desktop
$ cp video.png  video.desktop ~/release
```

5. 编写安装脚本文件

前面的步骤已经把 video 程序使用的所有文件汇总到 release 目录下，下面要编写一个安装脚本文件 install.sh，这个脚本文件负责把所有文件安装到系统中的正确位置。install.sh 脚本内容如下：

```
# 应用程序安装到 /opt 下
mkdir /opt/video

cp -rf */opt/video

# 生成桌面图标
cp video.desktop ~/桌面
```

install.sh 执行两方面内容：一方面是把 video 项目的所有文件安装到系统中的一个单独目录，习惯上放到 /opt 目录下，就像 WPS Office 的安装位置是 /opt/wps-office 一样。另一方面是 video.desktop 要复制到当前用户的桌面目录下以生成桌面图标。

最后把 install.sh 也复制到发布目录中：

```
$ chmod +x install.sh
$ cp install.sh ~/release
```

至此，整个发布目录下的文件如图 7-32 所示。

请读者对照表 7-1，再次明确每一个文件的作用。

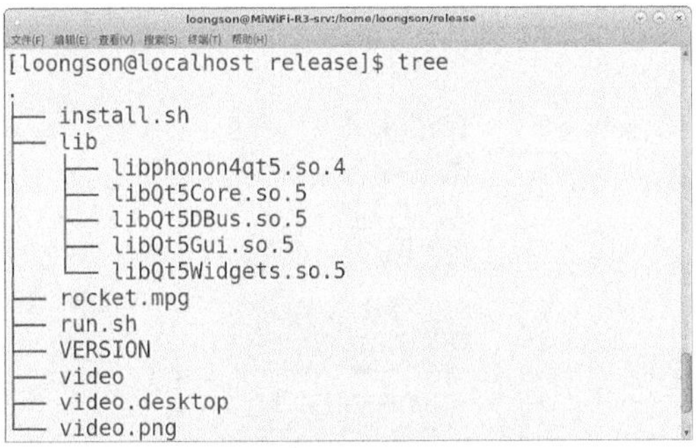

图 7-32 video 项目的所有文件

表 7-1　video 项目的所有文件列表

序号	类型	文件名	安装位置
1	安装脚本文件	install.sh	（只在安装时使用一次，不复制到系统中）
2	库文件	libphonon4qt5.so.4 libQt5Gui.so.5 libQt5Core.so.5 libQt5Widgets.so.5 libQt5DBus.so.5	/opt/video/lib
3	资源文件	landscape.mpg	/opt/video
4	可执行文件	run.sh	/opt/video
5	数据文件	VERSION	/opt/video
6	可执行文件	video	/opt/video
7	资源文件	video.desktop	~/ 桌面
8	资源文件	video.png	/opt/video

7.6.3　编写打包器

打包器是安装程序制作工具的核心，用于将上面汇总的所有文件整合成一个压缩包，这个压缩包本身也是一个可执行的文件，具有"自解压"功能，只要运行这个压缩包，就可以把所有文件复制到安装位置，实现应用程序的安装。其基本原理是利用 cat 命令将两段数据连接起来，前一段数据是负责执行解压和安装的 Shell 脚本 _header.sh，后一段数据是将应用程序所有文件进行打包和压缩后的二进制数据。

把这两段数据通过 cat 命令连接成一个新的文件，即自解压文件，并增加可执行的权限，因此可以像普通应用程序一样执行。当执行这个自解压文件时，会首先执行前面的 _header.sh 脚本，截取出后面的压缩包内容，就可以解压缩和复制到系统中了。上述原理如图 7-33 所示。

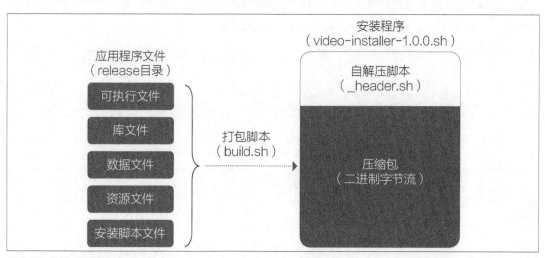

图 7-33　打包器工作原理

打包器的具体实现方法如下。

STEP 1 编写自解压脚本 _header.sh，内容如下：

```
#!/bin/bash
rm -rf /tmp/INSTALL ; mkdir /tmp/INSTALL
line=`wc -l $0|awk '{print $1}'`
line=`expr $line -10`
tail -n $line $0 |tar zx -C /tmp/INSTALL
cd /tmp/INSTALL/release
./install.sh
ret=$?
# 以下注释行（含此行）由代码中 $line-10 的 10 来决定，应补齐总行数为 n+1 行，这里为 11 行
#
exit $ret
```

_header.sh 的功能有两方面：负责解压缩和调用安装脚本文件。_header.sh 首先使用 tail 命令截取出安装文件中 _header.sh 自身之后的部分，即应用程序文件的压缩包，将其解压缩到临时的 /tmp/INSTALL 目录下，这就实现了"自解压功能"。然后就可以运行应用程序的安装脚本文件 install.sh。

STEP 2 编写打包脚本 build.sh，内容如下：

```
VERSION=`cat release/VERSION`

OUTPUT=video-installer-${VERSION}.sh

echo "Buidling $OUTPUT..."

#App files
tar zcf /tmp/release.tgz release

#header
cat _header.sh /tmp/release.tgz > $OUTPUT

chmod +x $OUTPUT
exit 0
```

build.sh 首先获取应用程序 VERSION 文件中包含的版本号，按一定规则自动生成安装程序的文件名"video-installer-{版本号}.sh"；然后是把 release 目录压缩成一个文件 /tmp/release.tgz；最后利用 cat 命令把 _header.sh 和 /tmp/release.tgz 进行合并，输出保存为最终的安装程序。

STEP 3 生成安装程序。确保 build.sh、_header.sh 位于 release 的同一级目录，执行下面的命令，生成安装程序：

```
#ls
build.sh    _header.sh    release/

#chmod +x build.sh

#./build.sh
Buidling video-installer-1.0.0.sh...

#ls
build.sh    _header.sh    release/ video-installer-1.0.0.sh
```

可以看到，build.sh 的运行结果是成功生成了安装程序 video-installer-1.0.0.sh。video-installer-1.0.0.sh 可以发布到互联网上，供其他用户下载后安装到龙芯电脑上。

如果以后应用程序有升级，只需要更新 release 目录下的文件，以及 VERSION 文件中的版本号，重新执行 build.sh 就可以生成新版本的安装程序。

7.6.4　测试安装程序

假定有另一个用户通过网络下载了 video-installer-1.0.0.sh，在另一台没有安装过 video 程序的龙芯电脑上，以管理员权限执行这个安装程序：

```
$ su
密码：（输入 root 用户的密码后回车）
#./video-installer-1.0.0.sh
```

安装程序运行的效果如图 7-34 所示，可以看到成功地生成了桌面图标，双击这个图标就可以运行 video 程序，正常播放自带的视频文件。

最后，可以确认一下运行的 video 程序调用的是自带的 Qt 库而不是操作系统的 Qt 库，执行的命令和结果见图 7-35。

图 7-34　安装程序运行的效果

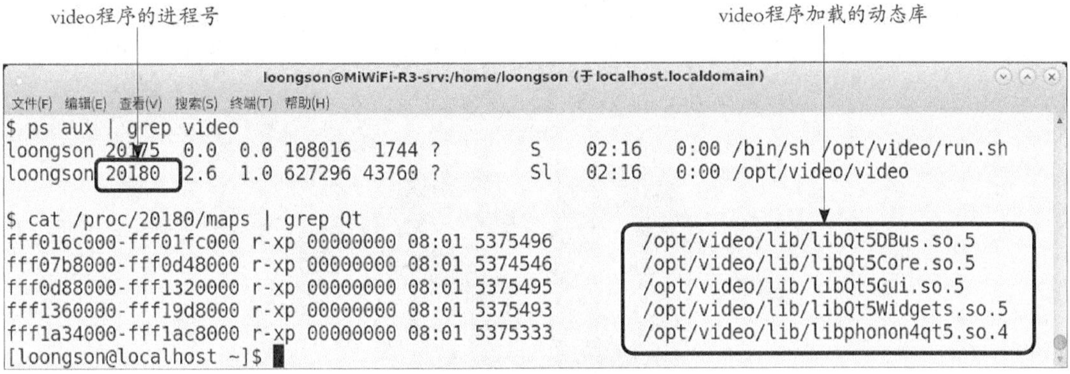

图 7-35　检查 Qt 库

在图 7-35 中，ps 命令获取到正在运行的 video 程序的进程号是 20180，再通过 /proc/20180/maps 文件查看到该程序加载的所有 Qt 动态库，可以确认位置都在应用程序自己的 /opt/video/lib 目录下，而不再调用操作系统 /lib64 目录下的 Qt 库文件，这样就使 video 程序脱离了对于操作系统 Qt 库的依赖，保证能够在预先指定的正确 Qt 库版本上运行。

本节介绍的安装程序制作工具已经在龙芯应用公社等实际项目中使用。

思考与问题

1. Qt 为什么可以取代 MFC？

2. Qt Creator 中怎样建立信号—槽的映射？

3. 怎样在 Qt 中显示图表？

4. 怎样在 Qt 中播放视频？

5. Python 中怎样调用 Qt 库？

6. QtWebkit 和 QtWebEngine 的区别是什么？

7. 怎样实现程序自启动？

8. 怎样实现托盘图标？

9. 怎样实现消息气泡？

10. Qt 应用程序的性能优化方法有哪些？

11. 什么是动态库陷阱？怎样实现安装程序制作工具？

第**08**章

开源宠儿：PHP/ Python/Ruby

PHP、Python、Ruby 是开源领域有广泛应用的编程语言。开源社区是一个充满生命力和创造力的世界，程序员的聪明智慧发明出无数的优秀编程语言。在服务器编程领域，除了霸主地位的 Java 之外，还有一系列的开源编程语言，虽然不像 Java 一样一统江湖，但是也拥有为数不少的拥趸群体。这些编程语言往往是精英程序员的"个人作品"，出于兴趣爱好而创作出来，由于具有明显的优点才能吸引更多开发者，经过十多年的发展逐渐形成牢固的生态。

本章将介绍龙芯电脑上 PHP、Python、Ruby 的开发过程，以及从 Windows 向龙芯电脑迁移应用的常见问题和解决方法。

学习目标

了解 PHP、Python、Ruby 三种语言的优点，
在 PHP 中访问 MySQL 的方法，Python 编写
网页爬虫程序，Django 框架，Ruby on Rails
编程框架，以及基于这些语言的应用程序在龙
芯电脑上迁移的常见问题。

学习重点

在 Apache 中启动 PHP 服务器，编写 PHP
脚本，实现 B/S 服务器。使用 Python 访问
Web 网站，解析 JSON 语法。使用 Python
运行 Django 框架。使用 Ruby on Rails 框架。

主要内容

PHP 访问 MySQL

龙芯电脑上使用 PHP 语言的常见问题

Python 爬虫程序：天气预报

Python 解析 JSON 语法

Python 运行 Django 框架

Ruby on Rails 编程框架

项目案例：动态壁纸

8.1 PHP/Python/Ruby 和 Java 的比较

在 Web 编程领域，Java 是首屈一指的编程语言，紧随其后的是开源社区维护的 PHP、Python、Ruby 这三种编程语言。根据 TIOBE 提供的全球编程语言排行榜，这三种语言都位于前 10 名以内，如图 8-1 所示。

May 2018	May 2017	Change	Programming Language	Ratings	Change
1	1		Java	16.380%	+1.74%
2	2		C	14.000%	+7.00%
3	3		C++	7.668%	+2.92%
4	4		Python	5.192%	+1.64%
5	5		C#	4.402%	+0.95%
6	6		Visual Basic .NET	4.124%	+0.73%
7	9	⌃	PHP	3.321%	+0.63%
8	7	⌄	JavaScript	2.923%	-0.15%
9	-	⌃⌃	SQL	1.987%	+1.99%
10	11	⌃	Ruby	1.182%	-1.25%
11	14	⌃	R	1.180%	-1.01%
12	18	⌃⌃	Delphi/Object Pascal	1.012%	-1.03%
13	8	⌄⌄	Assembly language	0.998%	-1.86%
14	16	⌃	Go	0.970%	-1.11%
15	15		Objective-C	0.939%	-1.16%
16	17	⌃	MATLAB	0.929%	-1.13%
17	12	⌄⌄	Visual Basic	0.915%	-1.43%
18	10	⌄⌄	Perl	0.909%	-1.69%
19	13	⌄⌄	Swift	0.907%	-1.37%
20	31	⌃⌃	Scala	0.900%	+0.18%

图 8-1　全球编程语言排行榜上的 PHP、Python、Ruby（更新时间：2018 年 5 月）

很多开发者对 Java、PHP、Python、Ruby 这 4 种语言都有多年的使用经历。网络上已经有不少开发者比较这 4 种语言的优缺点。

1. Java 的优点是有工业标准，缺点是新特性不足。Java 从诞生之初就定义了 Java SE、Java EE 标准规范，每次版本升级都严格保持向下兼容，这样的做法深受企业的追捧。因为企业中的软件资源是最重要的资产，往往要维护几十年的生命周期，如果 Java 版本升级导致以前的软件功能不正常，企业不得不投入大量时间来重新修改源代码，所需要的工作量是难以统计的。纵观计算机领域，所有得到普及的编程语言都具有共同的特点，就是定义标准、

向下兼容、保持稳定，典型的有 Java、JavaScript/HTML/CSS、OpenGL 等。实践证明，只有尊重企业已有的成果才不会被企业抛弃。正因为 Java 以保持稳定为第一要义，非常谨慎的追加新特性，这也限制了 Java 语言的快速发展，近几年 Java 语言明显不如其他编程语言更新换代频繁。

2. PHP 的优点是不需要编译、函数库丰富，缺点是语法过于灵活，不保持向下兼容。在开发阶段需要频繁修改源代码的时候，PHP 不需要重新编译，也不需要重启 Apache 服务器，只要刷新浏览器就能立即看到程序修改后的运行结果，这样大大节省了时间，也是很多开发者喜欢使用 PHP 的原因。但是 PHP 每次升级时都无法完全保证向下兼容，从 PHP 版本 3.0 到 4.0、5.0 的升级都会变动函数接口，甚至去除一些函数，这导致开发者必须对软件进行修改才能在新的环境中运行。

3. Python 的优点是类库丰富，既适用于 Web 编程，也适用于本地编程，缺点是性能有待提升。Python 和 PHP 都是不需要编译的脚本型语言，Python 的类库可以说是所有语言中最丰富的，无所不包，不仅能开发 Web 应用，也能够开发本地界面。Python 的唯一缺点是性能低于 Java、C/C++ 等编译型语言，所以对于某些性能要求较高的计算型程序和数据处理程序，Python 有可能成为性能瓶颈。

4. Ruby 的优点是语法简洁、拥有独特的元编程机制，缺点是仅适用于 Web 编程。Ruby 是这四种语言中最年轻的，一个特色是提供了非常强大的元编程机制（Meta-programming），可以在运行过程中动态扩展 Ruby 语言，能够大大节省开发应用程序、类库和框架的代码量。Ruby 的元编程机制将在很大程度上影响计算机语言的后续发展。Ruby 类库不如 Python 丰富，一般只用于 Web 编程。

总之，PHP、Python、Ruby 能够受到如此高的好评一定有其自身的吸引力，如果读者所在的开发机构有兴趣尝试 Java 之外的编程语言，强烈推荐选择这三种。

8.2 龙芯 PHP 开发

PHP 是一种通用开源脚本语言，1994 年由 Rasmus Lerdorf 创建，它是为了维护个人网页站点而制作的一个程序（图 8-2）。PHP 最开始是"Personal Home Page"的缩写，现在已经正式更名为 "PHP: Hypertext Preprocessor"。

PHP 语法吸收了 C 语言、Java 和 Perl 的特点，易于学习，自身带有丰富实用的函数库，主要用于 Web 开发领域，可以比 CGI 或者 Perl 更快速地开发动态网页。

图 8-2　PHP 形象标识

PHP 将脚本程序嵌入 HTML 网页中执行，不需要编译。PHP 支持所有流行的操作系统和数据库。

提示：什么是历史上的"PHP 加速器"

2000 年前后，计算机的硬件还比较昂贵，为了提高 PHP 的运行速度，当时有企业提供了 PHP 加速器这种软件工具，可以把 PHP 程序编译成本地机器指令代码，类似于 Java 的即时编译机制（Just-In-Time Compilation，JIT），运行速度可以比原生的 PHP 快几十倍。常见的 PHP 加速器有 Zend Accelerator 等。

而现在的计算机硬件已经非常便宜，人们已经可以接受原生 PHP 的运行速度，所以现在绝大多数的开发者都不再使用 PHP 加速器。

龙芯电脑目前不提供 PHP 加速器，一般都可以满足实际应用中的性能要求。

8.2.1 Loongnix 的 PHP 环境

在 Loongnix 中使用以下命令安装 PHP 开发环境：

```
#yum install -y php php-mysqlnd
#service httpd start
```

PHP 是集成到 Apache 服务器中的扩展插件。其工作流程是由 Apache 提供 Web 服务器，由 PHP 进行脚本语言的解析和执行，最终返回浏览器的是 PHP 脚本执行输出的 HTML 页面。一个 PHP 网站的所有脚本文件都要存放在 Apache 的网站目录下，即 /var/www/html 目录。

现在编写一个最简单的 PHP 文件，名称为 index.php，存放在 /var/www/html 目录下，内容只有 3 行：

```
<?php
  phpinfo ( );
?>
```

上面的 index.php 文件第一行"<?php"表明后面的内容是 PHP 语法的脚本程序，phpinfo（）是 PHP 的一个内置函数，用于显示本机的运行环境信息。

打开浏览器，访问"http://localhost/index.php"，显示页面如图 8-3 所示。

通过 phpinfo（）函数输出的平台信息可见，Loongnix 集成的 PHP 版本是 5.6.2，这个版本能够满足大多数 PHP 应用系统的使用要求。

Loongnix集成的 PHP版本号

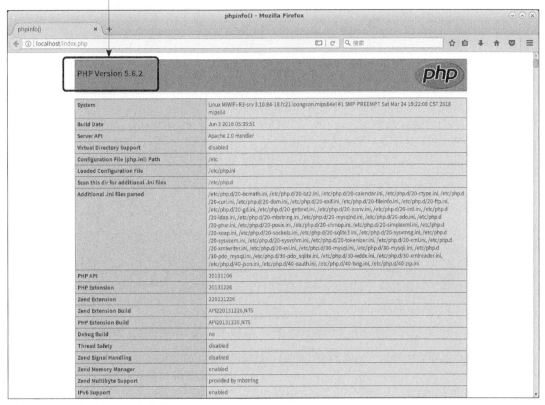

图 8-3 Loongnix 的 PHP 版本信息

8.2.2 PHP 访问 MySQL

MySQL 是与 PHP 配合使用最多的数据库，PHP 内置提供了访问 MySQL 数据库的函数。在下面的例子中，假设 MySQL 数据库中已经存在一个示例库"logintest"，表结构和记录内容如下：

```
$ mysql -u root
MariaDB [(none)]> show databases;
+--------------------+
| Database           |
+--------------------+
| logintest          |
| mysql              |
+--------------------+

MariaDB [(none)]> use logintest
MariaDB [logintest]> show tables;
```

```
+---------------------+
| Tables_in_logintest |
+---------------------+
| user                |
+---------------------+

MariaDB [logintest]> select *from user;
+------+----------+------+
| id   | name     | pwd  |
+------+----------+------+
| 1    | loongson | cpu    |
| 2    | loongnix | 123456 |
+------+----------+------+
```

上面的命令显示了数据库 logintest 中只含有一个表 user，其中已经包含两条记录，用户名分别为 loongson 和 loongnix。

在 Apache 的网站主目录中编写 PHP 程序来访问 MySQL 中的数据。首先编写 /var/www/html/_db.inc，这个文件封装了访问 MySQL 的一些常用函数，内容如下：

```php
<?php

function db_init()
{
global $conn;
   $db_server_name='localhost';  // 改成自己的 MySQL 数据库服务器
   $db_username='root';          // 改成自己的 MySQL 数据库用户名
   $db_password='';              // 改成自己的 MySQL 数据库密码
   $db_database='logintest';     // 改成自己的 MySQL 数据库名

   $conn = mysql_connect($db_server_name, $db_username, $db_password)
       or
       fatal_error("error connecting database");

   mysql_query("set names 'utf8'");
   mysql_select_db($db_database);
}

function db_get_three_columns($sql)
```

```
{
global $conn;

  $result = mysql_query ( $sql, $conn ) ;


  $a = array ( ) ;


  while ( $row = mysql_fetch_row ( $result ) )
  {
    array_push ( $a, array ( $row[0], $row[1], $row[2] ) ) ;
  }


  return $a;
}



function db_exec ( $sql )
{
  global $conn;

  $result = mysql_query ( $sql, $conn ) ;

  return 0;
}


/*
 * 入口
 */
db_init ( ) ;
?>
```

上面的程序 _db.inc 中编写了 3 个函数，其中 db_init ( ) 用于初始化 MySQL 数据库连接，在每一个需要访问 MySQL 数据库的 PHP 页面中都需要调用一次；db_get_three_columns ( ) 用于查询数据库，返回一个数组，数组中的每一个元素由 3 个字段构成；db_exec ( ) 用于执行对数据库进行修改的 SQL 语句。

再编写一个网页文件 /var/www/html/index.php，内容如下：

```
<?php
  include ( '_db.inc' ) ;
```

```
?>

<html xmlns="http://www.w3.org/1999/xhtml">
<head>
  <meta http-equiv="Content-Type"content="text/html; charset=utf-8"/>
  <title>PHP 测试 MySQL</title>
</head>

<body>
<?php

  $sql = "select id, name, pwd from user ";
  $users = db_get_three_columns ($sql);

  foreach ($users as $u)
  {
    $u_id = $u[0];
    $u_name = $u[1];
    $u_pwd = $u[2];
    echo "<p> ${u_id}, ${u_name}, ${u_pwd}</p>";
    echo "\n";
  }
?>


</body>
</html>
```

上面的 index.php 通过引用 _db.inc 来调用 MySQL 的访问函数，执行 select 查询语句后，对返回的记录集进行遍历，依次输出每一条记录的 3 个字段。

使用浏览器访问 http:// localhost/index.php，运行页面如图 8-4 所示，成功显示了 user 表中的所有用户记录。

图 8-4　PHP 读取 MySQL

通过本例的短短几十行 PHP 代码，能够正常访问 MySQL 数据库的内容。整个过程只使用最简单的文本编辑工具，不需要任何复杂的开发环境和编译过程，比 Java 更为轻便。

> **提示！**
>
> 笔者在从事 IT 工作的十多年中，超过一半的项目都是使用 PHP 开发的，包括龙芯应用公社的后台服务器就是使用 PHP 开发的。其实很多大型互联网企业在早期产品中都是使用 PHP 开发，主要就是看中 PHP 快速创建原型产品的优势。

8.2.3 搭建 Discuz! 论坛

Discuz! 是一个国产论坛软件系统（BBS），采用 PHP 开发，支持 MySQL 等其他多种数据库，性能优异、功能全面、安全稳定。Discuz! 从 2001 年 6 月面世，拥有 15 年以上的应用历史和 200 多万网站用户案例，是全球成熟度最高、覆盖率最大的论坛软件系统。

本节展示 Discuz! 在龙芯电脑上的搭建过程。首先在 Discuz 社区下载安装包，注意在 Loongnix 上要使用"简体 UTF8"版本，得到 Discuz_X3.2_SC_UTF8.zip，如图 8-5 所示。

图 8-5 Discuz! 安装程序下载页面

解压缩并复制到 Apache 网站目录下：

```
#unzip Discuz_X3.2_SC_UTF8.zip
#cp -rf upload /var/www/html
#chmod a+w /var/www/html/upload -R
```

Discuz! 要使用本地目录存储文件，上面最后一条 chmod 命令是为目录加上写文件的权限，如果不做这一步，在安装过程中会提示错误。

Discuz! 提供了基于 Web 页面的安装配置程序，成熟的 Web 网站都是基于这种安装形式。使用浏览器访问 http://localhost/upload，如图 8-6 所示。

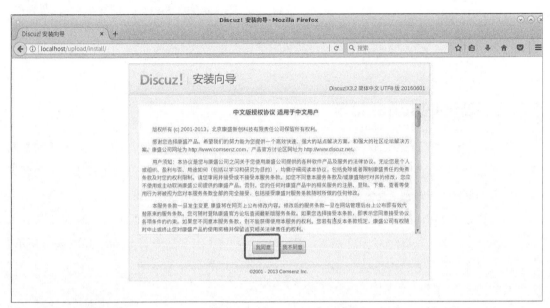

图 8-6　Discuz! 安装页面

根据提示执行每一步配置页面，直到最后完成安装。在授权协议页面，选择"我同意"按钮，出现图 8-7 所示的"检查安装环境"界面。

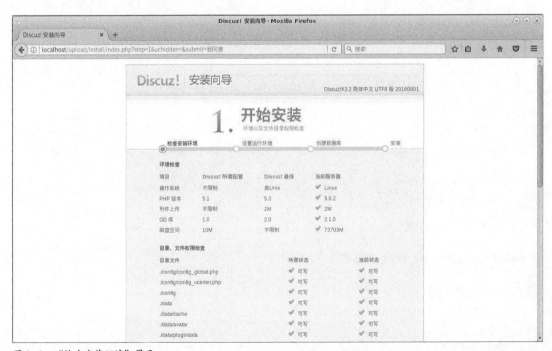

图 8-7　"检查安装环境"界面

可以看到所有选项前面的对勾都是绿色，这表明 Loongnix 完全满足 Discuz! 的安装要求。单击 "下一步" 按钮，出现图 8-8 所示的 "设置运行环境" 界面。

图 8-8　"设置运行环境" 界面

选择 "全新安装 Discuz!X"，单击 "下一步" 按钮，出现图 8-9 所示的 "安装数据库" 界面。

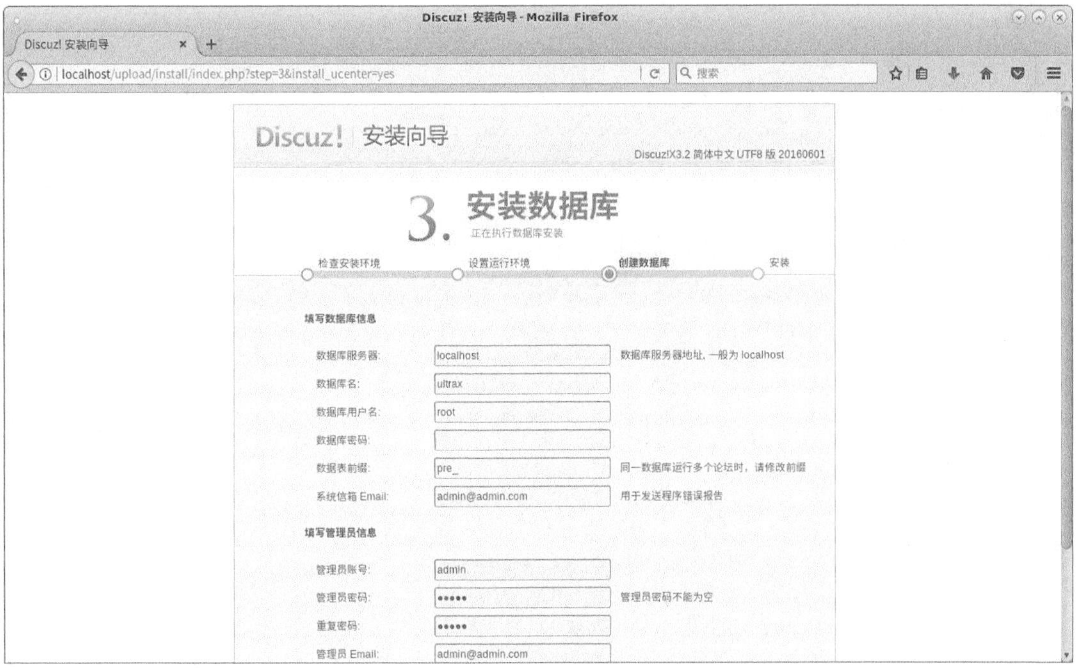

图 8-9　安装数据库

需要在文本框中配置数据库口令，可以保持所有默认值不变，单击"下一步"按钮，出现图 8-10 所示的界面。

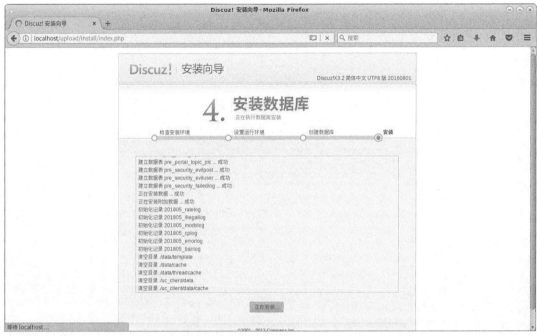

图 8-10　安装进行中

在安装进行过程中会打印各种信息，等待安装结束后访问安装好的论坛首页，可以看到一个功能强大的论坛已经在龙芯电脑上运行了，如图 8-11 所示。

图 8-11　论坛安装成功

可以看到，在龙芯电脑上架设 Discuz! 这样的重量级论坛产品是非常简单的，读者的 PHP 应用程序也可以很容易地迁移到龙芯电脑。

> **提示！**
> Discuz! 已经在很多大型专业论坛中使用，像龙芯的一个早期的论坛 http://bbs.lemote.com 就是使用 Discuz! 搭建的，从 2006 年开始运行，硬件一直使用龙芯服务器（从龙芯 2E 到当前最新的 3A3000），现在这个网站已经稳定服役 12 年了，至今仍然在正常工作。

8.2.4 常见问题

PHP 本身是平台无关的脚本语言，PHP 的所有语法、函数都与 CPU 没有直接关系，所以从 X86 电脑向龙芯电脑迁移 PHP 应用时不会由于 CPU 的差异而产生问题。实际场景中更多的问题发生在 PHP 版本自身的不兼容性，即使是在 X86 电脑上的不同 PHP 版本之间也不是完全兼容的，因此，如果 X86 电脑上的 PHP 版本和龙芯电脑上的 PHP 版本不同就会发生问题。这些问题很容易在网络上找到前人的解决方法。本节介绍在龙芯应用公社等 PHP 应用开发中遇到的典型兼容性问题。

1. 设置 UTF-8 语言编码

PHP 本质上是基于 HTML 语法的页面，因此需要在 HTML 头部标识网页的语言编码，这样在客户端的浏览器才能正确显示网页包含的中文字符。由于 Loongnix 使用 UTF-8 字符集，因此要在每一个 PHP 页面的 <head> 部分加入下面一行：

```
<meta http-equiv="Content-Type" content="text/html; charset=utf-8"/>
```

另外，在 PHP 脚本中访问 MySQL 数据库时，为了保证查询语句和返回结果中的中文字符正常，应该明确地设置语言编码的字符集，例如下面代码中的 mysql_query（）就是设置访问 MySQL 的字符集为 UTF-8：

```
$server_ip ='localhost';
$username = 'root';
$password = '';
$database = 'app';

$conn = mysql_connect ($server_ip, $username, $password)
    or
    fatal_error ("error connecting database");
mysql_query ("set names 'utf8'");

mysql_select_db ($database)
```

2. 设置时区以消除警告信息

在龙芯电脑上开发的 PHP 应用，迁移到 X86 电脑的 CentOS 操作系统时，调用 date（）函数出现警告信息"date（）：It is not safe to rely on the system's timezone settings"。而在龙芯电脑上没有出现这个信息。

经过在网络上搜索解决方法，发现这是一个在 X86 电脑上就存在的问题，解决方法是在 X86 电脑的 PHP 配置文件 /etc/php.ini 中指定正确时区。默认没有设置时区，date.timezone 是注释掉的，如下面所示：

```
[Date]
; Defines the default timezone used by the date functions
; http://php.net/date.timezone
; date.timezone =
```

在这种情况下，date（）函数会检查操作系统默认的语言配置。在 X86 电脑的 CentOS 操作系统上，会认为这个操作是有风险的，所以会发出警告。而 Loongnix 根源于 Fedora21，没有把这个操作识别为警告信息。为了兼顾不同的操作系统，应该给 PHP 设置明确的时区信息，例如在 /etc/php.ini 中改成下面的值：

```
date.timezone = "Asia/Shanghai"
```

修改文件后要重新启动 Apache 服务器。这样无论是在龙芯还是 X86 电脑上运行，都不再出现警告信息。

3. 修改上传文件大小的限制

在 PHP 应用中经常要通过浏览器上传文件，典型的实现方法是在页面的 <form> 表单中放置一个 input 控件，类型是 file，例如下面的 HTML 描述：

```
<form action="uploadFile.php" enctype="multipart/form-data" method="post">
    请选择要上传的文件: <input type="file"name="myfile"/>
     <input type="submit"value=" 上传 "/>
</form>
```

在后台 PHP 脚本文件 uploadFile.php 中，接收上传的数据并存储为文件，典型代码如下：

```
<?php
$UPLOAD_PATH = "/opt/attachments/";

if ( is_uploaded_file ( $_FILES['myfile']['tmp_name'] ) ) {
    $uploaded_file = $_FILES['myfile']['tmp_name'];
```

```
    $true_name = $_FILES['myfile']['name'];


    $move_to_file = $UPLOAD_PATH .substr($true_name, strrpos($true_name,
".") );
    if (move_uploaded_file($uploaded_file, $move_to_file)) {
        echo $_FILES['myfile']['name']."上传成功";
    }else {
        echo "上传失败";
    }
}else {
    echo "上传失败";
}
?>
```

上传文件的实际处理流程如下：用户在页面中单击"上传"按钮后，数据由 HTTP 协议先发送到 Apache 服务器，这时 Apache 服务器已经将上传的文件存放到了服务器的临时目录下（在 Windows 中为 C: \windows\Temp，在 Loongnix 中为 /tmp），文件名是一个随机生成的字符串，通过程序中的 $uploaded_file 变量获得，然后使用 move_uploaded_file（）函数移动到最终存放的目录 $UPLOAD_PATH 下面。

PHP 对上传的文件大小做出限制，默认为 2MB，超过这个体积会上传失败。这个值在 PHP 的配置文件 /etc/php.ini 中指定，主要涉及 upload_max_filesize 和 post_max_size 两个变量，如下面所示：

```
; Maximum allowed size for uploaded files.
; http://php.net/upload-max-filesize
upload_max_filesize = 2M


; Maximum size of POST data that PHP will accept.
; Its value may be 0 to disable the limit.It is ignored if POST data
reading
; is disabled through enable_post_data_reading.
; http://php.net/post-max-size
post_max_size = 8M
```

实际应用中要上传的文件一般会大于 2MB，因此需要增大数值，例如改成下面的值：

```
upload_max_filesize = 500M


post_max_size = 800M
```

修改文件后要重新启动 Apache 服务器。这样一般能够满足上传文件的大小要求，上传文件时不会再出现错误。

4. 避免使用在 PHP 高版本中新增的功能

在龙芯电脑上开发的一个 PHP 应用，迁移到 X86 的 CentOS 操作系统时，执行下面的代码出错误：

```
$server_request_scheme = $_SERVER['REQUEST_SCHEME'];
```

这一行代码的本意是获取浏览器访问本页面的 Web 协议类型，例如用户是通过网址 http://app.loongnix.org/app/login.php 访问服务器，则 $_SERVER['REQUEST_SCHEME'] 变量返回的字符串是"http"。经过排查发现，龙芯 Loongnix 内置的 PHP 版本是 5.6.2，支持上面的语法没有任何问题。而 X86 的 CentOS 内置 PHP 版本是 5.3.3，比 Loongnix 要低，还没有定义 $_server['REQUEST_SCHEME'] 这个变量，所以执行出错误。

这个问题属于典型的"PHP 应用程序使用了高版本才提供的功能"。解决方法是修改代码，只使用 PHP 5.3.3 支持的替代函数，实现获取协议类型的功能。最后改成了下面的安全写法：

```
if (is_empty($_SERVER['HTTPS'])){
    $server_request_scheme = 'http';
}else {
    $server_request_scheme = 'https';
}
```

上面的代码无论是在龙芯还是 X86 电脑上运行，功能都是正常的。

5. 避免使用在 PHP 高版本中新增的语法特性

在龙芯电脑上开发的一个 PHP 应用，在迁移到 X86 的 CentOS 操作系统时，执行下面的语句出错误：

```
$version = get_app_file_version_status($id, $os_id)[0][0];
```

上面的语句中，get_app_file_version_status() 函数返回的是一个二维数组，在龙芯电脑上使用下标 [0][0] 取元素是正常的，但是在 X86 的 CentOS 操作系统上，执行这一句时会出现下面的错误信息：

```
syntax error, unexpected '[', expecting ';'
```

经过排查发现，龙芯 Loongnix 内置的 PHP 版本是 5.6.2，而 X86 的 CentOS 内置 PHP 版本是 5.3.3，还不支持函数返回数组直接用下标取值的语法。解决方法很简单，只需要将函数返回的二维数组做 array_values() 转换，赋值给一个变量，就可以使用下标取元素。修改后的代码如下：

```
$version_array = array_values(get_app_file_version_status($id, $os_id));
$version = $version_array[0][0];
```

上面的代码使用 PHP 低版本支持的语法特性，在龙芯和 X86 电脑都能够正常运行。

> **提示！**
>
> 本节中的例子都是龙芯应用公社网站在开发过程中实际发生的问题。可以看出，问题都属于"PHP 本身的版本兼容性问题"，即使是在 X86 电脑的不同 PHP 版本之间也存在相同问题。
>
> 建议读者在 X86 电脑上使用和 Loongnix 相同的 PHP 版本 5.6.2 来开发应用，这样在迁移到 Loongnix 时就可以大大降低问题发生的概率。

8.3 龙芯 Python 开发

Python 是一种面向对象的解释型计算机程序设计语言，由荷兰人 Guido van Rossum 于 1989 年发明。Python 的语法特色是强制用空格作为语句缩进。Python 具有丰富和强大的库（图 8-12）。

Python 经常被称为"胶水语言"，能够把其他语言编写的各种模块（例如已经有的 C/C++ 程序）轻松地联接在一起，"组装"成一个复杂的应用系统。Python 适用于快速生成程序的原型，包括程

图 8-12　Python 形象标识

序的界面，然后对其中性能要求高的部分改用更合适的语言编写，比如 3D 游戏中的图形渲染模块就可以用 C/C++ 改写。

Loongnix 已经内置了 Python 的运行环境，不需要安装额外的包。

8.3.1　网页爬虫

Python 的一个常见应用是编写"网页爬虫"程序。所谓爬虫就是一个自动化数据采集工具，只要告诉它采集哪些网站数据，爬虫程序就向目标服务器发起 HTTP 请求，然后目标服务器返回响应结果，爬虫客户端收到响应结果并从中提取数据，再进行数据存储和解析工作。我们每天使用的百度、Google 等搜索引擎本质上都属于网页爬虫程序。

本节展示一个用于获取天气信息的网页爬虫程序。通过气象数据权威——中央气象台的官网（http://www.nmc.cn），抓取最新的天气数据。这个网站提供了 JSON 格式的数据服务接口，例如，访问网址 http://www.nmc.cn/f/rest/real/54511，其中 54511 是北京的天气国际代号，就可以显示出当天北京的天气数据，如图 8-13 所示。

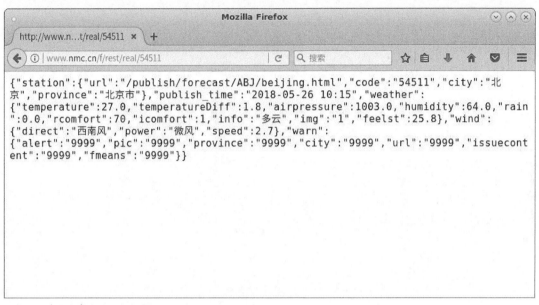

图 8-13　中央气象台的天气数据

编写下面的 Python 程序 weather.py，通过简短的 30 行代码获取北京、成都两个城市的数据。

```
#!/usr/bin/python
#-*-coding: utf-8 -*-
import urllib.request
import json

def getcityid(city):
    if city == 'beijing':
        return '54511'
    elif city == 'chengdu':
        return '56294'

def getHtml(url):
    html = urllib.request.urlopen(url).read()
    return html

def getweather(city):
        url = "http://www.nmc.cn/f/rest/real/"+ getcityid(city)
        html = getHtml(url)
        jsonData = json.loads(html.decode('utf-8'))

        # 解析 JSON 数据
        s = []
```

```
        s.append(jsonData["station"]["city"])
        s.append(jsonData["publish_time"])
        s.append(jsonData["weather"]["info"])
        s.append(jsonData["wind"]["direct"])
        s.append(str(jsonData["wind"]["speed"])+"m/s")
        s.append(str(jsonData["weather"]["temperature"])+"℃")
        s.append(str(int(jsonData["weather"]["humidity"]))+"%")
        print(s)


if __name__ == '__main__':
    print("城市，时间，天气，风向，风速，实时温度，相对湿度：")
    getweather("beijing")
    getweather("chengdu")
```

由于 Python 内置了用于网页获取的库（urllib）、用于 JSON 格式分析的库（json），所以无论是下载网页还是分析天气数据都是通过内置函数的调用实现，应用程

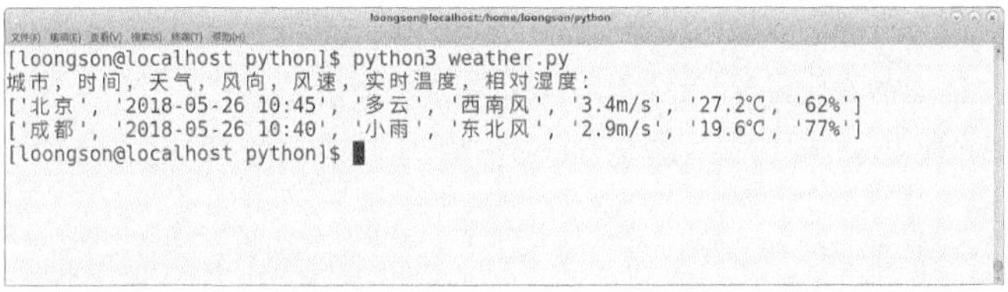

图 8-14　Python 获取天气预报

序本身就是起到"胶水"的组合作用。运行这个 Python 程序的结果如图 8-14 所示。

通过本例可以看出，Python 用于实现日常编程任务的代码量远小于 Java，可以明显节省开发时间。在 X86 电脑上开发的 Python 程序可以很容易地迁移到龙芯电脑上。

8.3.2　Django 框架

Django 是使用 Python 编写的 Web 应用框架，于 2005 年 7 月发布，采用了 MTV 模式，即模型 Model、模板 Template、视图

图 8-15　Django 形象标识

View。Django 支持 MySQL、Postgresql、Oracle 等多种数据库（图 8-15）。

Loongnix 已经内置了 Django 的支持库，通过下面的命令安装：

```
#yum install -y python3-django
```

在 Python 的交互命令行工具中，可以执行 django.VERSION 命令来显示 Django 版本，可以看到 Loongnix 内置的 Django 是 1.6.8 版本：

```
[root@localhost python]# python3
Python 3.4.1 (default, Jun  5 2016, 03: 51: 36)
[GCC 4.9.3 20150626 (Red Hat 4.9.3-3)]on linux
Type "help", "copyright", "credits"or "license"for more information.
>>> import django
>>> django.VERSION
(1, 6, 8, 'final', 0)
```

下面展示在龙芯电脑上建立一个 Django 网站，全部过程都只使用 Django 内置的管理工具，
不需要编写任何一行源代码。

STEP 1 创建项目。每一个 Django 项目都是作为一个 Web 站点来运行。使用 Django 自带的工具
python3-django-admin，以"py_website"作为网站的名称：

```
[loongson@localhost ~ ]$ python3-django-admin startproject py_website
[loongson@localhost django]$ cd py_website/
[loongson@localhost py_website]$ ls
manage.py   py_website
```

STEP 2 创建应用程序。一个 Django 项目由若干个应用程序组成，下面的命令创建一个应用程序
"pyapp"，会在当前目录下创建文件夹 pyapp：

```
[loongson@localhost py_website]$ python3 manage.py startapp pyapp
[loongson@localhost py_website]$ ls
manage.py   pyapp   py_website
```

STEP 3 配置应用程序。添加应用程序到配置文件 setting.py。setting.py 文件在 py_website/py_
website 目录下。

```
[loongson@localhost py_website]$ vi  py_website/settings.py
```

在 setting.py 文件的最后位置添加代码如下：

```
INSTALLED_APPS = (
    'django.contrib.admin',
    'django.contrib.auth',
    'django.contrib.contenttypes',
    'django.contrib.sessions',
    'django.contrib.messages',
    'django.contrib.staticfiles',
    'pyapp' #添加这一行
)
```

STEP 4 启动服务器。运行 manage.py 脚本，启动 Web 服务器。

```
[loongson@localhost py_website]$ python3 manage.py runserver
Validating models...


0 errors found
May 26, 2018 -18: 13: 53
Django version 1.6.8, using settings 'py_website.settings'
Starting development server at http://127.0.0.1: 8000/
Quit the server with CONTROL-C.
```

STEP 5 测试 Django 管理员页面。现在使用浏览器打开 http://localhost：8000/admin，会看到一个登录页面，这就是 Django 的管理员页面，如图 8-16 所示。

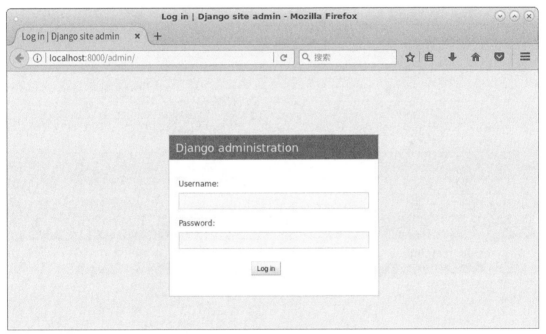

图 8-16　Django 管理员登录页面

STEP 6 修改管理员密码。由于安装 Django 时默认没有生成管理员用户，因此无法登录页面。需要使用下面的 manage.py syncdb 命令创建用户，根据提示输入用户名 loongson 和密码：

```
[loongson@localhost py_website]$ python3 manage.py syncdb
Creating tables ...
Creating table django_admin_log
Creating table auth_permission
Creating table auth_group_permissions
Creating table auth_group
```

```
Creating table auth_user_groups
Creating table auth_user_user_permissions
Creating table auth_user
Creating table django_content_type
Creating table django_session


You just installed Django's auth system, which means you don't have any
superusers defined.
Would you like to create one now?(yes/no): yes
Username (leave blank to use 'loongson'): loongson
Email address:
Password: <输入密码>
Password (again): <输入密码>
Superuser created successfully.
Installing custom SQL ...
Installing indexes ...
Installed 0 object(s)from 0 fixture(s)
```

再使用刚创建的用户 loongson 登录，就成功进入 Django 管理员的主页了，如图 8-17 所示。

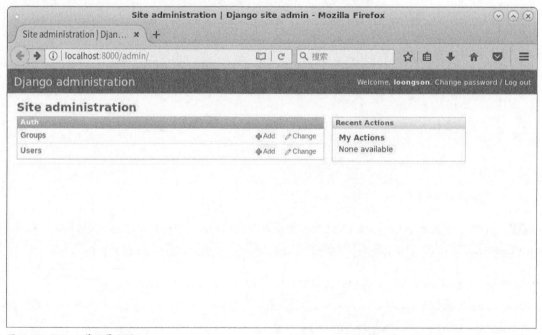

图 8-17 Django 管理员主页

STEP7 访问网站主页。使用浏览器访问 http://localhost：8000，成功显示出 Django 的默认主页。
由于我们没有在网站中定制页面，因此显示的页面都是通用的 Django 模板，如图 8-18 所示。

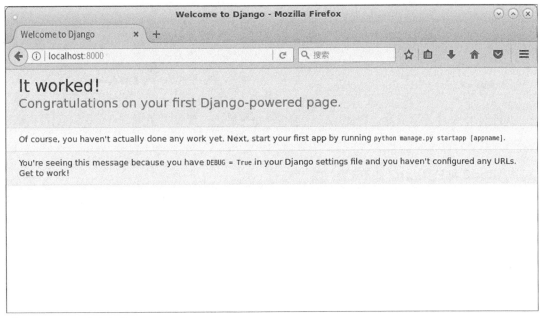

图 8-18　Django 站点主页

本例展示了在龙芯电脑上运行 Django 框架的基本方法，如果要定制站点页面，就属于 Django 教学的内容了，读者可以参考 Django 社区文档，所有适用于 X86 电脑的 Django 教程都同样适用于龙芯电脑。

8.3.3　常见问题

Python 是平台无关的脚本语言，从 X86 电脑向龙芯电脑迁移应用时发生的问题往往属于"Python 本身的问题"，即使在 X86 电脑上也会存在同样的问题。下面是在龙芯电脑上开发 Python 应用时遇到的几个典型问题。

1. 语言编码问题

Python 脚本中如果要正确输出 UTF8 字符，需要在脚本的头部指定 coding 标识，如下所示：

```
#!/usr/bin/python
#-*-coding: utf-8 -*-
import io


print "我是中国人"
```

上面的程序中，第二行指定了脚本文件使用 UTF-8 编码。如果不加第二行，运行时会出现以下的错误：

```
$ ./1.py
  File "./1.py", line 16
SyntaxError: Non-ASCII character '\xe6'in file ./1.py on line 16, but no
encoding declared; see http://python.org/dev/peps/pep-0263/for details
```

由于 UTF-8 逐渐普及，即使是在 Windows 平台上，建议也使用 UTF-8 编码保存脚本文件。

2. Python2 和 Python3 的不兼容问题

在 Loongnix 里同时包含了两个 Python 版本，即 Python2 和 Python3。从 Python2 到 Python3 是一个较大的升级，官方没有保证向下兼容，很多针对 Python2 编写的程序在 Python3 上运行会出现语法错误。对于这种语言"不向下兼容"的问题，开发者的负担是很大的，一般不太可能把全部已有软件都针对 Python3 重新修改一遍，所以只能采用折中的办法：已有的软件继续使用 Python2，而新编写的程序则使用 Python3。这也是 Loongnix 中同时包含两个 Python 版本的原因。

一个最常见的问题是 Python3 去除了 print 语句，取而代之的是 print（）函数。表 8-1 是两种写法的区别，以及在 Loongnix 上的支持情况。

表 8-1　Python2 到 Python3 的 print（）函数变化

语法	说明	Python2	Python3
print "fish"	Python2 的典型写法	支持	不支持
print ("fish")	print 后面有一个空格	支持	支持
print("fish")	print 后面没有空格	支持	支持

如果要将 X86 电脑上的 Python 程序迁移到龙芯电脑，可以采用两种方法来强制指定 Python 版本。

第一种方法是显式调用 Python 命令行。在 Loongnix 的 /usr/bin 目录下面同时提供了 python2、python3 的命令，分别指向不同版本的 Python 执行引擎，例如下面的命令：

```
$ /usr/bin/python2 --version
Python 2.7.8

$ /usr/bin/python3 --version
Python 3.4.1
```

如果在运行 Python 脚本时不明确指定是使用 python2 还是 python3 命令，那么存在一定的风险，不同操作系统将默认的 python 命令指向不同的版本。在 Loongnix 上，python 命令默认是指向 python2，这可以通过下面的命令得到证实：

```
#ls -l /usr/bin/python
lrwxrwxrwx.1 root root 7 6月   5 2016 /usr/bin/python -> python2

$ python --version
Python 2.7.8
```

如果将来操作系统发生升级，有可能将 python 命令改为指向 python3，这样会导致以前依赖于 python2 的应用软件功能异常。所以为了安全起见，应该在命令中显式的调用 python2 或者 python3。

第二种方法是在 Python 脚本文件的头部明确指定 python 命令，在运行时不需要指定 Python 版本。例如下面的脚本文件 test.py，使用了只有 python2 支持的 print 语句：

```
#!/usr/bin/python2
#-*-coding: utf-8 -*-
import io

print "龙芯是自主设计的 CPU"
```

由于在第一行中明确指定使用 python2 命令运行，下面的运行是正确的：

```
$ ./test.py
龙芯是自主设计的 CPU
```

如果将第一行改为 /usr/bin/python3，那么在运行时会出现以下的错误：

```
$ ./test.py
  File "./p.py", line 5
    print "龙芯是自主设计的 CPU"
                   ^
SyntaxError: invalid syntax
```

这个例子清晰地表明，在脚本文件头部明确指定 python 命令是一种区分版本的有效方法。

8.4 龙芯 Ruby 开发

Ruby 是 1990 年由松本行弘（Yukihiro Matsumoto）开发的脚本型编程语言，特点是语法简洁优雅，程序易于维护，深受开发者的追捧，在 Web 开发领域广泛使用（图 8-19）。

图 8-19　Ruby 形象标识

8.4.1 Loongnix 的 Ruby 环境

Loongnix 已经内置了 Ruby 的运行环境，可以直接运行 ruby 命令，打印版本信息：

```
$ ruby -v
ruby 2.1.4p265 （2014-10-27 revision 48166）[mips64el-linux]
```

可见 Ruby 的版本是 2.1，这个版本能够满足大多数 Ruby 应用软件的要求。编写最简单的 Ruby 程序打印 "Hello World"，只有一行代码：

```
puts "Hello World!"
```

将上面的代码保存成 hello.rb 文件。因为 Ruby 是脚本语言，不需要编译就可以运行：

```
$ ruby hello.rb
Hello World!
```

可以看到龙芯电脑运行 Ruby 程序的效果和 X86 电脑完全相同。

8.4.2 Ruby on Rails 框架

Ruby on Rails （简称 RoR）是一个可以开发、部署、维护 Web 应用程序的框架（图 8-20）。Ruby on Rails 构建在 Ruby 语言之上，目标是成为替代现有企业框架的一个优秀平台。据有经验的开发者分享的心得，在市面上所有语言和框架中，统计用于开发一个应用项目的

图 8-20　Ruby on Rails 形象标识

代码行数，Ruby on Rails 是最少的，这意味着使用 Ruby on Rails 开发的时间是最短的，而且 Bug 数量更少。

本节在龙芯电脑上建立一个最简单的 Ruby on Rails 项目。Loongnix 已经内置了 Ruby on Rails 的支持库，通过下面的命令安装：

```
#yum install -y rubygem-rails  rubygem-spring rubygem-jquery-rails \
       rubygem-sqlite3 rubygem-sass rubygem-jbuilder rubygem-sdoc

$ gem install sass-rails  uglifier  coffee-rails  turbolinks  jbuilder
```

下面使用 Ruby on Rails 创建一个用于管理公司信息的网站系统 OAONLINE。

STEP 1 创建网站项目。使用 Ruby on Rails 的内置工具创建一个项目模板，并启动服务器：

```
$ rails new OAONLINE
$ cd OAONLINE
$ rails server
=> Booting WEBrick
=> Rails 4.1.5 application starting in development on http://0.0.0.0: 3000
=> Run `rails server -h` for more startup options
=> Notice: server is listening on all interfaces (0.0.0.0).Consider using
127.0.0.1 (--binding option)
=> Ctrl-C to shutdown server
[2018-05-27 03: 15: 19]INFO   WEBrick 1.3.1
[2018-05-27 03: 15: 19]INFO   ruby 2.1.4 (2014-10-27)[mips64el-linux]
[2018-05-27 03: 15: 19]INFO   WEBrick: : HTTPServer#start: pid=6946 port=3000
```

现在项目已经创建完成，使用浏览器访问 http://localhost：3000，成功出现 Ruby on Rails 的
网站页面，如图 8-21 所示。

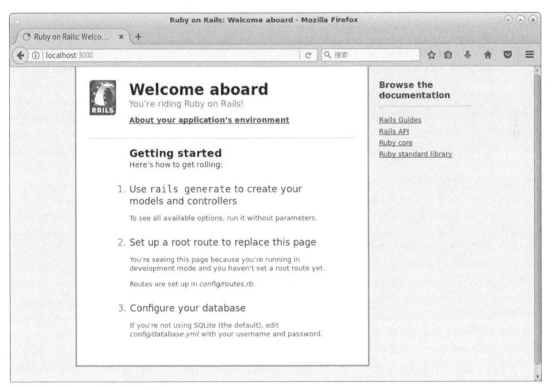

图 8-21 Ruby on Rails 的网站页面

STEP 2 定制业务对象的数据库和网站页面。由于 OAONLINE 网站是一个公司信息管理系统，要进行
一系列公司的管理操作，首先要设计出每一个公司的字段属性，如表 8-2 所示。

表8-2　公司数据库结构

字段	类型	描述
id	INTEGER	主键
name	varchar	公司名称
phone	varchar	公司电话
address	varchar	公司地址
email	varchar	公司电子邮件
fax	varchar	公司传真
description	varchar	公司描述
level	varchar	公司级别

利用 Ruby on Rails 的强大支持，不需要再手工创建数据库的表结构，只需要在命令行中输入下面两条命令即可生成业务对象 company 所需要的数据库和相关的编辑页面：

```
[loongson@localhost OAONLINE]$ rails generate scaffold company \
name: string phone: string address: string email: string \
fax: string description: text level: decimal
    invoke  active_record
    create    db/migrate/20180526192506_create_companies.rb
    create    app/models/company.rb
    invoke    test_unit
    create      test/models/company_test.rb
    create      test/fixtures/companies.yml
    invoke  resource_route
     route    resources : companies
    invoke  scaffold_controller
    create    app/controllers/companies_controller.rb
    invoke    erb
    create      app/views/companies
    create      app/views/companies/index.html.erb
    create      app/views/companies/edit.html.erb
    create      app/views/companies/show.html.erb
    create      app/views/companies/new.html.erb
    create      app/views/companies/_form.html.erb
    invoke    test_unit
    create      test/controllers/companies_controller_test.rb
    invoke    helper
    create      app/helpers/companies_helper.rb
```

```
    invoke      test_unit
    create        test/helpers/companies_helper_test.rb
    invoke    jbuilder
    create        app/views/companies/index.json.jbuilder
    create        app/views/companies/show.json.jbuilder
    invoke  assets
    invoke    js
    create        app/assets/javascripts/companies.js
    invoke    css
    create        app/assets/stylesheets/companies.css
    invoke  css
    create      app/assets/stylesheets/scaffold.css


[loongson@localhost OAONLINE]$ rake db: migrate
== 20180526192506 CreateCompanies: migrating ==
--create_table (: companies )
   -> 0.0032s
== 20180526192506 CreateCompanies: migrated （0.0034s）==
```

　　下面看一下工作成果，在浏览器中输入地址 http://localhost：3000/companies，可以看到自动生成了有关业务对象 company 的几个编辑页面，所有关于 company 的"增、删、查、改"功能都已经齐备，以前开发者需要完成大量重复的代码编写工作，现在不需要一行代码，都被工具自动完成了，如图 8-22 所示。

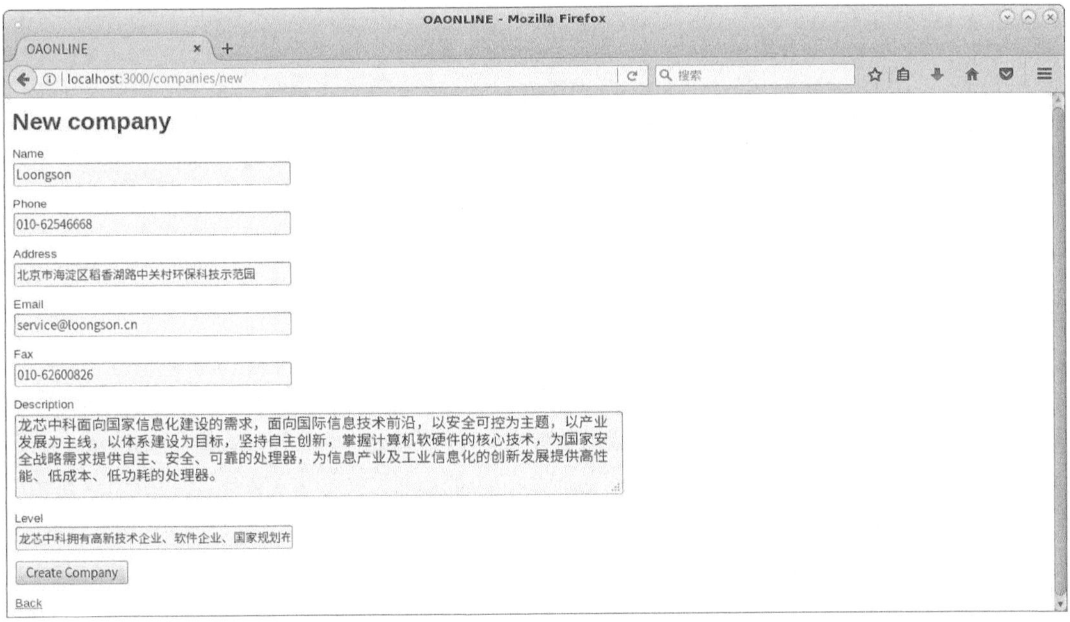

图 8-22　公司信息编辑页面

公司的列表页面也是自动生成的，如图 8-23 所示。

图 8-23　公司列表页面

本节展示了在龙芯电脑上运行 Ruby on Rails 的方法，可以看到和 X86 电脑是完全相同的。Ruby on Rails 是能够极大提高开发效率的先进工具。

> **提示！**
>
> 　　Ruby on Rails 使程序员编写代码的工作量明显减少，以前程序员每天忙于编写"增 - 删 - 查 - 改"的页面，现在通过几条命令就可以自动生成所有页面，这代表了计算机程序语言的未来发展趋势。一旦人工智能技术在"自动编程"领域实现突破，程序员只需要描述需求就可以生成应用系统的全部源代码，程序员实现真正的"解放自己"，到那时候程序员的工作状态又是另外一番面貌了。

8.4.3　Ruby 大型应用

　　Ruby 是平台无关的语言，所有采用 Ruby 语言编写的应用程序，都能够在 Ruby 的虚拟机上运行。这意味着龙芯电脑拥有了 Ruby 的全套软件生态，以往在 X86 电脑上搭建的应用系统，现在都能够以零代价的方式迁移到龙芯电脑上。现在 Ruby 的项目资源很多，例如，Redmine 是中国人开发的项目管理系统，龙芯团队的软件开发管理平台就是依托于 Redmine 搭建的，每天都在这个平台上完成问题追溯和互动交流，如图 8-24 所示。

图 8-24　基于 Ruby 的项目管理系统

提示："适合的才是最好的"

在程序员圈子中一直无休止的讨论"什么是最好的编程语言"这个话题，甚至在论坛上因为这个问题而打口水仗的比比皆是。这个问题似乎没有最优的答案，因为每隔几年就会出现新的编程语言和开发工具，令人眼花缭乱，程序员眼前永远是层出不穷的新技术名词。其实每一种语言都有它的长处，相应的也就有它的短处。每一种语言只能够更好地解决某一个领域的编程问题，但是并不一定适合所有的开发场景。"万能的语言"是不存在的。程序员需要具备敏锐的眼光，做足调研功课，在项目中进行充分的验证，根据自己的亲身感受来决定选用哪一种语言，这对于产品经理、项目架构师来说都是十分必要的能力。

8.5　项目实战：动态壁纸

动态壁纸是在 Loongnix 中实现定时切换电脑背景图片的软件，是使用 Python 语言编写的原创应用。这个项目的需求来自于龙芯桌面电脑的实际用户，由于龙芯电脑在办公环境中的普及，人们都想在龙芯电脑上有更好的使用体验，每天上班后打开电脑能够看到变化的壁纸（wallpaper），例如自然景色、明星海报，或者是用户自己指定的图片相册。

在 X86 电脑上已经有很多同类软件，例如 360 壁纸等。由于龙芯和 X86 的指令集是不兼容的，无法在龙芯电脑上直接运行这些 X86 电脑的软件，所以需要自己动手编写在龙芯电脑上运行的动态壁纸程序，最终效果完全不输于 X86 电脑上的同类软件。

动态壁纸程序已经提交到龙芯应用公社，使用 Loongnix 的电脑可以在桌面上找到应用公社图标，运行后搜索"动态壁纸"，单击"安装"按钮可实现一键安装，如图 8-25 所示。

图 8-25 龙芯应用公社中的原创应用"动态壁纸"

1. 功能需求

动态壁纸程序需要开机自动运行，可以自动更换当前登录用户的登录界面图片、桌面背景图片（图 8-26）。为了方便用户灵活的指定要循环显示的图片，动态壁纸程序提供配置功能，允许用户使用两种方法指定图片来源：①指定本机硬盘上的一个目录，里面存放要播放的很多张壁纸图片；②指定一个远程服务器上的目录，例如一个 FTP 服务器上的目录，程序通过网络下载 FTP 目录中的图片进行显示。

程序采用每隔一定时间的定时机制，自动更换桌面背景。默认情况下每一张壁纸显示时间为 2h，2h 后切换成下一张壁纸。允许用户在配置文件中修改默认的切换时间。

为了保持电脑显示风格的一致，除了桌面背景图片之外，还有两个图片需要修改：第一个是电脑开机登录界面的背景图片，即显示登录用户名称、输入密码界面的背景图片；第二个是锁屏图片，即在电脑使用过程中，选择开始菜单中的"系统⇨锁住屏幕"，会对电脑进行锁屏，锁屏界面的背景图片也要同时进行修改。

图 8-26　定时切换桌面壁纸

2. 为什么使用 Python 语言

Python 可称为当前最流行的语言，它几乎集成了所有现代编程语言的优点：免费、开源，不需要编译，面向对象、可扩展性，具有丰富的第三方类库。由于 Python 的开源本质和可移植性的特点，Python 已经被移植在许多平台上，这些平台包括 Linux、Windows、FreeBSD、Macintosh，甚至还有 Google 的 Android 平台。所有 Python 程序无需修改就可以在上述任何平台上面运行。而且 Python 语言编写的程序不需要编译成二进制代码，可以直接从源代码运行程序。

Python 有活跃的社区和支持者，除了完成传统的系统管理、脚本任务等工作，Python 还能够进行本地图形界面开发、Web 开发、数据库开发，甚至连新潮的大数据、人工智能都有丰富的第三方库。可以说，只要不是对性能要求特别高的场合，使用 Python 是可以极大提高开发效率的选择。

使用 Python 编写软件，发行时不需要编译，源代码就是二进制，省去了以前使用 C/C++ 所面临的编译器、运行库等一系列令人头疼的依赖关系，可以说是一劳永逸。

龙芯的所有操作系统都已经集成了 Python 语言环境。目前国内的中小学信息化课程都开始学习 Python 了。只要有简单的 Python 编程基础，就可以轻松地实现动态壁纸。

3. 为什么使用 JSON 做配置文件

为了保存用户的配置内容，动态壁纸程序设计了一个配置文件 .wallpaper.conf，使用的是 JSON 的语法格式。.wallpaper.conf 位于当前登录用户的主目录下，例如用户名是 loongson，

则主目录为 /home/loongson。

JSON（JavaScript Object Notation，JavaScript 对象表示）是一种轻量级的数据交换格式，它基于 JavaScript 的一个子集。JSON 采用完全独立于语言和平台的文本格式，这些特性使 JSON 成为理想的数据交换语言，既便于开发者阅读，也便于程序生成和解析数据。因此在当前的应用开发领域中，JSON 已经全面取代 XML、INI 等老式的配置文件格式。

下面是 .wallpaper.conf 定义的配置文件内容：

```
{
        "intervals": "7200",
        "source":
        [
                {
                        "type": "directory",
                        "value": "/usr/share/backgrounds/mate/nature"
                },
                {
                        "type": "directory",
                        "value": "/usr/share/backgrounds/mate/desktop"
                },
                {
                        "type": "url",
                        "value": "ftp: //10.2.5.28/tmp/ryf"
                }

        ]
}
```

可以看到，JSON 的语法格式非常简洁清晰，能够方便地描述"键-值"属性和列表数据。其中 intervals 指定图片切换时间，以 s 为单位，7200s 则为 2h。source 指定图片显示来源，可以指定多于一个的来源。如果 type 为 directory，则是本机硬盘上的目录；如果 type 为 url，则是远程网络服务器上的目录（例如 FTP 服务器）。

4. 实现修改桌面背景图片

龙芯的 Loongnix 基于 mate 桌面，提供了一个 dconf 命令用于更改桌面背景图片，dconf 命令的使用方法如下：

```
$ dconf write /org/mate/desktop/background/picture-filename <图片文件名>
```

无论是手工执行 dconf 命令，还是通过 Python 程序调用 dconf 命令，都可以立即改变当前桌面壁纸。

但是对于开机登录图片、锁屏图片，需要使用不同的方法，是修改系统中的配置文件 /usr/share/backgrounds/f21/default/f21.xml，这个文件的内容如下：

```
<?xml version='1.0'encoding='utf-8'?>
<background>
  <starttime>
    <year>2014</year>
    <month>08</month>
    <day>30</day>
    <hour>00</hour>
    <minute>00</minute>
    <second>00</second>
  </starttime>
<static>
  <duration>10000000000.0</duration>
    <file>
            <size height="1080"width="1920">/usr/share/backgrounds/mate/
nature/Blinds.jpg</size>
            <size height="1200"width="1920">/usr/share/backgrounds/mate/
nature/Blinds.jpg</size>
            <size height="1536"width="2048">/usr/share/backgrounds/mate/
nature/Blinds.jpg</size>
            <size height="1024"width="1280">/usr/share/backgrounds/mate/
nature/Blinds.jpg</size>
    </file>
  </static>
</background>
```

f21.xml 文件中，最关键的是 <file> 标签中的 4 行文本，只需要修改这 4 行文本中的图片文件名，再保存文件，就能够立即修改开机登录图片、锁屏图片。

5. 程序结构

本程序的主要流程是一个定时循环结构：首先读取配置文件中指定的图片，包括本机硬盘目录或者远程 FTP 目录。遍历目录下的所有文件，如果是 FTP 目录，则要把图片下载到本机上的临时目录中。根据该目录下的所有图片名称，调用 dconf 命令实现切换桌面背景图片，并且通过修改 /usr/share/backgrounds/f21/default/f21.xml 文件实现切换开机登录图片、锁屏图片。上述结构如图 8-27 所示。

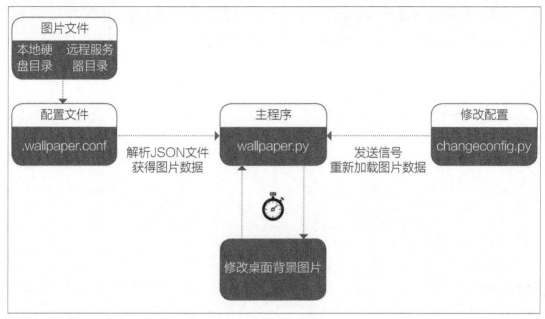

图 8-27　动态壁纸的程序结构

6. 其他实现技术

动态壁纸的实现技术还包括以下几个方面。

1. 开机后自动运行动态壁纸程序。只需要向 /etc/xdg/autostart/ 目录下增加一个 wallpaper.
desktop 文件，用户登录后就会自动运行动态壁纸程序 wallpaper.py。下面是 wallpaper.
desktop 文件的内容：

```
[Desktop Entry]
Comment=Wallpaper Application Community
Comment[zh_CN]=动态壁纸
Exec=python /opt/wallpaper/wallpaper.py
Name=Application Community
Name[zh_CN]=动态壁纸
Type=Application
```

2. 访问 FTP 服务器。使用 Python 内置类库 ftplib，能够非常方便地下载 FTP 服务器上的图片文件。

3. 定时执行。使用 Python 内置类库 time.sleep，可根据配置文件指定的时间来定时切换图片。

4. 配置文件。Python 内置 JSON 语法解析器。

5. 更新配置。本程序的一个特色是，如果用户对配置文件进行了修改，那么可以运行另一个 Python 脚本 changeconfig.py 来使新的配置立即生效。changeconfig.py 使用信号机制（ Signal ）通知后台进程 wallpaper.py 重新加载配置文件。例如，用户手动修改 .wallpaper.conf 配置文件后，再进入终端执行命令：

```
#python changeconfig.py
```

这样 wallpaper.py 就会重新读取修改后的图片目录，重新开始播放新的图片。其实现原理是在 wallpaper.py 中使用 signal.signal（）函数来预设信号 SIGUSR1 的处理函数 myHandler（），然后等待接收信号。当执行 changeconfig.py 命令时，发送信号 SIGUSR1 给 wallpaper.py 程序，wallpaper.py 就执行 SIGUSR1 信号的处理函数 myHandler（），重新读取配置文件。

> **提示！**
>
> 信号机制（Signal）是 Linux 操作系统提供的一种进程间通信（Inter-process Communication，IPC）方法。一个进程可以向另一个进程发送通知，接收到通知的进程中断当前处理的工作，立即执行某一个预先指定的信号处理函数。信号为多个进程之间提供了协同工作的机制，在多进程编程中有广泛的使用。

7. 程序源代码

完整的 wallpaper.py 代码如下，得益于 Python 强大的内置类库，wallpaper.py 文件总共只有 155 行。

```python
#!/usr/bin/python2.7
import ConfigParser
import os, stat, sys
import time
from ftplib import FTP
import socket
import getpass
import re
import json
import signal
from xml.etree.ElementTree import ElementTree, Element


current_user_name = os.path.expanduser('~')


CHANGE_SIGN_CONFIG = 0


IF_BREAK = 0


def readconf(conf_path):
    with open(conf_path, "r") as load_f:
        load_dict = json.load(load_f)
        return load_dict
```

```python
def get_datapath(current_user_name):
    return current_user_name+"/picture_ftp/"

def mkdir_ftp(datapath):
    flag = False
    if ((os.path.exists(datapath)) == flag):
        os.makedirs(datapath)


def readLocalFile(directory):
    FileList = read_picture_url(directory)
    loop_picture(FileList)

def readFtpFile(ftp_address, directory_ftp):
    ftp=FTP()
    ftp.connect(ftp_address)
    ftp.login("", "")
    ftp.cwd(directory_ftp)
    ftp.dir()
    FileList_ftp = ftp.nlst()
    count = 0
    imageListfrom_ftp = []
    datapath = get_datapath(current_user_name)
    while (count < len(FileList_ftp)):
        picture_filename = FileList_ftp[count]
        localpath = datapath + picture_filename
        write_local_from_ftp(localpath, picture_filename, ftp_address,
directory_ftp)
    count = count + 1
    FileList = read_picture_url(datapath)
    loop_picture(FileList)

def change_wallpaper(picture_filename):
    cmd='dconf write /org/mate/desktop/background/picture-filename \"\"
    + picture_filename + '\'\"'
    info=os.system(cmd)

def change_login_background(picture_filename):
    tree = read_xml("/usr/share/backgrounds/f21/default/f21.xml")
```

```
    text_nodes_1920 = ↵
get_node_by_keyvalue (find_nodes (tree, "static/file/size"), {"width":
"1920"})
    text_nodes_2048 = ↵
get_node_by_keyvalue (find_nodes (tree, "static/file/size"), {"width":
"2048"})
        text_nodes_1280 = ↵
get_node_by_keyvalue (find_nodes (tree, "static/file/size"), {"width":
"1280"})
      change_node_text (text_nodes_1920, picture_filename)
      change_node_text (text_nodes_2048, picture_filename)
      change_node_text (text_nodes_1280, picture_filename)
      reload (sys)
    sys.setdefaultencoding ('utf8')
    write_xml (tree, "/usr/share/backgrounds/f21/default/f21.xml")


def loop_picture (FileList):
      intervals = readconf (current_user_name+"/.wallpaper.conf")
['intervals']
      count = 0
      while (count < len (FileList)):
          global CHANGE_SIGN_CONFIG
          global IF_BREAK
          if (CHANGE_SIGN_CONFIG == 1):
            IF_BREAK = 1
              break;
          else:
            picture_filename = FileList[count]
              change_wallpaper (picture_filename)
              change_login_background (picture_filename)
          time.sleep (int (intervals))
          count = count + 1


def read_picture_url (datapath):
      FileList = []
      for file in os.listdir (datapath):
            file_path = os.path.join (datapath, file)
        FileList.append (file_path)
      FileList.sort ()
      return FileList
```

```
def write_local_from_ftp(localpath, picture_filename, ftp_address,
directory_ftp):
    ftp=FTP()
    ftp.connect(ftp_address)
    ftp.login("", "")
    ftp.cwd(directory_ftp)
        fp = open(localpath, "wb").write
    filename = 'RETR '+ picture_filename
    ftp.retrbinary(filename, fp)


def read_xml(in_path):
        tree = ElementTree()
        tree.parse(in_path)
        return tree

def find_nodes(tree, path):
        return tree.findall(path)

def if_match(node, kv_map):
        for key in kv_map:
          if node.get(key) != kv_map.get(key):
              return False
        return True

def get_node_by_keyvalue(nodelist, kv_map):
        result_nodes = []
        for node in nodelist:
                if if_match(node, kv_map):
                    result_nodes.append(node)
        return result_nodes

def change_node_text(nodelist, text, is_add=False, is_delete=False):
        for node in nodelist:
            if is_add:
                node.text += text
            elif is_delete:
                    node.text = ""
            else:
```

```python
                node.text = text


def write_xml(tree, out_path):
        tree.write(out_path, encoding="utf-8", xml_declaration=True)


def change_by_signal():
        global IF_BREAK
        global CHANGE_SIGN_CONFIG
        if(IF_BREAK == 1):
            CHANGE_SIGN_CONFIG = 0
            IF_BREAK = 0
        loopreadconf()


def loopreadconf():
        load_dict = readconf(current_user_name+"/.wallpaper.conf")
        count = 0
        while(count < len(load_dict['source'])):
            if(str(load_dict['source'][count]['type']) == "directory"):
                directory = load_dict['source'][count]['value']
                readLocalFile(str(directory));
                    change_by_signal()
            elif(str(load_dict['source'][count]['type']) == "url"):
                    datapath= get_datapath(current_user_name)
                mkdir_ftp(datapath)
                url = load_dict['source'][count]['value']
                compile_rule = re.compile(r'\d+[\.]\d+[\.]\d+[\.]\d+')
                ftp_address_list = re.findall(compile_rule, url)
                ftp_address = ftp_address_list[0]
                directory_include = url.split('.')[-1]
                directory_ftp =  ↵
directory_include[directory_include.index("/")+1: len(directory_include)]
                readFtpFile(ftp_address, directory_ftp);
                    change_by_signal()

            if count == len(load_dict['directory'])-1:
                loopreadconf()
```

```
            count = count + 1


def myHandler ( signum, frame ) :
      global CHANGE_SIGN_CONFIG
      CHANGE_SIGN_CONFIG = 1


if __name__ == "__main__":
      signal.signal ( signal.SIGUSR1, myHandler )
      loopreadconf ( ) ;
```

下面是用于发送信号的 changeconfig.py 程序，只有 21 行，完善实现了向 wallpaper.py 发送信号、更新配置的功能：

```
import os, re, sys
import subprocess, signal


def wallpaper_config ( pid ) :
    os.kill ( pid, signal.SIGUSR1 )


def get_pid_by_name ( name ) :
    cmd = "ps ax | grep '%s"%name+"'"
    f = os.popen ( cmd )
    txt = f.readlines ( )
    if len ( txt ) == 0:
        print "no process \"%s\"!!" % name
        return
    else:
        for line in txt:
            colum = line.split ( )
            pid = colum[0]
                if ( colum[4]== "python"and colum[5]== "/opt/wallpaper/
wallpaper.py" ) :
                return pid


if __name__ == "__main__":
    pid  = get_pid_by_name ( "python /opt/wallpaper/wallpaper.py" )

    if ( pid != None ) :
        wallpaper_config ( int ( pid ) )
```

8. 一切为了开放

动态壁纸项目已经在 github 网站上开放源代码和文档资料，读者可以详细参考 https:// github.com/renyafei-loongson/wallpaper，如图 8-28 所示。

图 8-28　github 上的动态壁纸项目

动态壁纸软件为龙芯桌面提供了不亚于 X86 公司的使用体验，龙芯公司鼓励开发者自由创新，提供更多的原创软件，一起把龙芯软件生态完善起来。

思考与问题

1. PHP、Python、Ruby 与 Java 相比有哪些优点和缺点？

2. Loongnix 支持 PHP、Python、Ruby 的哪些版本？

3. PHP 中怎样访问 MySQL 数据库？

4. 怎样搭建 Discuz! 论坛？

5. 怎样使用 Python 解析 JSON 数据？

6. 怎样搭建 Django 框架？

7. 怎样搭建 Ruby on Rails 框架？

8. Ruby 的大型应用有哪些？

9. 怎样实现动态切换桌面壁纸图片、开机登录图片、锁屏图片？

10. 从 X86 电脑向龙芯电脑迁移 PHP、Python、Ruby 应用会遇到哪些常见问题？

第**09**章

虚拟现实：3D 开发

3D 应用程序是虚拟现实（Virtual Reality，VR）的核心技术，常见的 3D 应用有地理信息系统（GIS）、三维地球、图形设计、工业建模、交互游戏等。这些 3D 应用拉近了计算机与人类感官的距离，能够极大地提升计算机的三维表现和娱乐能力。

3D 应用是考验龙芯电脑性能的"制高点"。现在的电脑普遍存在"性能过剩"现象，龙芯电脑用于办公、上网等信息处理工作已经绰绰有余，其他对性能有苛刻要求的主要是 3D 应用程序。龙芯电脑支持完善的 3D 开发方案，有能力作为专业的图形应用平台。本章将介绍在龙芯电脑上进行 3D 编程的方法和优化技术。

学习目标

龙芯电脑上 3D 软件的架构，适配的显卡型号，典型的 3D 应用程序。OpenGL 的作用，使用 Qt、Python 编写 3D 应用的接口，3D 引擎，性能测试工具，性能优化方法和建议。

学习重点

3D 软件栈，显卡和驱动程序，显卡适配列表。OpenGL 的作用，使用 Qt、Python 编写 3D 应用，3D 引擎的种类。3D 性能优化的一般方法，OGRE、NASA World Wind 的移植方法。

主要内容

龙芯电脑支持哪些显卡

OpenGL 的作用

QtOpenGL 组件

PyOpenGL 组件

3D 引擎：OSG、MapBox、Cesium、OGRE

性能测试工具 Glxgears 和 Glmark

3D 性能优化方法

在龙芯电脑上移植 OGRE、NASA World Wind

9.1 龙芯 3D 概述

3D 应用是程序开发中难度比较大的一个方向，相比一般的数据库信息系统，它更加强调理论基础、架构设计和实现效率。要想做好 3D 应用，首先需要具备一定的数学基础，因为计算图形学专门研究三维空间世界在计算机中的存储和建模方法，涉及很多线性代数和矩阵运算理论。其次需要了解显卡和图形库的工作原理，在设计 3D 应用的架构时，要充分发挥显卡硬件的加速能力。最后在具体实现 3D 应用的过程中要注意很多影响效率的细节。

9.1.1 3D 架构

龙芯电脑的 3D 应用运行在硬件、软件之上，是一个分层次的架构，如图 9-1 所示。位于最底层的是 CPU、显卡等硬件，往上面发展出很多层软件，每一层软件都是对下一层的功能进行封装，同时向上层提供更方便易用的编程接口，直到位于最高层的 3D 应用程序运行起来。

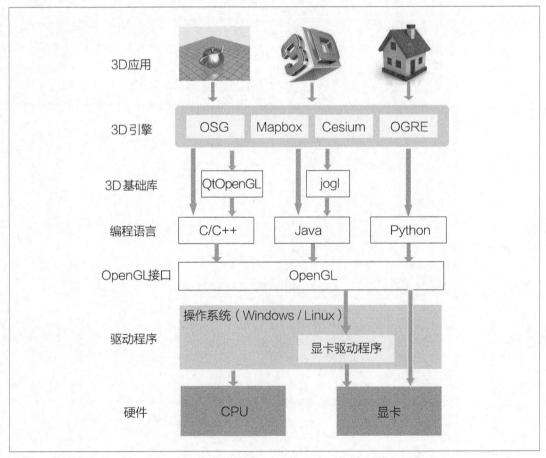

图 9-1　3D 软件架构

下面按照自底向上的顺序，对每一层的功能进行详细介绍。

1. 硬件

计算机中除了要使用 CPU 运行 3D 应用程序的指令代码，还至少要有一个显卡。显卡又称为显示适配器（Video card，或者 Graphics card），它是计算机主板上除了 CPU 之外最复杂的配件之一。显卡最基本的任务是输出显示图形，将软件的界面交给显示器显示出来，为计算机使用者提供丰富多彩的画面。现在的显卡还支持显卡加速技术，这个概念是指显卡本身具有独立的图像处理能力，可以协助 CPU 工作，将图形显示的常用计算操作由显卡完成，例如画直线、画圆、纹理填充、三维贴图等，CPU 只需要向显卡发送一条控制命令就可以由显卡完成复杂的图形输出，从而在降低 CPU 负载的同时提高图形性能。高性能的 3D 应用都要使用显卡加速技术。

2. 驱动程序

显卡提供了显示图形的基本机制，而对这些机制的调用则需要在软件的操控下执行，驱动程序（Driver）是一种专门用于操控硬件的软件。显卡驱动程序一般在购买硬件时由厂商配套提供，安装到 Windows、Linux 等操作系统中，为上层软件提供若干编程接口，上层软件通过调用显卡驱动程序的接口来控制显卡行为，实现所需要的显示操作。

3.OpenGL 接口

OpenGL（Open Graphics Library）是针对显卡驱动程序的编程接口进行统一制定的规范。历史上曾经有一个阶段，显卡驱动程序没有定义统一的编程接口规范，不同厂商的显卡驱动程序一般是不兼容的，上层应用软件需要为每一种显卡编写不同的访问接口，这对于上层应用软件来说是很大的负担，也不利于支持将来可能出现的新显卡。为了解决这个问题，主流显卡厂家联合制定了一个标准规范 OpenGL，为上层应用软件定义了统一的访问接口，由 OpenGL 屏蔽底层显卡硬件和驱动程序的差别，应用程序只需要调用一套 OpenGL 接口就能够在所有显卡上运行。目前几乎所有的龙芯 3D 应用都是建立在 OpenGL 标准上的。

> **提示：是否可以在龙芯电脑上运行 DirectX**
>
> DirectX 和 OpenGL 都是定义了标准规范的 3D 图形编程接口。DirectX 只能工作在微软 Windows 平台上，而 OpenGL 是一个开放的标准，可以工作在更加广泛的平台上（例如 Windows、UNIX、Linux、iOS、Android），以及很多嵌入式设备上。所以，为了你的程序能够在更多平台上运行，首选应用是 OpenGL 而不是 DirectX。龙芯电脑由于无法运行 Windows，所以只能使用 OpenGL，无法运行 DirectX。

4. 编程语言

OpenGL 标准支持的语言是 C/C++，也可以通过 Java、Python 等语言调用。应用程序无论是使用上述哪一种语言开发，都可以通过 OpenGL 接口编写 3D 应用。

5.3D 基础库

由于 OpenGL 语言的函数众多，涉及很多底层知识，对于开发者的学习和使用难度都很大，所以有很多基于 OpenGL 开发的 3D 基础库，对难以理解的 OpenGL 函数进行封装，向上层软件提供更加简单易用的接口，应用程序能够以更少的代码量编写出 3D 应用。这样的 3D 基础库有 Qt 库的组件 QtOpenGL，以及 Java 的第三方库 jogl 等。

6. 3D 引擎

3D 引擎是指面向一个业务领域的 3D 编程平台，提供了一类 3D 应用的大多数共性功能，只需要编写很少量的定制代码就能够生成最终应用系统。复杂的 3D 引擎的代码量往往在数百万行以上，目前大多数 3D 应用都是基于某一种 3D 引擎开发的。例如地理信息系统引擎 OSG、数字地图引擎 MapBox、三维地球引擎 Cesium、游戏平台引擎 OGRE 等，都已经移植到龙芯电脑上。

7. 3D 应用

3D 应用是指用户使用的最终 3D 软件，常见的地理信息系统（GIS）、数字地球、3D 游戏等。

在上述的架构中，有很多层次都提供了 3D 应用软件的编程接口，包括 3D 引擎、3D 基础库以及 OpenGL 接口。一般来说，越往下层的编程接口越贴近显卡硬件的原始功能，灵活性更强、运行效率更高，但是代价是学习和使用的难度则更大；而越往上层的编程接口越贴近应用业务，使用更容易，但是性能则会有一定的下降。从节省开发时间的角度，一般推荐使用某一种适合的 3D 引擎，这样可以在最短时间内做出原型，看到最终 3D 应用的效果。但是如果无法找到贴近应用需求的 3D 引擎，或者 3D 引擎的性能无法满足，则只能调用更底层的 3D 基础库的接口来开发应用，甚至可以调用 OpenGL 接口来开发应用。开发者应该综合考虑自身能力、开发周期、性能要求等因素，选用最适宜的编程接口。

9.1.2 显卡支持

显卡是安装到计算机主板上的一个硬件设备，在显卡驱动程序的操控下工作，显卡通过一条数据线连接显示器，将软件的图形画面在显示器上输出。如果要让龙芯电脑能够使用这些显卡，还需要将显卡驱动程序安装到 Loongnix 中。目前商业的显卡供应商主要是 AMD 和 Nvidia，其中 AMD 显卡的驱动程序都已经提交到开源社区，AMD 在售的显卡基本都能找到驱动程序源代码，只需要在 Loongnix 上重新编译就能够运行，因此 AMD 显卡非常容易适配到龙芯电脑，如图 9-2 所示。

图 9-2　AMD 高端显卡 R9 280X

在龙芯电脑上验证过的 AMD 独立显卡包括 HD 4/5/6/7/8 系列、R3/5/7/9，以及嵌入式显卡 E 系列等。这些显卡都有标准的 PCIE 接口，买来之后可以插到龙芯电脑主板上的 PCIE 插槽上使用，类似于早年在 X86 电脑上做 DIY 攒机的工作。

龙芯电脑支持显卡的具体型号见表 9-1，这些显卡都可以在 Loongnix 上即插即用。随着 AMD 显卡不断推出新型号，龙芯团队将持续扩充 Loongnix 的适配型号列表。

表 9-1　龙芯电脑支持的 AMD 显卡列表

系列	型号		
HD 系列	HD4690	HD5450	
	HD6570	HD6770	HD6670
	HD6850		
	HD7470	HD7870	
	HD8470		
R5 系列	R5-230		
R7 系列	R7-240	R7-300	R7-350
R9 系列	R9-280X	R9-370	
嵌入式显卡	E6460	E6760	E8860

这些显卡的性能参数有很大差别，价格也分成很多档次。在龙芯电脑上开发 3D 应用时，只需要选择性价比合适的型号，不需要一味追求高端显卡。例如，写作本书使用的龙芯 3A3000 笔记本选用的是 E6460 显卡。可以使用下面的命令观察本机的显卡型号：

```
$ lspci | grep VGA
01: 05.0 VGA controller: Advanced Micro Devices, Inc.[AMD/ATI]Device 9615
02: 00.0 VGA controller: Advanced Micro Devices,Inc.[AMD/ATI]Seymour [Radeon
E6460]
```

在上面的输出中，可以发现龙芯 3A3000 笔记本有两个显卡，第一个是 AMD 9615 显卡，这个显卡实际上是北桥 RS780E 中集成的显卡，于 2008 年推出，其显示处理性能已经不能满足现在的使用要求，因此在主板上额外焊接了另一个独立显卡 E6460，操作系统对 AMD 9615 显卡进行了屏蔽，实际使用的只有 E6460 显卡。

E6460 的功耗比较低，适合于笔记本这样强调节能和散热的设备。E6460 显卡输出的图像信号有两路，一路是笔记本自带的 LCD 液晶屏，还有一路是在笔记本机身侧面的 HDMI 显示接口，可用于外接投影仪设备。对于日常使用笔记本来说，主要是打字、上网等办公类应用，偶尔观看 1080P 超清电影视频、玩一些 3D 游戏，E6460 足以满足日常使用。

如果要在龙芯电脑上运行高端的图形应用系统，例如 GIS、虚拟现实等，E6460 性能有可能不够，这时候配置更高端的显卡是十分必要的。读者在开发 3D 应用时，如果发现性能上不去，在排除掉 CPU 的原因后，那么升级显卡是很可能带来好处的。就像 R9-280X 这种显卡，价格一般在几千元，本身带有大尺寸的散热风扇，整机的电源也需要配置专门的大功率电源（500W 以上），其计算能力和功耗远远超过 E6460。购外的独立显卡不能安装到笔记本，只能安装到大机箱的龙芯台式机上。

9.1.3 大型 3D 应用

Loongnix 已经包含大量的开源 3D 应用软件，其中有一些已经达到专业产品级质量。本节介绍一些典型的 3D 应用软件，展示龙芯作为图形处理平台的能力。

1. 三维建模和动画制作软件 Blender

Blender 是一款开源的跨平台全能三维建模软件，同时也是一个动画制作软件，提供 3D 建模、动画、材质、渲染、音频处理、视频剪辑等一系列动画短片制作解决方案。Blender 拥有在不同工作环境下使用的多种用户界面，内置绿屏抠像、摄像机反向跟踪、遮罩处理、后期结点合成等高级影视解决方案。同时还内置有卡通描边（FreeStyle）和基于 GPU 技术 Cycles 渲染器。以 Python 为内建脚本，支持多种第三方渲染器。

Loongnix 可以通过网络源在线安装 Blender 软件，命令如下：

```
#yum install -y blender
```

安装后可以选择"开始菜单⇨图形⇨ Blender"运行，出现的界面如图 9-3 所示。

图 9-3　Blender 三维建模软件

Blender 为全世界的媒体工作者和艺术家而设计，可以被用来进行 3D 可视化，同时也可以创作广播和电影级品质的视频，另外内置实时 3D 游戏引擎，让制作独立回放的 3D 互动内容成为可能。

2. 3D 卡通赛车游戏 SuperTuxKart

SuperTuxKart 是一款免费、开源的第一人称 3D 赛车游戏，支持单人和多人游戏模式。有多辆赛车可以选择，每种赛车对应不同的角色。角色可以驾驶卡丁车在沙漠、城镇、森林、沙河、矿山等多种主题的赛道上进行游戏。玩家可以添加多个电脑进行对抗。游戏中可以使用获得的道具，比如香蕉皮，炸弹等。Loongnix 可以通过网络源在线安装 SuperTuxKart 软件，命令如下：

```
#yum install -y supertuxkart
```

安装后可以选择"开始菜单⇨游戏⇨ SuperTuxKart"运行，出现的界面如图 9-4 所示。

图 9-4　SuperTuxKart 游戏界面

可以看到 SuperTuxKart 游戏的复杂度和体验已经达到专业级别的游戏水平。在龙芯电脑上完全流畅运行，龙芯电脑已经从专业办公工具迈向娱乐门槛。

9.2　龙芯 3D 编程

9.2.1　OpenGL

OpenGL 是主流显卡厂家为 3D 应用软件联合制定的统一接口标准，各厂家的显卡硬件允许不同，驱动程序也允许不同，但是所有显卡驱动程序都要提供一个共同的访问接口，这样任何应用程序就只需要编写一套访问显卡驱动的函数，就可以支持现有和将来的所有显卡。这个标准就是 OpenGL（图 9-5）。

图 9-5　OpenGL 形象标识

OpenGL 定义了一个跨编程语言、跨硬件平台的标准图形编程接口规范。它包含了行业领域中最为广泛接纳的 2D/3D 图形 API，具体来说就是使用 C 语言定义的标准函数集合。自诞生至今已经催生了各种计算机及设备上的大量优秀 3D 应用程序，帮助程序员在个人计算机、工作站、超级计算机等硬件设备上实现高性能、极具冲击力和表现力的图形软件。

OpenGL 曾经推出 2、3、4 版本，龙芯电脑都能够支持。本节使用一个简单的 3D 立方体程序，展示在龙芯电脑上进行 OpenGL 编程的一般方法。立方体程序往往作为 3D 编程的入门例子，类似于学习任

何编程语言都要从 "Hello World" 开始。OpenGL 编程的基本语言是 C/C++，编写源代码 gl.cpp 如下：

```cpp
#include <GL/glut.h>

#define ColoredVertex(c, v) do{glColor3fv(c); glVertex3fv(v); }while(0)
static int angle = 0;
static int rotateMode = 0;


void myDisplay(void)
{
        static int list = 0;
        if (list == 0)
        {
                GLfloat
                        PointA[]= {0.5f, 0.5f, -0.5f },
                        PointB[]= {0.5f, -0.5f, -0.5f },
                        PointC[]= {-0.5f, -0.5f, -0.5f },
                        PointD[]= {-0.5f, 0.5f, -0.5f },
                        PointE[]= {0.5f, 0.5f, 0.5f },
                        PointF[]= {0.5f, -0.5f, 0.5f },
                        PointG[]= {-0.5f, -0.5f, 0.5f },
                        PointH[]= {-0.5f, 0.5f, 0.5f };
                GLfloat
                        ColorA[]= {1, 0, 0 },
                        ColorB[]= {0, 1, 0 },
                        ColorC[]= {0, 0, 1 },
                        ColorD[]= {1, 1, 0 },
                        ColorE[]= {1, 0, 1 },
                        ColorF[]= {0, 1, 1 },
                        ColorG[]= {1, 1, 1 },
                        ColorH[]= {0, 0, 0 };

                list = glGenLists(1);
                glNewList(list, GL_COMPILE);

                //面1
                glBegin(GL_POLYGON);
                ColoredVertex(ColorA, PointA);
                ColoredVertex(ColorE, PointE);
                ColoredVertex(ColorH, PointH);
```

```
ColoredVertex (ColorD, PointD);
glEnd ();

//面 2
glBegin (GL_POLYGON);
ColoredVertex (ColorD, PointD);
ColoredVertex (ColorC, PointC);
ColoredVertex (ColorB, PointB);
ColoredVertex (ColorA, PointA);
glEnd ();

//面 3
glBegin (GL_POLYGON);
ColoredVertex (ColorA, PointA);
ColoredVertex (ColorB, PointB);
ColoredVertex (ColorF, PointF);
ColoredVertex (ColorE, PointE);
glEnd ();

//面 4
glBegin (GL_POLYGON);
ColoredVertex (ColorE, PointE);
ColoredVertex (ColorH, PointH);
ColoredVertex (ColorG, PointG);
ColoredVertex (ColorF, PointF);
glEnd ();

//面 5
glBegin (GL_POLYGON);
ColoredVertex (ColorF, PointF);
ColoredVertex (ColorB, PointB);
ColoredVertex (ColorC, PointC);
ColoredVertex (ColorG, PointG);
glEnd ();

//面 6
glBegin (GL_POLYGON);
ColoredVertex (ColorG, PointG);
ColoredVertex (ColorH, PointH);
ColoredVertex (ColorD, PointD);
```

```
                ColoredVertex ( ColorC, PointC ) ;
                glEnd ( ) ;
                glEndList ( ) ;

                glEnable ( GL_DEPTH_TEST ) ;
        }


        // 已经创建了显示列表，在每次绘制正四面体时将调用它
        glClear ( GL_COLOR_BUFFER_BIT | GL_DEPTH_BUFFER_BIT ) ;
        glPushMatrix ( ) ;
        glRotatef ( angle /10, 1, 0.5, 0.0 ) ;
        glCallList ( list ) ;
        glPopMatrix ( ) ;
        glutSwapBuffers ( ) ;
}

void myIdle ( void )
{
        ++angle;
        if ( angle >= 3600.0f )
        {
                angle = 0.0f;
        }
        myDisplay ( ) ;
}

int main ( int argc, char *argv[] )
{
        glutInit ( &argc, argv ) ;
        glutInitDisplayMode ( GLUT_RGBA | GLUT_DOUBLE ) ;
        glutInitWindowPosition ( 100, 100 ) ;
        glutInitWindowSize ( 700, 700 ) ;
        glutCreateWindow ( "First OpenGL Program" ) ;

        glutDisplayFunc ( &myDisplay ) ;
        glutIdleFunc ( &myIdle ) ;        // 空闲调用

        glutMainLoop ( ) ;

        return 0;
}
```

在上面的程序中，所有 gl 开头的函数和数据结构都是 OpenGL 标准定义的，应用程序只是把 OpenGL 函数组合起来显示特定的 3D 模型，所以程序非常简短，总共只有 86 行。下一步要编译这个 OpenGL 程序，需要安装一些开发软件包，使用下面的命令：

```
#yum install -y mesa-libGL-devel  mesa-libEGL-devel  \
                    mesa-libGLU-devel  freeglut-devel
```

上面的命令安装了 OpenGL 所需的头文件和依赖库。

提示：mesa 和 OpenGL 是什么关系

在 Linux 平台上，用于实现 OpenGL 函数的软件包名称是 mesa。mesa 的头文件（.h）为应用程序提供所有 OpenGL 函数调用，mesa 的主要功能是将标准的 OpenGL 函数转换为显卡硬件的加速功能。各厂家的显卡驱动都会向 mesa 提供插件以支持显卡加速。所谓在龙芯电脑上适配显卡，具体就是将 mesa 在龙芯电脑上编译运行，再搭配各厂家提供的 mesa 插件。

在龙芯电脑上进行 OpenGL 编程，实质上就是调用 mesa 中提供的函数，这样就能够将图形处理工作交给显卡运行，使用硬件渲染，而不使用 CPU 的软件渲染。

下面使用 GCC 进行编译：

```
$ gcc gl.cpp  -o gl -l GL -l GLU -l glut
$ ./gl
```

可以看到一个 3D 立方体已经显示出来，并且自动做三维旋转的动作，由于应用程序的主要功能都是调用 OpenGL 函数来实现，而 OpenGL 函数会自动实现显卡硬件加速绘制，因此在 Loongnix 中启动"开始菜单⇨系统工具⇨系统监视器"查看 CPU 的负载几乎是零，根本原因就在于计算顶点数据、渲染过渡色等图形处理工作都是交给显卡完成的，如图 9-6 所示。

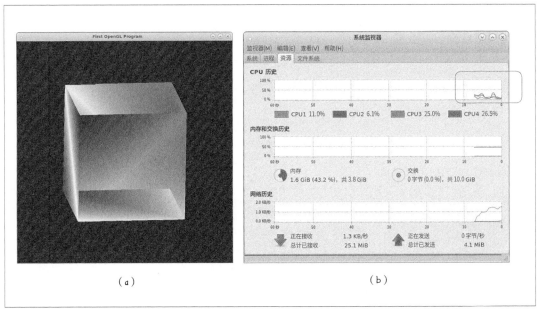

（a）　　　　　　　　　　　（b）

图 9-6　OpenGL 实现 3D 立方体

291

9.2.2　Qt 的 3D 编程

在 Qt 中提供了一个封装 OpenGL 函数的类库 QtOpenGL，将 OpenGL 的复杂函数封装成了非常简单易用的类和方法。本节中使用 QtOpenGL 编写一个实例项目 qtgl，不仅显示一个 3D 立方体，还实现了渐变背景、叠加透明图层、文字标签等综合效果，而且可以使用鼠标进行旋转操作。实现步骤如下。

STEP 1 编写项目工程文件 cube.pro，注意需要引用 opengl 模块。

```
QT          += core gui opengl

TARGET = cube
TEMPLATE = app

SOURCES += main.cpp cube.cpp
HEADERS += cube.h
```

STEP 2 编写源代码文件 main.cpp。

```
#include <QApplication>
#include "cube.h"

int main ( int argc, char*argv[] )
{
    QApplication app ( argc, argv );
    VowelCube cube;
    cube.setWindowTitle ( QObject: : tr ( "Vowel Cube" ) );
    cube.setMinimumSize ( 200, 200 );
    cube.resize ( 450, 450 );
    cube.show ( );

    return app.exec ( );
}
```

STEP 3 编写源代码文件 cube.h。

```
#ifndef VOWELCUBE_H
#define VOWELCUBE_H

#include <QGLWidget>
#include <QRadialGradient>

class VowelCube : public QGLWidget
```

```
{
    Q_OBJECT

public:
    VowelCube(QWidget *parent = 0);
    ~VowelCube();

protected:
    void paintEvent(QPaintEvent *event);
    void mousePressEvent(QMouseEvent *event);
    void mouseMoveEvent(QMouseEvent *event);
    void wheelEvent(QWheelEvent *event);

private:
    void createGradient();
    void createGLObject();
    void drawBackground(QPainter *painter);
    void drawCube();
    void drawLegend(QPainter *painter);

    GLuint glObject;
    QRadialGradient gradient;
    GLfloat rotationX;
    GLfloat rotationY;
    GLfloat rotationZ;
    GLfloat scaling;
    QPoint lastPos;
};

#endif
```

STEP 4 编写源代码文件 cube.cpp。

```
#include <QtGui>
#include <QtOpenGL>
#include <cmath>

#ifndef GL_MULTISAMPLE
#define GL_MULTISAMPLE 0x809D
#endif
```

```
#include "cube.h"

VowelCube: : VowelCube (QWidget *parent)
    : QGLWidget (parent)
{
    setFormat (QGLFormat (QGL: : SampleBuffers ) );

    rotationX = -38.0;
    rotationY = -58.0;
    rotationZ = 0.0;
    scaling = 1.0;

    createGradient ( );
    createGLObject ( );

    setAutoBufferSwap (false );
    setAutoFillBackground (false );
}

VowelCube: : ~VowelCube ( )
{
    makeCurrent ( );
    glDeleteLists (glObject, 1 );
}

void VowelCube: : paintEvent (QPaintEvent */*event */)
{
    QPainter painter (this );
    drawBackground (&painter );
    painter.end ( );
    drawCube ( );
    painter.begin (this );
    drawLegend (&painter );
    painter.end ( );
    swapBuffers ( );
}

void VowelCube: : mousePressEvent (QMouseEvent *event )
```

```
{
    lastPos = event->pos ( ) ;
}


void VowelCube: : mouseMoveEvent ( QMouseEvent *event )
{
    GLfloat dx = GLfloat ( event->x ( ) -lastPos.x ( ) ) /width ( ) ;
    GLfloat dy = GLfloat ( event->y ( ) -lastPos.y ( ) ) /height ( ) ;

    if ( event->buttons ( ) &Qt: : LeftButton ) {
        rotationX += 180 *dy;
        rotationY += 180 *dx;
        update ( ) ;
    }else if ( event->buttons ( ) &Qt: : RightButton ) {
        rotationX += 180 *dy;
        rotationZ += 180 *dx;
        update ( ) ;
    }
    lastPos = event->pos ( ) ;
}


void VowelCube: : wheelEvent ( QWheelEvent *event )
{
    double numDegrees = -event->delta ( ) /8.0;
    double numSteps = numDegrees /15.0;
    scaling *= std: : pow ( 1.125, numSteps ) ;
    update ( ) ;
}


void VowelCube: : createGradient ( )
{
    gradient.setCoordinateMode ( QGradient: : ObjectBoundingMode ) ;
    gradient.setCenter ( 0.45, 0.50 ) ;
    gradient.setFocalPoint ( 0.40, 0.45 ) ;
    gradient.setColorAt ( 0.0, QColor ( 105, 146, 182 ) ) ;
    gradient.setColorAt ( 0.4, QColor ( 81, 113, 150 ) ) ;
    gradient.setColorAt ( 0.8, QColor ( 16, 56, 121 ) ) ;
}
```

```
void VowelCube: : createGLObject ( )
{
    makeCurrent ( ) ;

    glShadeModel ( GL_FLAT ) ;

    glObject = glGenLists ( 1 ) ;
    glNewList ( glObject, GL_COMPILE ) ;
    qglColor ( QColor ( 255, 239, 191 ) ) ;
    glLineWidth ( 1.0 ) ;

    glBegin ( GL_LINES ) ;
    glVertex3f ( +1.0, +1.0, -1.0 ) ;
    glVertex3f ( -1.0, +1.0, -1.0 ) ;
    glVertex3f ( +1.0, -1.0, -1.0 ) ;
    glVertex3f ( -1.0, -1.0, -1.0 ) ;
    glVertex3f ( +1.0, -1.0, +1.0 ) ;
    glVertex3f ( -1.0, -1.0, +1.0 ) ;
    glEnd ( ) ;

    glBegin ( GL_LINE_LOOP ) ;
    glVertex3f ( +1.0, +1.0, +1.0 ) ;
    glVertex3f ( +1.0, +1.0, -1.0 ) ;
    glVertex3f ( +1.0, -1.0, -1.0 ) ;
    glVertex3f ( +1.0, -1.0, +1.0 ) ;
    glVertex3f ( +1.0, +1.0, +1.0 ) ;
    glVertex3f ( -1.0, +1.0, +1.0 ) ;
    glVertex3f ( -1.0, +1.0, -1.0 ) ;
    glVertex3f ( -1.0, -1.0, -1.0 ) ;
    glVertex3f ( -1.0, -1.0, +1.0 ) ;
    glVertex3f ( -1.0, +1.0, +1.0 ) ;
    glEnd ( ) ;

    glEndList ( ) ;
}

void VowelCube: : drawBackground ( QPainter *painter )
{
    painter->setPen ( Qt: : NoPen ) ;
    painter->setBrush ( gradient ) ;
```

```
        painter->drawRect ( rect ( ) ) ;
}


void VowelCube: : drawCube ( )
{
    glPushAttrib ( GL_ALL_ATTRIB_BITS ) ;

    glMatrixMode ( GL_PROJECTION ) ;
    glPushMatrix ( ) ;
    glLoadIdentity ( ) ;
    GLfloat x = 3.0 * GLfloat ( width ( ) ) /height ( ) ;
    glOrtho ( -x, +x, -3.0, +3.0, 4.0, 15.0 ) ;

    glMatrixMode ( GL_MODELVIEW ) ;
    glPushMatrix ( ) ;
    glLoadIdentity ( ) ;
    glTranslatef ( 0.0, 0.0, -10.0 ) ;
    glScalef ( scaling, scaling, scaling ) ;

    glRotatef ( rotationX, 1.0, 0.0, 0.0 ) ;
    glRotatef ( rotationY, 0.0, 1.0, 0.0 ) ;
    glRotatef ( rotationZ, 0.0, 0.0, 1.0 ) ;

    glEnable ( GL_MULTISAMPLE ) ;

    glCallList ( glObject ) ;

    setFont ( QFont ( "Times", 24 ) ) ;
    qglColor ( QColor ( 255, 223, 127 ) ) ;

    renderText ( +1.1, +1.1, +1.1, QChar ( 'a' ) ) ;
    renderText ( -1.1, +1.1, +1.1, QChar ( 'e' ) ) ;
    renderText ( +1.1, +1.1, -1.1, QChar ( 'o' ) ) ;
    renderText ( -1.1, +1.1, -1.1, QChar ( 0x00F6 ) ) ;
    renderText ( +1.1, -1.1, +1.1, QChar ( 0x0131 ) ) ;
    renderText ( -1.1, -1.1, +1.1, QChar ( 'i' ) ) ;
    renderText ( +1.1, -1.1, -1.1, QChar ( 'u' ) ) ;
    renderText ( -1.1, -1.1, -1.1, QChar ( 0x00FC ) ) ;
```

```
    glMatrixMode ( GL_MODELVIEW ) ;
    glPopMatrix ( ) ;


    glMatrixMode ( GL_PROJECTION ) ;
    glPopMatrix ( ) ;


    glPopAttrib ( ) ;
}


void VowelCube: : drawLegend ( QPainter *painter )
{
    const int Margin = 11;
    const int Padding = 6;


    QTextDocument textDocument;
    textDocument.setDefaultStyleSheet ( "*{color: #FFEFEF }" ) ;
    textDocument.setHtml ( "<h4 align=\"center\">Vowel Categories</h4>"
                        "<p align=\"center\"><table width=\"100%\">"
                        "<tr><td>Open: <td>a<td>e<td>o<td>&ouml; "
                        "<tr><td>Close: <td>&#305; <td>i<td>u<td>&uuml; "
                        "<tr><td>Front: <td>e<td>i<td>&ouml; <td>&uuml; "
                        "<tr><td>Back: <td>a<td>&#305; <td>o<td>u"
                        "<tr><td>Round: <td>o<td>&ouml; <td>u<td>&uuml; "
                        "<tr><td>Unround: <td>a<td>e<td>&#305; <td>i"
                        "</table>" ) ;
    textDocument.setTextWidth ( textDocument.size ( ) .width ( ) ) ;


    QRect rect ( QPoint ( 0, 0 ) , textDocument.size ( ) .toSize ( )
                            + QSize ( 2 *Padding, 2 *Padding ) ) ;
    painter->translate ( width ( ) -rect.width ( ) -Margin,
                        height ( ) -rect.height ( ) -Margin ) ;
    painter->setPen ( QColor ( 255, 239, 239 ) ) ;
    painter->setBrush ( QColor ( 255, 0, 0, 31 ) ) ;
    painter->drawRect ( rect ) ;


    painter->translate ( Padding, Padding ) ;
    textDocument.drawContents ( painter ) ;
}
```

上面的源代码文件 cube.cpp 创建了一个显示 3D 立方体的窗口，整个窗口基于 QGLWidget 控件，通过 QTextDocument 类来实现在窗口上叠加 HTML 格式的文本，通过派生 mouseMoveEvent（）方法来实现鼠标控制。

STEP 5 编译运行。

```
$ /usr/lib64/qt5/bin/qmake
$ make
$ ./cube
```

cube 程序的运行效果如图 9-7 所示。

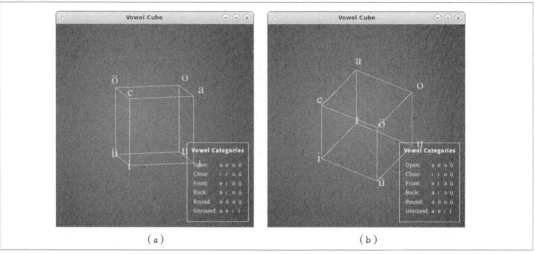

图 9-7　QtOpenGL 实例

本节的程序展示了使用 Qt 开发 3D 应用的优势，不仅可以使用更方便简洁的代码实现 3D 功能，还能够对其他 Qt 类进行综合利用，实现复杂的界面效果。

9.2.3　Python 的 3D 编程

Python 语言对 OpenGL 接口进行了封装，本节展示一个使用 Python 语言编写的典型例子——三维茶壶。在 Loongnix 中要安装一个软件包，使用下面的命令：

```
#yum install -y PyOpenGL
```

编写 Python 脚本 teapot.py 如下：

```
#-*-coding: utf-8 -*-
from OpenGL.GL import *
from OpenGL.GLU import *
from OpenGL.GLUT import *
```

```
def drawFunc():
    # 清楚之前画面
    glClear(GL_COLOR_BUFFER_BIT)
    glRotatef(0.5, 5, 5, 0)   # (角度, x, y, z)
    glutWireTeapot(0.5)

    # 刷新显示
    glFlush()

# 使用 glut 初始化 OpenGL
glutInit()

# 显示模式: GLUT_SINGLE 无缓冲直接显示 | GLUT_RGBA 采用 RGB (A 非 alpha)
glutInitDisplayMode(GLUT_SINGLE | GLUT_RGBA)

# 窗口位置及大小 - 生成
glutInitWindowPosition(0, 0)
glutInitWindowSize(800, 600)
glutCreateWindow("Python 3D Teapot")

# 调用函数绘制图像
glutDisplayFunc(drawFunc)
glutIdleFunc(drawFunc)

# 主循环
glutMainLoop()
```

Python 脚本不需要编译，使用下面的命令直接运行：

```
$ python teapot.py
```

程序在窗口中显示一个 3D 茶壶模型，并且在定时器的控制下自动旋转起来，如图 9-8 所示。

本节的程序仅仅使用 30 行 Python 代码，就能够完成最简单的 3D 应用开发。只要是性能要求不高的应用，Python 都是值得推荐的编程语言。

图 9-8　Python 编写 3D 茶壶

9.3 3D 引擎

3D 引擎是封装了一个业务领域的大多数共性功能的软件平台框架，只需要很少量的定制代码就能够生成最终应用系统，代表性的几款 3D 引擎见表 9-2。

表 9-2　龙芯电脑支持的 3D 引擎

名称	功能
OSG	地理信息系统
MapBox	数字地图
Cesium	三维地球
OGRE	游戏引擎

上述 3D 引擎都已经移植到龙芯电脑，可以流畅运行。本节介绍几个典型 3D 引擎在龙芯电脑上的使用方法。

9.3.1　三维地球 OSG

OSG（Open Scene Graph）是一套基于 C++ 的 3D 引擎，使用 OpenGL 开发，使程序员能够更加快速、便捷地创建高性能、跨

图 9-9　OSG 形象标识

平台的交互式图形程序，可以理解为一个 3D 图形中间件（图 9-9）。

基于 OSG 平台，面向专业领域发展出众多的扩展引擎。例如，osgEarth 功能类似于 GoogleEarth，可以实现一个功能强大且完善的三维地形展示系统；osgOcean 是 OSG 的扩展海洋模块，特点是可以逼真的仿真大面积水域；osgAnimation 库中有大量的动画实用类。这些扩展引擎都提供了二次开发接口。

在 Loongnix 上编译 OSG、osgEarth 过程如下。

STEP 1 在编译之前需要确保机器上已经安装开发库：gcc、g++、cmake、cmake-gui、make，还需要安装依赖库 freetype-devel、libpng-devel、libjpeg-devel、libtiff-devel、libungif-devel、libcurl-devel、libxml2-devel。

STEP 2 另外有几个依赖的库在 Loongnix 中没有提供，需要额外编译，包括 Proj、gdal、geos 这几个库。编译方法都是下载源代码后，依次执行 configure、make、make install 命令即可。

STEP 3 源码编译。OSG 的源代码在 github 上托管，可以在 openscenegraph/osg 项目中下载源代码。由于 osgEarth 是建立在 OSG 基础上的，所以 osgEarth 需要依赖 OSG 编译后的库。顺序上先编译 OSG，再编译 osgEarth。

编译 OSG 时，先运行 cmake-gui 配置工具，会弹出一个窗口，单击"configure"，然

后单击"generate"。再运行 make 命令进行编译，通过后执行 make install 命令进行安装。osgEarth 的编译方法完全相同。osgEarth 的运行界面如图 9-10 所示。

图 9-10　osgEarth 运行实例

　　龙芯电脑上的 osgEarth 可以实现支持卫星影像、数字高程、矢量、地标等数据的海量快速调度与渲染。在三维高程场景漫游的复杂应用场景下能够达到 35 帧 / 秒，CPU 占用率小于 25%，在苛刻负载场景下能够恒定在 30 帧 / 秒，全程无卡顿。

9.3.2　游戏引擎 OGRE

　　OGRE 是 Object-Oriented Graphics Rendering Engine（　面向对象的图形渲染引擎）的缩写，是一款开源的跨平台的 3D 图形渲染引擎（图 9-11）。引擎通过采用面向对象的设计方式，把 3D 图形 API 抽象为通用接口，将大量的上下文相关

图 9-11　OGRE 形象标识

状态和操作封装起来，开发者可以用简明的代码在不同平台上操作 3D 接口，从而减少不必要的重复工作。项目网站是 www.ogre3d.org。

　　Loongnix 没有内置集成 ORGE，所以需要从源码开始，逐步在龙芯电脑上编译 OGRE。具体编译过程比较复杂，将在本章末尾的案例中介绍。本节只展示编译之后的使用方法，命令

如下：

```
$ cd ogre/build/bin
$ ./SampleBrowser
```

进入 OGRE 的样例浏览器，下面是一些
3D 样例的截图（图 9-12）。

OGRE 作为一个成功应用于商业的游戏渲
染引擎，为开发者在龙芯电脑上提供更多的图形
开发选择。

图 9-12　OGRE 样例

9.4　3D 性能优化

3D 应用是考验龙芯电脑性能的"制高点"。前面已经介绍了开发 3D 应用的基本工具，如果
要编写一个高性能的 3D 应用，还要考虑架构设计、显卡加速、优化算法等很多问题。本节介绍在
龙芯电脑上开发 3D 应用会遇到的性能问题和解决方法。

9.4.1　3D 性能测试工具

开发者在拿到龙芯电脑时，往往要对 3D 图形性能进行摸底，这样才能建立性能分析和比较的
依据。龙芯电脑上可以使用两个 3D 性能的测试集：一个是 Glxgears；另一个是 Glmark。

1.Glxgears

Glxgears 显示一个最简单的齿轮物体。支持若干测试选项，一般要加上 -fullscreen 参数在
全屏模式下测试分值。在 Loongnix 上安装和运行 Glxgears 工具的命令如下：

```
#yum install glx-utils        #glxgears 是 glx-utils 包含的工具
$ glxgears  --help
Usage:
  -display <displayname>  set the display to run on
  -stereo                 run in stereo mode
  -samples N              run in multisample mode with at least N samples
  -fullscreen             run in fullscreen mode
  -info                   display OpenGL renderer info
  -geometry WxH+X+Y       window geometry


$ glxgears  -fullscreen
```

```
302 frames in 5.0 seconds = 60.258 FPS
295 frames in 5.0 seconds = 58.900 FPS
300 frames in 5.0 seconds = 59.900 FPS
300 frames in 5.0 seconds = 59.900 FPS
300 frames in 5.0 seconds = 59.900 FPS
292 frames in 5.0 seconds = 58.299 FPS
300 frames in 5.0 seconds = 59.900 FPS
```

Glxgears 运行的界面如图 9-13 所示，是三个咬合转动的齿轮模型。运行时会在终端上打印性能分值，例如上面运行的结果"59.900 FPS"，其中 FPS 代表分值的单位为帧/秒（Frames per second），即每秒内图像刷新的帧率，这个帧率越高，则代表 3D 图形性能越高。

图 9-13　Glxgears 测试

Glxgears 一般用于对龙芯电脑的 3D 性能进行快速摸底，但是 Glxgears 程序也有很明显的缺点，即程序过于简单，模型只是 3 个简单物体，不能真实地反映龙芯电脑运行复杂 3D 应用的性能水平。为了使测试结果更有说服力，可以使用下面介绍的 Glmark 工具。

2.Glmark

Glmark 也是用于测试 OpenGL 性能的开源工具，比 Glxgears 更为复杂，总共显示 210 多种物体模型，以及立体贴图、图层叠加、几何变换、透明效果等 OpenGL 操作内容，因此 Glmark 比 Glxgears 的测试结果更贴近真实 3D 应用的性能。在 Loongnix 上安装和运行 Glmark 工具的命令如下：

```
#yum install -y glmark2
#glmark2
=======================================================
    glmark2 2014.03
=======================================================
    OpenGL Information
    GL_VENDOR:     X.Org
    GL_RENDERER:   Gallium 0.4 on AMD CAICOS（DRM 2.43.0, LLVM 3.7.0）
    GL_VERSION:    3.0 Mesa 11.1.0（git-525f3c2）
=======================================================
[build]use-vbo=false: FPS: 143 FrameTime: 6.993 ms
=======================================================
                    glmark2 Score: 944
=======================================================
```

Glmark 运行期间的界面上会显示正在测试的各种模型，如图 9-14 所示。

304

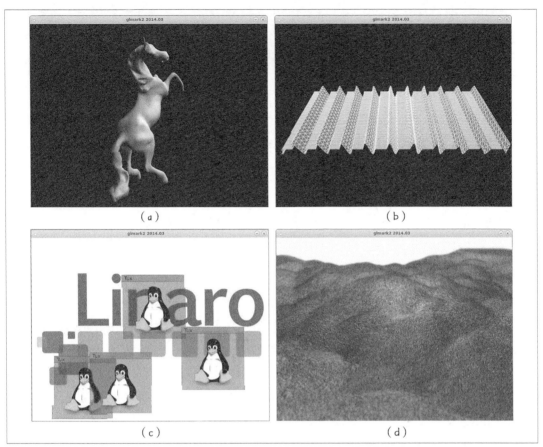

图 9-14 Glmark 测试

Glmark 运行结束后会在终端上打印最终分值，例如"glmark2 Score: 944"，这个分值越大，则代表本机的 3D 性能越高。

9.4.2 性能优化建议

3D 应用可以说是所有应用程序中开发难度最大的一种。无论是在 X86 还是在龙芯电脑上开发 3D 应用，都需要具备坚实的计算机图形学基础，掌握显卡和图形驱动程序的架构，充分利用 OpenGL 中能够发挥显示硬件加速的函数，这样才能避免应用程序存在性能瓶颈。在龙芯电脑上遇见过的 3D 应用性能不足问题，往往是由于开发者对底层图形架构缺乏了解，没有充分利用显卡加速，使 CPU 承担了过多的软件渲染，从而无法达到流畅的效果。

3D 编程的性能优化方法很多，本身就可以编写一本书籍。本书作为龙芯应用开发的指南，只能提供一些最常用的建议。

1. 对于大数据量的复杂 3D 应用，建议机器配备高性能独立显卡

2. 硬件渲染

在程序架构上，尽可能将图形处理工作交给显卡运行，使用硬件渲染，而不要使用软件渲染。龙芯电脑搭配高性能独立显卡后，图形性能本身和 X86 电脑是接近的，主要依靠 3D 软件自身通过良好的架构达到优秀的效果。

3. 减少 OpenGL 的状态变化

改变一个 OpenGL 状态，可能会涉及显卡硬件的多个寄存器的数据，那么驱动程序就必须将修改的硬件寄存器通过外设总线发送到硬件，占用大量的 CPU 资源、总线带宽和硬件命令解释器时间。建议尽可能将状态相近的图形绘制命令放在一起，减少 OpenGL 状态变化。另外建议使用状态集合，降低驱动程序的 CPU 处理时间。

4. 图元类型优化

使用 GL_TRIANLGES 将比 GL_TRIANGLE_STRIP 多耗费 200% 的硬件 TnL 时间。根据测试，GL_TRIANGLE_STRIP 比 GL_TRIANLGES 快 100%~ 200%。建议尽可能地使用 GL_TRIANGLE_STRIP 替代 GL_TRIANGLES。

5. 纹理优化

- 使用命名纹理优化纹理加载：当应用程序需要多个纹理，调用 glGenTextures（）产生命名纹理，并且使用 glBindTexture（）分别进行纹理绑定。
- 纹理组合：将多个小纹理组合为一个大纹理，然后修改对应三角形顶点的纹理坐标。
- 使用压缩纹理：压缩纹理比非压缩纹理具有更快的运算速度和更小的存储空间要求，而且很容易使用图形硬件纹理 Cache。因此当应用程序的纹理数据量巨大时能够显著地提高性能。

6. 使用 Vertex Array 和 VBO

- Vertex Array：相对于 glBegin（）、glEnd（）以及 Display List，Vertex Array 对于驱动程序而言具有最高的内存复制效率，因为驱动程序仅仅需要一次内存数据移动，而 glBend（）、glEnd（）和 Display List 则需要三次数据移动。因此尽可能多地使用 glDrawArrays（）和 glArrayElement（）的方式。
- VBO：Vertex Buffer 和 Index Buffer 都保存在显存中，这样应用程序不需要每次都把顶点数据通过外设总线发送给显卡，从而加快了处理速度。它只需要一次复制到申请的显存，随后驱动程序每次仅仅向显卡报告它的物理地址。

7. 尽可能使用 Shader 对渲染管线进行编程

- Depth Test：采用由近及远的次序绘制图形的时候，Depth Test 将扔掉 5%~10% 甚至更多的片断（像素），那么流水线后面的操作将不会被执行，从而获得性能的提高，这将会带来 5%~15% 的性能提高。对于室外场景的漫游，建议采用由近及远的次序，也会提高性能。
- CULL Face：即背面删除，如果不绘制背面的三角形，理论上可以获得接近 50% 的性能提高。

8. 顶点缓存

利用缓冲区对象储存顶点数据分为以下几个步骤。

首先是创建缓冲区对象：void glGenBuffers（GLsizei n, GLuint *buffers）；该函数通过

buffers 返回 *n* 个未被使用的缓冲区标识符。

其次绑定缓冲区对象：void glBindBuffer（GLenum target，GLuint buffer）；其中 target 为 GL_ARRAY_BUFFER 或 GL_ELEMENT_ARRAY_BUFFER 之一。

当 buffer 首次使用时，就创建一个缓冲区，并绑定 buffer 作为其标识符。当绑定到一个以前创建的缓冲区时，这个缓冲区变成为当前活动的对象。当绑定 buffer 值为 0 时，停止使用缓冲区对象。

最后使用顶点数据分配初始化缓冲区对象：void glBufferData（GLenum target，GLsizeiptr size，const GLvoid *data，GLenum usage）。

9. 尽可能使用多线程编程

应把整个 3D 应用拆解成可以并发运行的多个线程。渲染尽可能用一个独立的线程，其他功能最好都能启用独立的核处理。

10. 尽可能使用异步编程

用于下载数据的操作最好拆解成后台线程，与处理界面显示的线程独立，这样可以防止下载数据的漫长过程阻塞界面事件的响应。另外，数据加载最好采用分片、分块的方式，使用多个独立线程同时下载数据以缩短时间。

本节对 3D 编程中的性能优化方法进行了简单列举，开发者在设计和编写 3D 应用的过程中要时刻关注性能问题。

> **提示："攀登性能制高点"**
>
> 3D 应用可以称为现阶段龙芯电脑要攀登的"制高点"，开发者需要针对应用程序精雕细刻，妥善设计程序结构，消除性能瓶颈，充分挖掘显卡的油水，这样才能实现 3D 应用程序流畅运行。龙芯继续研发性能更高的芯片 3A4000，在很大程度上能够帮助提升 3D 应用性能，降低开发者的负担，但是开发者在编写 3D 应用时永远要以优化软件本身性能为第一要义。

9.5 项目实战

9.5.1 案例 1：龙芯移植 OGRE 游戏引擎

OGRE 是一款开源的图形渲染引擎。本节从 OGRE 源代码开始，逐步完成在龙芯 3A3000 平台上的移植，这个过程对移植同类 3D 引擎有很强的参考意义。

1. 下载 OGRE 源码

OGRE 源码在 Bitbucket 网站上开放，首先下载源代码，执行如下命令：

```
#yum install -y mercurial
$ cd ~
$ hg clone https: //bitbucket.org/sinbad/ogre
```

上述命令是在电脑中安装版本管理工具 mercurial 软件包，使用 hg 命令从 Bitbucket 网站上将 OGRE 源代码复制到本地。

然后还要下载 OGRE 所需的依赖库，执行如下命令：

```
$ hg clone https: //bitbucket.org/cabalistic/ogredeps
```

2. 从源代码编译 OGRE

编译 OGRE 需要 cmake-gui 工具的支持，所以首先安装 cmake-gui 工具，命令如下：

```
#yum install cmake-gui
```

下面编译 OGRE 依赖库。OGRE 的编译依赖于一些第三方库，开发者可以选择通过手动安装，或者采用 OGRE 提供的依赖库源码包进行编译，依赖库如表 9-3 所示。

表 9-3　OGRE 依赖库列表

依赖库	详细信息	备注
freeetype	字体渲染库	必备
boost-date-time	Boost 是为 C++ 语言标准库提供扩展的一些程序库	推荐
boost-thread	Boost 是为 C++ 语言标准库提供扩展的一些程序库	推荐
nvidia-cg-toolkit	Nvidia 提供的图形库	推荐
zlib1g	压缩库	推荐
zzip	压缩库	推荐
cppunit	单元测试	可选
doxygen	文档生成	可选
xt	X11 toolkit	可选
xaw7	X11 Athena Widget	可选
xxf86vm	X11 XFree86 video mode extension library	可选
xrandr	X11 RandR extension library	可选
glu	OpenGL Utility	可选
OIS	面向对象的输入系统	可选
POCO	一组开源 C++ 类库的集合	可选
TBB	利用多核提高性能	可选

本节采用编译 OGRE 提供的依赖库源码包的方式构建 OGRE 的依赖库，执行命令如下：

```
$ cd ogredeps
$ mkdir build
$ cd build
$ cmake ..
$ make
#make install
```

编译安装 OGRE 的依赖库后，现在可以正式编译 OGRE，命令如下：

```
$ cd ogre
$ mkdir build
$ cmake-gui &
```

运行 cmake-gui 的界面如图 9-15 所示。

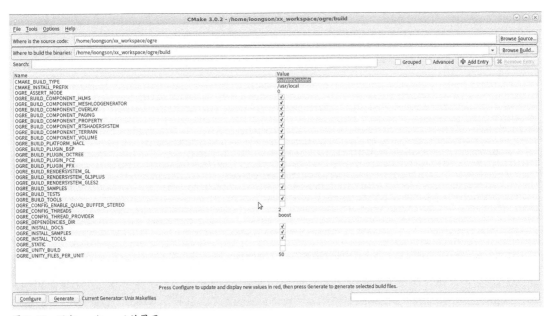

图 9-15　运行 cmake-gui 的界面

在界面中执行如下操作（将 SOURCE_PATH 替换成 OGRE 源代码所在的目录名）：

STEP 1 配置源码目录为 SOURCE_PATH/ogre。

STEP 2 配置构建目录为 SOURCE_PATH/ogre/build。

STEP 3 单击 "Configure" 按钮。

STEP 4 将 OGRE_DEPENDENCIES_DIR 项设为 SOURCE_PATH/ogredeps/build/ogredeps。

STEP 5 再次单击 "Configure" 按钮。

如果产生错误，则按照提示解决即可，比如缺少 Xaw 库，执行如下命令：

```
#yum install xaw-devel
```

再次单击 "Configure" 按钮，直到没有错误并进入 Build 选项。OGRE 的 Build 界面选项较多，这里只做一些简单的介绍。

1. OGRE_BUILD_COMPONENT_XXX 选项控制对应的 XXX 组件是否会被添加到 OGRE 中。

2. OGRE_BUILD_RENDERSYSTEM_XXX 选项控制 OGRE 可以选用的渲染系统，在本文中采用 GL 作为渲染系统，开发者也可以选择自己想要使用的渲染系统。

3. OGRE_INSTALL_DOCS 选项控制是否要生成 OGRE 文档，需要提前安装 doxygen，安

装命令如下：

```
#yum install doxygen
```

4. OGRE_INSTALL_SAMPLES 选项控制是否要安装 OGRE 的示例。

按照图 9-15 对所有项目选择完成后，单击"Generate"按钮。操作成功后退出 cmake-gui，回到命令行操作，执行如下命令：

```
#cd build
#make
#make install
```

至此，OGRE 在龙芯 3A3000 上的构建和安装就完成了。OGRE 在系统中安装了很多文件，分别位于以下目录：

1. 头文件：/usr/local/include/OGRE。

2. 库文件：/usr/local/lib 下以 libOgre 开头的文件。

3. 资源文件：/usr/local/share/OGRE。

3. 运行 OGRE 样例

至此 OGRE 已经安装成功，可以尽情畅游
OGRE。打开 OGRE 样例浏览器：

```
$ cd ogre/build/bin
$ ./SampleBrowser
```

配置好相关选项后就可以进入 OGRE 的样
例浏览器，运行 3D 应用样例如图 9-16 所示。

测试采用的平台为龙芯 3A3000 台式机，

图 9-16　OGRE 样例

插入独立显卡为 AMD HD6670，帧数非常稳定。读者可以仔细研究 OGRE 每个例子的实现技术，一定能有所收获。

9.5.2　案例 2：龙芯移植 NASA World Wind

NASA World Wind 是 NASA（美 国 国 家
航空和宇宙航行局）开发的 3D 地球鸟瞰工具引
擎，开放源代码并且完全免费。通过这套程序的
3D 引擎，可以从外太空看见地球上的任何一个
角落。图 9-17 是 World Wind 的形象标识。

和前面介绍的所有 3D 引擎不同的是，World

图 9-17　形象标识

Wind 是使用 Java 语言开发的，而前面介绍的 OSG、MapBox、Cesium、OGRE 都是使用 C/C++ 开发的。所以本节对 World Wind 的移植过程可以展示使用 Java 编写 3D 应用的常见问题。

有"天眼"之称的这一款软件，经过修改代码和编译，能够成功的在龙芯上运行。下面详细讲述移植过程。

1.World Wind 以及相关的软件包

World Wind 依赖于两个软件包 gluegen 和 jogl，如图 9-18 所示。

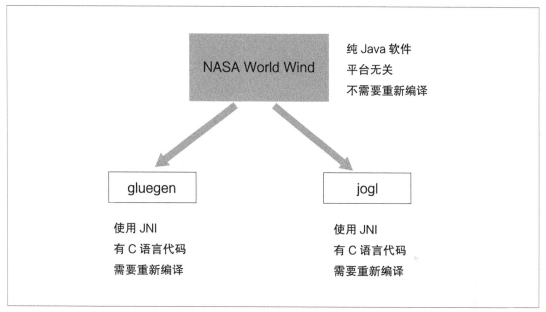

图 9-18　World Wind 软件架构

1. gluegen 有 Java 和 JNI 代码，调用 C 库。

2. jogl 是 Java 对 OpenGL 绑定的开源项目，同样使用了 JNI。

由于 gluegen 和 jogl 为了提高运行性能，都使用了 JNI 技术，含有 C、C++ 源代码，所以对 CPU 产生了依赖关系，官方只提供了 X86 电脑的二进制文件，这两个软件都需要在龙芯电脑上重新编译，并且要解决官方代码对龙芯电脑的不兼容问题。而 World Wind 是纯 Java 软件，没有使用 JNI，不需要重新编译，可以直接使用官方在 X86 电脑编译的二进制文件，在龙芯电脑上正常运行。

World Wind 的版本变化比较快，而且对 gluegen、jogl 也有版本要求。本书写作时下载的 worldwind 是 2.0.0 版本，REDME.txt 文档中声明支持 Java SDK 1.5.0 以上版本，并且需要下载 2.1.5 版本的 gluegen 和 jogl 包。

World Wind 的下载路径：http://ftp.loongnix.org/others/NasaWorldWind/。

gluegen 和 jogl 下载路径：http://jogamp.org/deployment/archive/rc/v2.1.5/archive/Sources/。

下载得到两个源码包 gluegen-v2.1.5.tar.7z 和 jogl-v2.1.5.tar.7z，如图 9-19 所示。

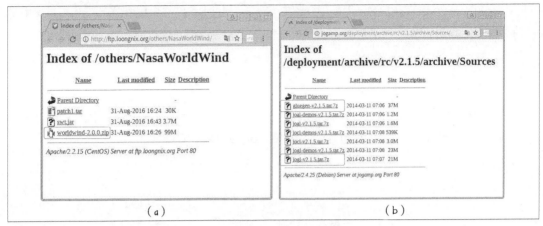

图 9-19 下载 World Wind 源代码

2. 编译 gluegen 软件包

由于 gluegen 官方没有龙芯电脑上进行测试，所以直接编译代码会出现错误，需要修改源代码才能编译通过。对 gluegen 代码的修改内容主要是增加龙芯电脑的编译选项，补充 MIPS64 的分支。下面是需要修改的说明。

STEP 1 解压缩 gluegen-v2.1.5.tar.7z，并且将解压后的目录名修改为 gluegen。进入 gluegen 目录，查找 build.xml 文件。

```
[loongson@localhost gluegen]$ find .-name build.xml
./test/TestOneJar_InJar/jogamp01/build.xml
./test/junit/com/jogamp/gluegen/build.xml
./make/build.xml
```

修改 ./make/build.xml 文件，搜索字符串 mips，在第 328 行添加如下代码（注意不要输入 + 号）：

```
+   <target name="declare.linux.mips64el"  if="isLinuxMips64el">
+       <echo message="Linux.mips64el"/>
+       <property name="compiler.cfg.id"  value="compiler.cfg.linux"/>
+       <property name="linker.cfg.id"  value="linker.cfg.linux.mips64el"/>
+   </target>
```

在 360 行后面加上代码：

```
+   declare.linux.mips64el,
```

STEP 2 查找 PlatformPropsImpl.java 文件。

```
[loongson@localhost gluegen]$ find .-name PlatformPropsImpl.java
./src/java/jogamp/common/os/PlatformPropsImpl.java
```

修改 PlatformPropsImpl.java 文件，查找字符串 mips，在第 301 行添加如下代码：

```
+ else if ( archLower.equals ( "mips64" ) ) {
+          return CPUType.MIPS_64;
+ }else if ( archLower.equals ( "mips64el" ) ) {
+          return CPUType.MIPS_64el;
+ }
```

STEP 3 修改 PlatformPropsImpl.java 文件。在 ./src/java/jogamp/common/os/PlatformPropsImpl.java 文件的 getOSAndArch（）方法中，添加分支，代码如下：

```
          case IA64:
            _os_and_arch = "ia64";
            break;
+         case MIPS_64el:
+           os_and_arch = "mips64el";
+           break;
          case SPARCV9_64:
            _os_and_arch = "sparcv9";
            break;
```

STEP 4 修 改 MachineDescriptionRuntime.java 文 件。 在 ./src/java/jogamp/common/os/Machine DescriptionRuntime.java 文件的 isCPUArch32Bit（）方法中，添加分支，代码如下：

```
private static boolean isCPUArch32Bit ( final Platform.CPUType cpuType )
throws RuntimeException {
    switch ( cpuType ) {
      case X86_32:
        ...........
+     case MIPS_64el:
          return false;
```

STEP 5 查找 ./make/gluegen-cpptasks-base.xml 文件，此文件修改的代码比较多。在 gluegen-cpptasks-base.xml 中搜索 mipsel，在第 380 行添加代码：

```
<condition property="isLinuxMipsel">
    <and>
      <istrue value="${isLinux}"/>
      <os arch="mipsel"/>
```

```
      </and>
    </condition>
+   <condition property="mipsel">
+     <os arch="mipsel"/>
+   </condition>
+   <condition property="isLinuxMips64el">
+     <and>
+       <istrue value="${isLinux}"/>
+       <os arch="mips64el"/>
+     </and>
+   </condition>
+   <condition property="mips64el">
+     <os arch="mips64el"/>
+   </condition>
<condition property="isLinuxPpc">
```

在第 580 行添加代码：

```
<echo message="LinuxMipsel=${isLinuxMipsel}"/>
+     <echo message="LinuxMips64el=${isLinuxMips64el}"/>
      <echo message="LinuxPpc=${isLinuxPpc}"/>
```

在第 650 行添加代码：

```
 <target name="gluegen.cpptasks.detect.os.linux.mipsel"unless="gluegen.
cpptasks.detected.os.2"if="isLinuxMipsel">
    <property name="os.and.arch"value="linux-mipsel"/>
  </target>
+   <target name="gluegen.cpptasks.detect.os.linux.
mips64el"unless="gluegen.cpptasks.detected.os.2"if="isLinuxMips64el">
+     <property name="os.and.arch"value="linux-mips64el"/>
+   </target>
  <target name="gluegen.cpptasks.detect.os.linux.ppc"unless="gluegen.
cpptasks.detected.os.2"if="isLinuxPpc">
    <property name="os.and.arch"value="linux-ppc"/>
  </target>
```

在第 682 行添加代码：

```
+ gluegen.cpptasks.detect.os.linux.mips64el,
```

在第 1192 行添加代码：

```
 <linker id="linker.cfg.linux.mipsel"name="${gcc.compat.compiler}">
   </linker>
+   <linker id="linker.cfg.linux.mips64el"name="${gcc.compat.compiler}">
+   </linker>
   <linker id="linker.cfg.linux.ppc"name="${gcc.compat.compiler}">
</linker>
```

在第 1413 行添加代码：

```
     <target  name="gluegen.cpptasks.declare.compiler.linux.
mipsel"if="isLinuxMipsel">
     <echo message="Linux.Mipsel"/>
     <property name="compiler.cfg.id.base"  value="compiler.cfg.linux"/>
     <property name="linker.cfg.id.base"  value="linker.cfg.linux"/>
     <property name="java.lib.dir.platform"  value="${java.home.dir}/jre/
lib/mipsel"/>
   </target>
+ <target  name="gluegen.cpptasks.declare.compiler.linux.
mips64el"if="isLinuxMips64el">
+     <echo message="Linux.Mips64el"/>
+     <property name="compiler.cfg.id.base"  value="compiler.cfg.linux"/>
+     <property name="linker.cfg.id.base"  value="linker.cfg.linux"/>
+      <property name="java.lib.dir.platform"  value="${java.home.dir}/jre/
lib/mips64el"/>
+     </target>
     <target  name="gluegen.cpptasks.declare.compiler.linux.
ppc"if="isLinuxPpc">
     <echo message="Linux.Ppc"/>
     <property name="compiler.cfg.id.base"  value="compiler.cfg.linux"/>
     <property name="linker.cfg.id.base"  value="linker.cfg.linux"/>
     <property name="java.lib.dir.platform"  value="${java.home.dir}/jre/
lib/ppc"/>
</target>
```

在第 1449 行添加代码：

```
+ gluegen.cpptasks.declare.compiler.linux.mipsel,
```

STEP 6 在 build-test.xml 文件中搜索 java.build，在第 164 行添加如下代码：

```
+    <!--
+  <target name="android.package"depends="java.generate, java.build,
native.build"if="isAndroid">
+    -->
+      <target name="android.package"depends="java.generate, native.
build"if="isAndroid">
+        <aapt.signed
              assetsdir="resources/assets-test"
```

STEP7 在 make 目录下，使用 ant 命令来编译：

```
$ ant
......
gluegen.build.check.aapt:
android.package:
developer-src-zip:
       [zip]Building zip: /home/loongson/jogl/gluegen/build/gluegen-java-
src.zip
developer-zip-archive:
all:  BUILD SUCCESSFUL
```

gluegen 软件包编译成功，最后将 build 目录下的所有 .jar 文件复制到 worldwind 目录下。

3. 编译 jogl 软件包

在龙芯电脑上编译 jogl 也需要修改代码来解决编译错误。

STEP1 下载 swt.jar 文件（位于 ftp.loongnix.org 网站的 others/NasaWorldWind 目录），复制到 jogl-v2.1.5/make/lib/swt 目录下。

STEP2 进入 jogl-v2.15 目录，在 ./make/build-nativewindow.xml 文件中进行修改。

```
  <target name="c.configure.linux.mipsel"if="isLinuxMipsel">
     <echo message="Linux.MIPSEL"/>
     <property name="compiler.cfg.id"   value="compiler.cfg.linux"/>
     <property name="linker.cfg.id.oswin"  value="linker.cfg.linux.nativewindow.
x11"/>
   </target>
+   <target name="c.configure.linux.mips64el"if="isLinuxMips64el">
+     <echo message="Linux.MIPS64EL"/>
+     <property name="compiler.cfg.id"   value="compiler.cfg.linux"/>
+     <property name="linker.cfg.id.oswin"  value="linker.cfg.linux.nativewindow.x11"
/>
```

```
+    </target>
     <target name="c.configure.linux.ppc"if="isLinuxPpc">
     ..........
+    c.configure.linux.mipsel, c.configure.linux.mips64el, c.configure.linux.ppc
```

STEP 3 修改 build-common.xml 文件，添加如下代码:

```
   <condition  property="swt.jar"value="${project.root}/make/lib/swt/gtk-
linux-x86/swt-debug.jar">
          <istrue value="${isAndroid}"/> <!--FIXME JAU ..hack -->
       </condition>
+        <condition property="swt.jar"value="${project.root}/make/lib/swt/
gtk-linux-mips64el/swt.jar">
+          <istrue value="${isLinuxMips64el}"/> <!--FIXME JAU ..hack -->
+        </condition>
        <property name="swt-cocoa-macosx-x86_64.jar"value="${project.
root}/make/lib/swt/cocoa-macosx-x86_64/swt-debug.jar"/>
```

STEP 4 修改 build-jogl.xml 文件，添加如下代码:

```
 <target name="c.configure.linux.mipsel"if="isLinuxMipsel">
     <echo message="Linux.MIPSEL"/>
     <property name="compiler.cfg.id" value="compiler.cfg.linux"/>
     <property name="linker.cfg.id.os" value="linker.cfg.linux.jogl.x11"/>
   </target>
+    <target name="c.configure.linux.mips64el"if="isLinuxMipsel">
+      <echo message="Linux.MIPSEL"/>
+      <property name="compiler.cfg.id" value="compiler.cfg.linux"/>
+      <property name="linker.cfg.id.os"  value="linker.cfg.linux.jogl.x11"/>
+    </target>
+    c.configure.linux.mipsel, c.configure.linux.mips64el, c.configure.linux.ppc
```

STEP 5 修改 build-newt.xml 文件，添加如下代码:

```
+    <target name="c.configure.linux.mips64el"if="isLinuxMips64el">
+    <echo message="Linux.mips64el"/>
+    <property name="compiler.cfg.id" value="compiler.cfg.linux"/>
+       <condition property="linker.cfg.id.oswin" value="linker.cfg.linux.newt.
x11"
+                                        else="linker.cfg.linux">
```

```
+            <isset property="isX11"/>
+        </condition>
+        <echo message="linker.cfg.id.oswin ${linker.cfg.id.oswin}"/>
+    </target>
+    c.configure.linux.mipsel, c.configure.linux.mips64el, c.configure.linux.ppc
```

STEP6 在 make 目录下，使用 ant 来编译：

```
$ ant
......
all: BUILD SUCCESSFUL
Total time: 3 minutes 1 second
```

至此 jogl 编译成功。需要将 jogl 目录下生成的几个 jar 文件，包括 jogl-all.jar、nativewindow-natives-linux-mips64el.jar、jogl-all-natives-linux-mips64el.jar，都复制到 worldwind-2.0.0 目录下。

4. 在 worldwind 目录下运行用例

由于 World Wind 是一个标准的 Java 程序，本身对平台没有依赖关系，不需要重新编译，只需要使用官方提供的二进制，再加上前面编译的 gluegen、jogl 库，运行下面的命令：

```
[worldwind-2.0.0]$ chmod +x run-demo.bash
[worldwind-2.0.0]$ ./run-demo.bash gov.nasa.worldwindx.examples.
ApplicationTemplate
```

现在 World Wind 运行起来，拖动页面、鼠标缩放等操作基本流畅。

程序运行时会在终端上打印很多输出信息，为了能够更流畅地查看地图，可以屏蔽终端的输出：

```
[worldwind-2.0.0]$ ./run-demo.bash gov.nasa.worldwindx.examples.
ApplicationTemplate &>/dev/null
```

World Wind 在运行时会自动从国外网络服务器下载地图数据。

World Wind 本身是一个可以定制的 3D 引擎，可以通过编写很少量的代码实现用户自己的个性需求。官方网站上提供更多精美实例可供欣赏。

5. 编译好的成品文件

由于编译过程中修改的代码很多，本书已经为编译好的成品文件提供下载，http://ftp.loongnix.org/others/NasaWorldWind/ 里面有完整的代码 patch 文件和使用说明。根据说明来修改三个软件包，可以更快速地运行 Word Wind。

本节完成 NASA WordWind 的编译过程，可以为读者提供移植同类大型开源 3D 引擎的参考。

思考与问题

1. 龙芯电脑的 3D 图形架构有哪些层次？

2. 龙芯电脑支持哪些显卡？

3. 怎样查看本机的显卡型号？

4. Loongnix 有哪些大型 3D 应用？

5. OpenGL 有哪些函数？

6. QtOpenGL 程序的基本结构是什么？

7. 怎样编写 Python 的 3D 茶壶程序？

8. 请列举常用的 3D 引擎。

9. 3D 性能测试工具有哪些？

10. 3D 应用的性能优化方法有哪些？

11. 怎样在龙芯电脑上移植 OGRE？

12. 在龙芯电脑上移植 NASA World Wind 都会遇到哪些问题？

第 **10** 章

奔向云端：Docker 虚拟机

云平台是近几年流行的服务器部署架构，现在的大型数据中心往往会安装几千台甚至上万台服务器，传统的操作系统和网络管理软件已经难以满足管理效率要求。云平台是专门面向海量服务器的管理系统，有虚拟机和容器两种类型。Docker 属于后者，是一种轻量级的开源容器引擎，"容器"的含义是指开发者可以将应用程序以及依赖的库文件进行打包，封装到一个镜像中，这个镜像可以在网络上发布，用户把镜像传输到要运行应用程序的服务器上，在 Docker 引擎上以容器的方式运行，每一个容器是一个自成一体的应用实例。容器在底层使用沙箱机制，每一个容器拥有独立的文件系统，各个容器之间在逻辑上隔离，容器之间的访问受到严格的安全限制，从而保证容器内运行的应用和数据的安全。

龙芯电脑完善支持 Docker，具备了建立大规模集群节点的管理能力，适合作为公有云或者私有云的基础架构。本章将介绍龙芯 Docker 平台的使用和管理方法。

学习目标

Docker 技术的产生背景、优点、适用场景。
龙芯电脑上 Docker 基本命令，制作镜像，运
行容器。Dockerfile 的语法规则，向 Docker
官方社区提交镜像。Swarm 集群，Portainer
图形化管理工具的移植和使用，专用云平台的
典型架构。

学习重点

Docker 常用命令，创建镜像，启动容器，
查看容器运行状态。镜像的层次结构。管理
Swarm 集群，部署服务，运行 Portainer 图形
化管理工具。大规模分布式系统的架构设计。

主要内容

虚拟机和容器技术的对比

Docker 常用命令

制作 Loongnix 最小镜像

创建和运行容器

镜像的层次结构

Dockerfile 的语法

制作 Apache/PHP/MySQL 服务器镜像

搭建 Swarm 集群

Portainer 图形化管理工具

专用云平台的典型架构

10.1 龙芯 Docker 概述

10.1.1 为什么要有容器技术

云平台的兴起时间在 2000 年以后，到 2010 年成为 IT 领域的热门术语。云平台兴起的原因主要是两点：一是服务器数量成倍增长；二是软件平台的复杂性和差异化日益严重，尤其体现在 Linux 操作系统的碎片化。网络上的文章一般强调前者，其实服务器数量上的增长只是表面现象，后者才是导致云平台产生的最主要原因。

1. Linux 操作系统的碎片化

Linux 操作系统的碎片化是指 Linux 衍生出几百种各不相同的变体，每一种变体又分成多种版本，这种差异化会严重导致浪费开发资源、加重运营负担。Linux 天生是一个在开源社区上自由生长的操作系统，每个人都可以从源代码制作一个发行版（Distribution），从而形成了 Debian、Fedora、Ubuntu、CentOS 等为数众多的变体，据统计这样的发行版总共有几百个，常用的也有十多个。这些发行版不像企业主导开发的软件一样有较强的秩序约束，各个发行版之间存在一定的互不兼容，在软件包格式、基础软件版本、升级机制等方面都会有差别。整体上看，Linux 生态呈现出严重的发散状态，这种碎片化的特性是开源软件的通病，在未来还会更加严重。

设想有一个软件公司，基于 Linux 开发和维护着多个软件项目。由于硬件、软件不断在升级进步，新开发的项目一般倾向于选用当时最新版本的操作系统。随着时间的积累，项目的数量逐年增长，而老的项目还需要维护，必然导致这些项目使用的操作系统各不相同。经过一定年份，软件公司会面对很多种操作系统，软件分别运行在不同版本的基础软件上，尤其是 JDK、中间件、数据库等。由于各操作系统之间不兼容，基础软件也不保证向下兼容，应用程序一旦开发完毕、代码冻结，只有在开发时确定的操作系统版本上才能保证功能正常。这种"操作系统—基础软件—应用程序"的搭配会形成组合爆炸的趋势。

2. 最原始的部署方式：独立服务器

在没有云平台之前，服务器采用原始的"独立部署"方式，每一台服务器安装一种操作系统，在上面部署一套基础软件、应用程序。只要有一种"操作系统—基础软件—应用程序"的搭配，就需要购买和部署一台服务器，如图 10-1 所示。

软件项目1			软件项目2			软件项目3	
数据库	MySQL 5		数据库	MySQL 6		数据库	PostgreSQL
中间件	Tomcat 6		中间件	Tomcat 8		中间件	Tomcat 8
JDK	JDK 6		JDK	JDK 8		JDK	JDK 8
OS	CentOS 6		OS	CentOS 7		OS	Ubuntu 16.04
服务器1			服务器2			服务器3	

图 10-1 基于独立服务器的部署方式

对于 3 个软件项目，需要 3 台服务器分别运行一个项目，每一个项目使用不同版本的操作系统、JDK、中间件、数据库。这种部署方式的弊端在于资源严重浪费，购买服务器的原因只是为了解决软件版本的需求，对于大型企业，经常运行成百上千个业务系统，需要投入的硬件数量是巨大的。由于现在服务器的硬件性能非常高，一个项目往往占不满服务器的计算资源，存在极大浪费，管理成本、用电消耗、机房面积都不堪重负。

3．云平台的第一阶段：虚拟机

虚拟机（Virtual Machine）是针对上述部署方式的不足，为了提高服务器硬件使用效率而提出一种改进方法。虚拟机的宗旨是把不同的操作系统、基础软件、应用程序部署到相同机器上，也就是在一台物理机上安装多个不同的操作系统，并且可以同时运行，每一个操作系统中则可以安装不同版本的基础软件，这样就实现了在一台物理机上部署不同的软件项目。虚拟机技术的典型代表有 IBM OS/360（1964 年）、VMware（1999 年）、KVM（2006 年）、VirtualBox（2007 年）等。图 10-2 是基于虚拟机的部署方式。

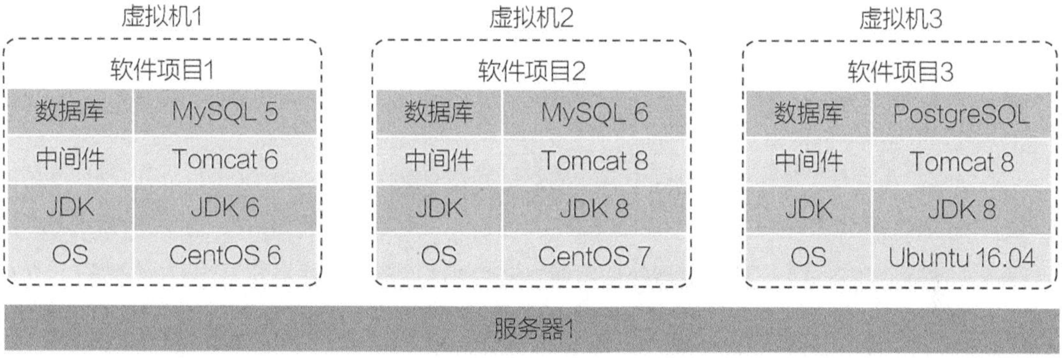

虚拟机1		虚拟机2		虚拟机3	
软件项目1		软件项目2		软件项目3	
数据库	MySQL 5	数据库	MySQL 6	数据库	PostgreSQL
中间件	Tomcat 6	中间件	Tomcat 8	中间件	Tomcat 8
JDK	JDK 6	JDK	JDK 8	JDK	JDK 8
OS	CentOS 6	OS	CentOS 7	OS	Ubuntu 16.04

服务器1

图 10-2　虚拟机的部署方式

通过使用虚拟机的方式，可以将 3 个软件项目运行在一台服务器上，每一个虚拟机都是一套独立的操作系统和基础软件环境。只要服务器的计算性能可以承受 3 个软件同时运行的压力，就可以有效减少机器数量、提高资源利用率。大部分有能力的软件公司都转型到虚拟机这种部署方式。

虚拟机为实现云平台提供了基础，云平台是实现海量服务器和应用软件的集中管控和运行服务的架构，早期的云平台都是建立在虚拟机技术上。

虚拟机的方式已经可以解决操作系统碎片化的问题，但是还是存在一定的不足，主要是启动时间慢。由于每一个虚拟机里面运行的都是完整的操作系统，这意味着每次部署一个新的应用软件，都需要创建一个新的虚拟机、启动一个完整的虚拟操作系统，这个时间一般在几分钟。感觉上几分钟可能并不是太长，但是对于生产环境上的业务系统，几分钟的时间很可能会影响很多订单收入。下一步的发展方向集中在如何解决"怎样减少启动时间"这个问题，容器技术就是沿着这个思路产生的。

4．云平台的进化：容器技术

容器（Container）技术的本质是在一个服务器上只运行一个操作系统，每次部署一个新的软件不用重新启动操作系统，只剩下软件本身的启动时间。容器技术和虚拟机的区别如图 10-3 所示。

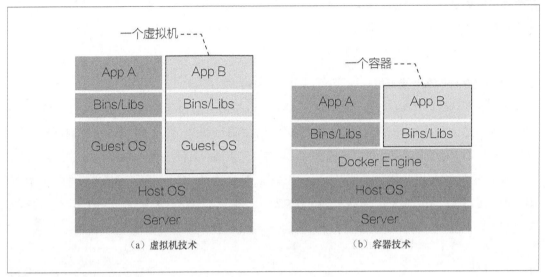

图 10-3　虚拟机与容器的对比

虚拟机和容器的区别如下。

1. 从架构角度看，每一个虚拟机中启动的都是完整的操作系统，各个虚拟机可以使用不同的 Linux 内核，即图 10-3 中左侧的 "Guest OS" 的含义。而每一个容器只是一个文件系统（即应用程序＋依赖的库文件），所有容器都使用相同的 Linux 内核，也就是图 10-3 中右侧的 "Host OS"。

> **提示：什么是内核**
>
> 　　Linux 操作系统由几千个软件包组成，其中有一个最重要的软件，承担了操作系统最核心的功能，即课本上所讲的进程管理、内存管理、文件管理、外设管理功能，这个软件包就叫作内核。除了内核之外的其他软件总称为 "文件系统"，像日常使用的所有命令行工具（ls、cd、mkdir 等）都属于文件系统中的软件，另外还有图形桌面环境、Web 服务器、办公软件也都属于文件系统。
>
> 　　按照严格的操作系统定义，只有内核实现了操作系统本身的核心功能，其他所有的软件都是属于 "应用软件"。所以，图中的 Host OS、Guest OS 实际上都是指 Linux 内核。

2. 从运行角度看，每一次虚拟机的启动过程都包括内核（Guest OS）加上应用程序的启动时间，因此往往要有几分钟；而每一个容器的启动过程不包含内核的启动时间，只有应用程序的启动时间，所以最短只需要几秒就可以启动一个容器。

3. 从资源角度看，容器不需要重新分配内核资源，从而比虚拟机节省了 CPU 和内存。一台主流的服务器运行的虚拟机数量一般不超过几十个，而运行容器则很容易突破上千个。在这个意义上，容器又被称为 "轻量级虚拟机"（Light-weighted Virtual Machine）。

使用容器部署应用程序的架构如图 10-4 所示。

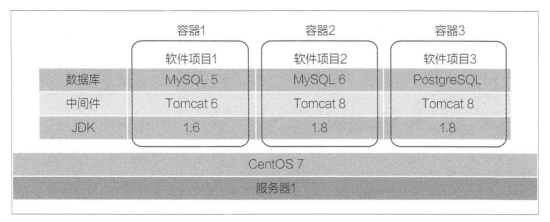

图 10-4 容器的部署方式

在一台服务器上，只需要安装一个本地操作系统（例如 CentOS 7），启动多个容器，在一个容器内安装任意版本的基础软件和应用软件。容器为应用程序提供隔离机制，每个容器中的应用程序只能访问本容器内部的文件系统，即使一个容器的应用程序把文件写出错误，其他容器不受任何影响。

容器的轻量级优点适应了云平台的发展需求，主流云平台在近几年都开始对容器技术进行支持。

5. 容器是否能取代虚拟机

由于上述优点，容器技术从产生到现在一直很火爆，大有全面取代虚拟机的势头。在 Linux 领域中，虚拟机技术的代表软件是 KVM，容器技术的代表软件是 Docker（图 10-5）。

既然容器有诸多优点，是否以 KVM 为代表的虚拟机技术会在将来消亡？主要有以下两个原因会使 KVM 继续保持一定的生命力。

图 10-5 Docker 形象标识

1. 如果要部署使用不同内核的应用程序，只能使用虚拟机。由于容器在结构上不包含内核，所有容器只能共享使用相同的本地内核，这已经能满足大多数场合，但是如果应用程序依赖于不同的内核版本，那么只能使用虚拟机技术。还有一种典型场景是用于开发内核，假设一个程序员对标准 Linux 内核进行了修改，例如添加了新功能或者修正了一个 Bug，想快速地运行调试新内核，那么无疑是不能使用容器技术的，只能使用虚拟机技术。

2. 已经使用虚拟机的云平台，还需要继续维护。如果云平台已经运行了大量的应用系统，改造成容器技术需要较大工作量，从企业利益出发有可能会考虑以虚拟机方式长久地运行下去，而对于新部署的应用系统则放到容器平台上。现在的很多的云平台，例如阿里云、华为云，都是同时提供虚拟机、容器两种选择，用户可根据自己的需要租用适合的平台。

　　龙芯目前已经完善支持 Docker，对 KVM 正在研发中。本书只介绍龙芯 Docker 的使用和管理方法。

10.1.2　Docker 功能列表

　　Loongnix 已经内置提供了 Docker 的管理工具，即 docker 命令。Docker 是一种网络服务器，需要使用以下命令安装和运行。下面的命令都需要管理员权限运行：

```
#yum install docker          ; 安装 docker
#service docker start     ; 启动 docker 的服务
#docker version              ; 验证 docker 安装是否正常
Client:
 Version:        1.12.2
 API version:    1.24
 Package  version: docker-common-1.12.2-5.git8f1975c.2.fc21.loongson.
mips64el
 Go version:     go1.7.5
 Git commit:     8f1975c/1.12.2
 Built:
 OS/Arch:        linux/mips64le

Server:
 Version:        1.12.2
 API version:    1.24
 Package  version: docker-common-1.12.2-5.git8f1975c.2.fc21.loongson.
mips64el
 Go version:     go1.7.5
 Git commit:     8f1975c/1.12.2
 Built:
 OS/Arch:        linux/mips64le
```

　　从上面的输出可以看到，Loongnix 内置的 Docker 版本是 1.12.2。Docker 是使用 go 语言编写的，这是 Google 推出的一种开源语言，非常适合于编写系统软件和 Web 服务器软件，Loongnix 的 go 语言版本是 1.7.5。

　　Docker 命令包含一系列参数，分别实现不同的管理功能。如果运行 docker 命令时不带有任何参数，则显示功能列表和帮助信息，如图 10-6 所示。

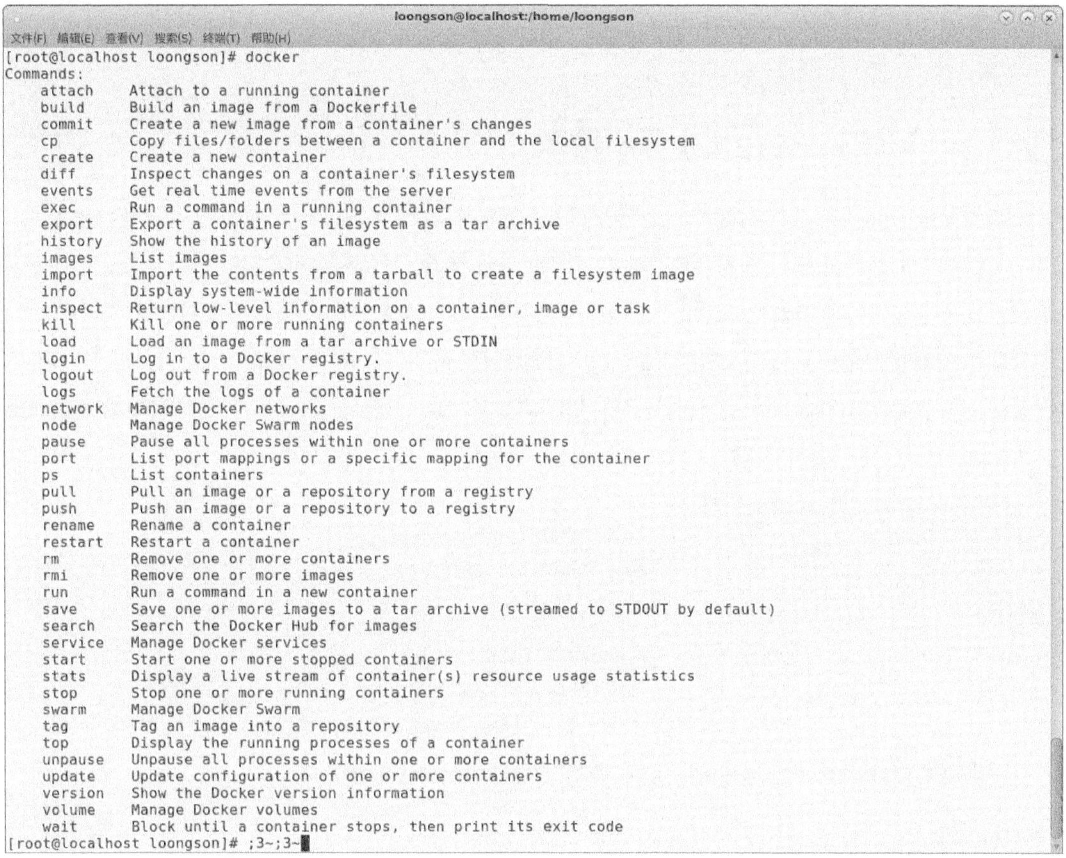

图 10-6　Docker 功能列表

常用的 Docker 参数如表 10-1 所示。

表 10-1　Docker 功能列表及说明

参数	功能
attach	对于一个已经运行的容器，截取其标准输入、输出
build	制作 Docker 镜像
commit	对于一个已经运行的容器，将其文件系统保存成新的镜像
create	创建新容器
exec	对于一个已经运行的容器，在容器内执行一个命令
export	把容器的文件系统导出一个 tar 包
images	显示本机镜像库中已经安装的所有镜像
import	把一个 tar 包导入本机镜像库
kill	对于一个已经运行的容器，强行中止运行
ps	显示正在运行的容器
rm	删除一个容器
rmi	删除一个镜像
run	运行一个新容器，相当于 create + start
start	对于一个处于停止状态的容器，恢复运行

下面各节将详细介绍上述功能的使用方法。

10.1.3　制作 Loongnix 最小镜像

镜像（Image）是把应用程序的运行文件和依赖的库文件封装成一个文件包。所有容器都要使用一个镜像才能运行起来。首先要制作操作系统的最小镜像，包含最常用的命令行工具，这个镜像作为后续所有应用程序镜像的基础。下面以 Loongnix 最小镜像为例，展示镜像的制作过程。

镜像在本质上是一个压缩文件（.tar 包），因此只要是能够生成 tar 包的方法可都以制作镜像。最简单的方法是使用 Docker 官方提供的一个脚本文件 mkimage-yum.sh，可以使制作镜像的过程自动化的完成，具体步骤如下。

使用 wget 命令下载脚本文件：

```
#wget https: //raw.githubusercontent.com/docker/docker/master/contrib/
mkimage-yum.sh
2018-07-03 00: 59: 25 - 已保存 "mkimage-yum.sh"
#chmod a+x ./mkimage-yum.sh        # 为脚本增加可执行权限
```

下面就可以使用 mkimage-yum.sh 脚本制作 Loongnix 最小镜像：

```
#./mkimage-yum.sh -y /etc/yum.conf fedora21-base
+ mkdir -m 755 /tmp/mkimage-yum.sh.Ed0KkK
+ yum groupinstall Core -c /etc/yum.conf --installroot=/tmp/mkimage-yum.
sh.Ed0KkK-y



==================================================================
安装   40 软件包 （+145 依赖软件包）
Installing for group install " 核心 ":
 audit                 2.4.1-2.fc21.loongson.3              229 k
 basesystem            10.0-10.fc21.loongson               8.1 k
 bash                  4.3.30-2.fc21.loongson              1.6 M
 coreutils             8.22-19.fc21.loongson               3.3 M
 ......
 tzdata                2014i-1.fc21.loongson               419 k
 ustr                  1.0.4-18.fc21.loongson              85 k
 xz                    5.1.2-14alpha.fc21.loongson         106 k
 xz-libs               5.1.2-14alpha.fc21.loongson         110 k
 yum-metadata-parser   1.1.4-14.fc21.loongson              36 k
 zlib                  1.2.8-9.fc21.loongson.2             97 k
```

```
总下载量: 88 M
================================================================

+ tar --numeric-owner -c -C /tmp/mkimage-yum.sh.Ed0KkK  .
+ docker import -fedora21-base: 21
sha256: 2fae25644c6ec562305dff92400ab4ec1038af662070e95c938d1750965e77b1
success
```

上面的 mkimage-yum.sh 脚本执行过程中实际包含很多步骤，通过输出内容可以看出一个大概过程，每一个以"+"开头的输出都是执行了一条命令。首先，mkdir 命令创建一个临时目录 /tmp/mkimage-yum.sh.Ed0KkK，然后 yum groupinstall 命令通过网络下载 Loongnix 的最小集合的软件包（Core Group），存放到本地的临时目录 /tmp/mkimage-yum.sh.Ed0KkK 中，这样就形成了一个"麻雀虽小，五脏俱全"的文件系统，在这个文件系统中只有最常用的命令行工具。随后的 tar 命令把临时目录进行压缩，通过 docker import 命令把 tar 包导入本地 Docker 服务器的镜像仓库中。至此完成一个 Loongnix 最小镜像的制作。

为了确认镜像制作正确，可以使用 docker images 命令查看本机安装的所有镜像。命令如下：

```
#docker images
REPOSITORY       TAG     IMAGE ID       CREATED         SIZE
fedora21-base    21      2fae25644c6e   3 minutes ago   206.9 MB
```

可以看到，已经正常生成了一个镜像，REPOSITORY 指明了镜像名称为"fedora21-base"。这个名称是在前面调用 docker import 命令时指定的参数，可以是任何文字标识，此处使用"fedora21"表明 Loongnix 是基于 Fedora 21 在龙芯电脑上重新移植的发行版。除了名称以外，镜像还有一个标记（Tag），相当于一个"副版本号"，即对于任何一个镜像，可以提交不同的版本，使用 Tag 进行区分。Tag 可以是任意的字符串，例如上面的输出中"21"是 mkimage-yum.sh 脚本自动生成的 Tag，表明 Loongnix 是 Fedora 21 的发行版。IMAGE ID 是镜像的唯一标识，是一个十六进制的字符串，例如 2fae25644c6e。SIZE 指明了镜像的大小，由于最小镜像的文件很少，因此只占用 206.9 MB 硬盘空间。

10.1.4 创建和运行容器

镜像只是提供了应用程序的文件系统，而并不能自动运行应用程序。为了运行应用程序，需要创建一个运行的容器，在容器中运行应用程序。

1. 创建容器

使用 docker run 命令创建一个容器，具体方法如下：

```
[root@localhost /]#docker run -i -t fedora21-base: 21 /bin/bash
[root@78812c830bfe /]#
```

上面的 docker run 命令中，-i 代表容器可以接收键盘上的输入；-t 和 -i 一般配合使用，读者可以暂时忽略其意义。fedora21-base: 21 指定镜像的标识；/bin/bash 是容器启动后运行的第一个程序。

容器运行成功后可以看见一个明显的变化，就是命令行提示符已经由本机名称（localhost）变成了容器的 ID（78812c830bfe），ID 是一个容器的唯一编号，如图 10-7 所示。

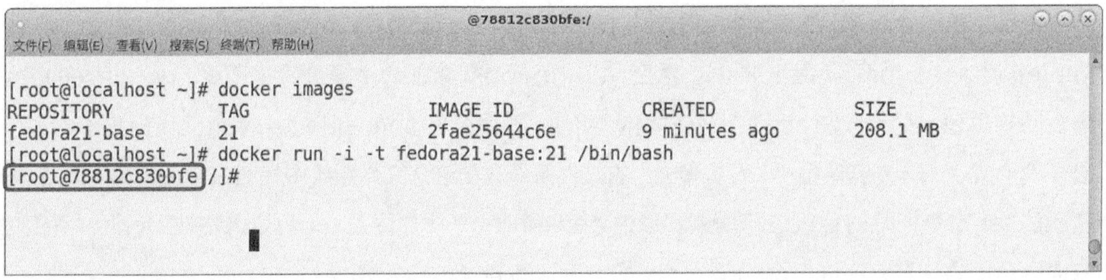

图 10-7　第一个 Docker 容器

至此，第一个龙芯容器创建成功，并且开始正常运行了，现在可以在容器的命令行上输入任何命令。注意，所有命令都是在当前容器的隔离环境中运行，不会对本机的文件系统造成任何破坏。

2. 同时运行两个容器

现在读者可以做一个实验，打开另外一个终端，运行相同的 docker run 命令：

```
[root@localhost /]#docker run -i -t fedora21-base: 21 /bin/bash
[root@4f70c174b134 /]#
```

可以看到这个命令的效果，启动第二个容器，其 ID 是 4f70c174b134，明显不同于第一个容器，如图 10-8 所示。

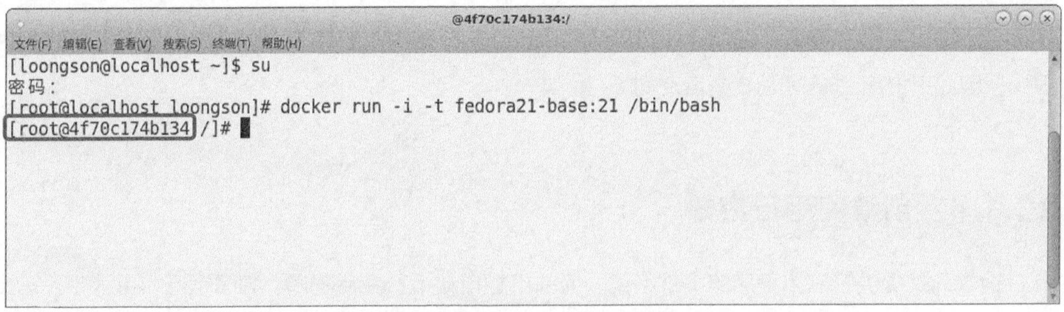

图 10-8　第二个 Docker 容器

现在如果在第一个容器中任意创建一个文件：

```
[root@78812c830bfe /]#date > 1.txt
```

那么在第二个容器中，使用 ls 命令是看不到 1.txt 的，这个实验证明了两个容器的运行环境是相互隔离的。上述实验的完整过程如图 10-9 所示。

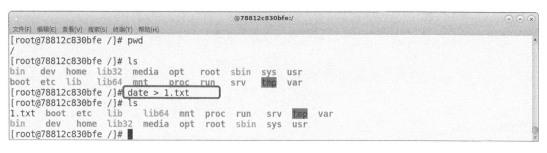

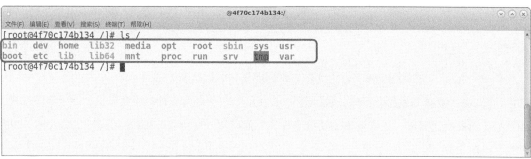

图 10-9　容器之间的隔离作用

提示！

　　通过本实验已经证明，同时运行两个容器，文件系统不受影响。另外，容器与本地文件系统也是隔离的，无论在每一个容器中怎样修改文件，本地文件系统不受任何影响。

　　这是实现云平台的基本安全性要求。在实际的云平台上，本地文件系统只允许最高权限的管理员访问；而容器则是由不同的用户付费购买，每个容器的用户只能访问自己容器中的文件。

3. 退出容器

　　如果要退出容器，可以在容器的命令行上输入 exit 命令后回车，则容器运行结束，自动回到本机的命令行提示符。例如，在第一个容器的命令行上执行 exit 命令，可以看到容器已经退出，如图 10-10 所示。

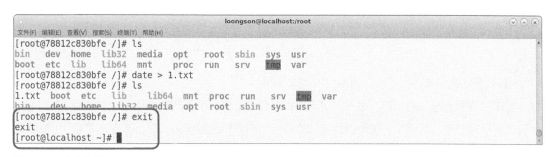

图 10-10　退出容器

　　事实上，如果一个运行的容器内部所有进程都终止执行，则容器会自动结束运行。

还有另一种退出容器的方式，是使用 docker kill 命令。这个命令会立即终止容器的执行，包括在容器内运行的所有进程也都会终止，一般只用于在容器运行不正常时强行杀掉容器。

4. 查看容器状态列表

使用 docker ps 命令，可以查看所有容器的状态，如图 10-11 所示。

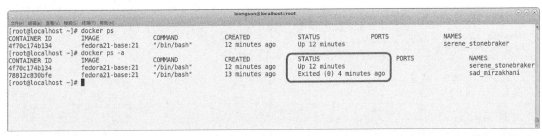

图 10-11　查看容器状态

如果 docker ps 命令不带有任何参数，则只能看到运行状态的容器，即 ID 为 4f70c174b134 的第二个容器；如要看到所有容器，则要使用 docker ps -a 命令，这样还会显示出已经创建过的、没有处于运行状态容器，这样就看到了处于退出状态的第一个容器（ID 为 78812c830bfe ）。容器的状态在 STATUS 列中显示。

5. 恢复运行容器

只要是创建过的容器，可以使用 docker start 命令再次运行。需要注意的是，每次容器运行时修改的文件都会保存下来，下一次恢复运行时文件的内容仍然是上一次退出时的状态。使用 docker start 命令恢复第一个容器（ID 为 78812c830bfe ）：

```
[root@localhost ~]#docker start -i  78812c830bfe
[root@78812c830bfe /]#
```

可以看到，docker start 使容器 78812c830bfe 恢复运行，ID 不变。再次显示一下文件内容，可以看到在前一次容器运行过程中创建的 1.txt 文件仍然存在，如图 10-12 所示。

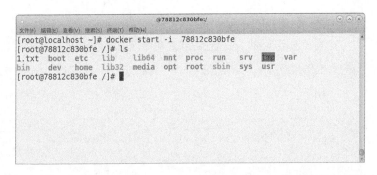

图 10-12　恢复容器运行

容器可以多次执行"运行—退出—恢复运行"的循环，每一次退出时都在硬盘上保存了应用程序的上一次运行结果，可以被看作是一种"中间状态"，也可以说是"快照"，这种机制大大方便了云平台的管理。例如，如果一台服务器上已经运行了若干容器，但是在运行过程中发现 CPU 温度过高，需要维修服务器，则可以退出所有容器的运行，排查 CPU 温度过高的原因（比如风扇损坏、机房空调故障等），在维修结束后重新恢复所有容器的运行。

10.1.5　在服务器之间传递容器

一个容器包含了应用程序所使用的一整套文件系统，可以根据需要传递到另一台服务器上运行。例如，如果一台服务器 A 上已经运行了一个容器，但是在运行过程中发现服务器 A 的 CPU 温度过高，则可以退出所有容器的运行，排查 CPU 温度过高的原因（比如风扇损坏、机房空调故障等），但是如果发现硬件故障难以修复，这台服务器 A 将永远无法再使用，则可以将容器的文件系统传递到服务器 B 上，重新恢复容器的运行。这在云平台中是一种典型的"故障迁移"管理模式。

假定要把服务器 A 上的容器 78812c830bfe 传递到服务器 B 上，容器已经处于退出状态，传递容器的具体步骤如下。

STEP 1 docker export 命令：将服务器 A 上容器的文件系统导出一个 tar 包。具体命令如下：

```
#docker export 78812c830bfe > 78812c830bfe.tar
```

这个 tar 包的大小是 209MB，如图 10-13 所示。

STEP 2 通过网络将 tar 包传递到另一台服务器 B 上，例如可以使用 scp、ftp 等命令。

图 10-13　导出容器的文件系统

```
#scp 78812c830bfe.tar root@192.168.0.2: ~
```

192.168.0.2 是服务器 B 的 IP 地址。

STEP 3 在服务器 B 上使用 docker import 命令，向镜像库导入 tar 包，生成一个新的镜像。

```
[root@192.168.0.2 ~]#docker import 78812c830bfe.tar  fedora21-base: new
sha256: 9c096e74527f73e9a2136409baf8c183f684095f9f99ad0fd0bfbf3177812a48

[root@192.168.0.2 ~]#docker images
REPOSITORY        TAG             IMAGE ID          CREATED          SIZE
fedora21-base     new             9c096e74527f      19 seconds ago   208.1 MB
```

在上面的命令中，为了和原有的镜像名称相区别，使用了不同的 Tag 标识 "new"。可以看到，在服务器 B 上也成功创建了一个镜像，分配了新的 ID 号 9c096e74527f，其大小、内容都和服务器

A 上的镜像相同。至此，原来服务器 A 上的镜像已经"迁移"到服务器 B 上。

STEP 4 在服务器 B 上使用 docker run 命令运行镜像。

运行容器的方法和前面介绍的完全相同，区别只在于要使用服务器 B 上的镜像 ID。命令如下：

```
[root@192.168.0.2 ~]#docker run -i -t fedora21-base: new /bin/bash
```

这个命令在服务器 B 上成
功运行了一个容器，容器的内
容和服务器 A 上完全相同，可
以看成是服务器 A 上容器的一
个"克隆"，专门术语叫作"复
制"（Replication），如图 10-14 所示。

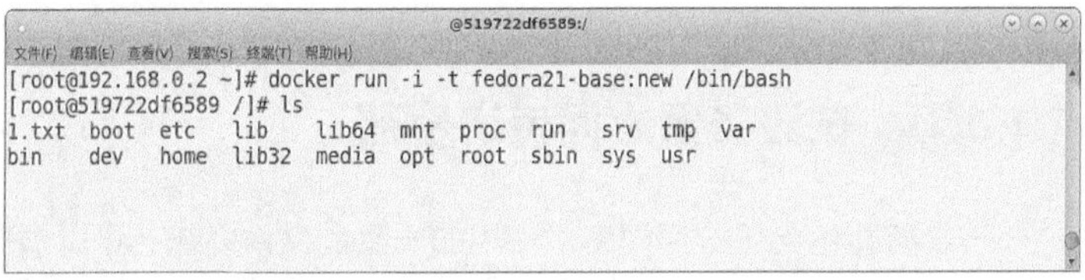

图 10-14　运行"克隆"容器

既然镜像能够在两个服务器之间传递，可以自然扩展到在整个互联网上传递。一个镜像可以在网络上分发，用户下载后可以方便地运行应用程序。这就是 Docker 技术提出的新型的应用程序发行方式，即以镜像为中心的发行方式。现在很多应用程序的发行都是在网络上提供镜像，镜像的内容一般是基于某一种操作系统发行版的最小软件包集合，再加上这个应用程序的运行文件，例如 Tomcat 分别提供了面向 Ubuntu、Fedora 等操作系统的镜像，其他软件像 MySQL、Node.js 也都采用了相同做法。

10.2　深入定制龙芯镜像

制作镜像是 Docker 学习过程中最复杂的环节。本节介绍在龙芯电脑上制作镜像的常见问题和解决方法。

10.2.1　镜像的层次结构

Docker 设计了一种"分层"的镜像组织结构，从操作系统的最小镜像开始，每次追加一些新的文件，形成更高一层的镜像；这种追加过程可以多次进行，直到形成最终的应用程序镜像，如图 10-15 所示。

图中位于最底层的是操作系统最小镜像，例如前面制作的 Loongnix 最小镜像。由于最小镜像不包含一些常用的命令行工具（例如 ping、ifconfig 等），使用很不方便，所以在最小镜像的文件系统上追加更多的命令行工具文件，形成一个新的常用命令行工具镜像。常用命令行工具镜像可以被很多其他镜像共享使用，例如在此基础上可以增加 Apache/PHP/MySQL 的运行文件，形成 Apache/PHP/MySQL 镜像，进而加入 PHP 应用程序形成 PHP 应用镜像；常用命令行工具镜像还可以加入 Java 和 Tomcat，用来支持形成 Java 应用镜像。

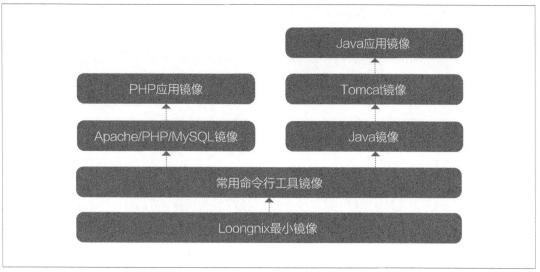

图 10-15　Docker 镜像的层次结构

这种分层的镜像组织结构具有以下优点。

1. 方便镜像管理

由于每个镜像只包含一组紧密相关的软件集合，相当于把一个大而全的操作系统分解成多个层次的小镜像，各层镜像之间的叠加关系非常清楚。每当有软件需要升级，只需要修改该软件所在的镜像，对上层、下层镜像不会产生影响。

2. 方便创建新镜像

在创建镜像时，可以根据应用软件的运行环境要求，选择最贴近自己需求的镜像作为基础，只需要添加新的文件，就可以构成一个新的镜像。

3. 节省镜像占用的硬盘空间

位于高层的镜像不需要重复分配底层镜像的硬盘空间，只需要为新添加的文件分配硬盘空间。例如，常用命令行工具镜像是基于最小镜像创建的，所以在硬盘上占用的空间只有常用命令行文件加在一起的规模。

在下面各节中，按照自底向上的顺序，依次定制每一层的镜像。

10.2.2　解决最小镜像的 vi 乱码问题

前面创建的 Loongnix 最小镜像，虽然可以正确的运行命令行，但是存在一个小问题，就是 vi 编辑器中不能正常显示中文。为了演示这个问题，可以在容器中创建一个文本文件，其中包含中文（可以通过本机的输入法切换到中文输入"龙芯中科"4 个字）：

```
[root@519722df6589 /]#echo 龙芯中科 > 1.txt
[root@519722df6589 /]#vi 1.txt
```

使用 vi 打开 1.txt 后，显示的乱码如图 10-16 所示，文本文件包含 4 个中文字符，现在都是乱码。

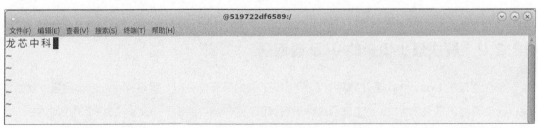

图 10-16　容器里的中文乱码

解决这个问题的方法是修改最小镜像中与语言编码相关的配置文件内容，生成定制的镜像。通过分析发现，问题产生的原因是使用前文的 mkimage-yum.sh 脚本制作的最小镜像，缺少一些必要的文件，具体来说是没有安装 glibc-common 软件包，另外还有两个环境变量 LC_ALL 和 LANG 中指定的语言编码设置也不正确，在 /etc 目录下缺少 locale.conf 文件。上面的配置都是 Loongnix 操作系统中的细节知识，读者暂时不需要了解这几个文件的具体含义。

解决方法是再使用 yum 命令安装这些文件。具体步骤是在容器中执行以下命令：

```
#cd /usr/lib
#mkdir locale
#cd locale
#yum reinstall glibc-common -y


#echo zh_CN.UTF-8 > /etc/locale.conf
```

除此之外，每次进入容器或重启容器以后，还需在命令行上执行两条命令：

```
#export LC_ALL=zh_CN.UTF-8
#export LANG=zh_CN.UTF-8
```

经过上面的配置后，现在可以验证修改后的效果。再使用 vi 打开文件，可以看到已经能够正常显示中文了，如图 10-17 所示。

图 10-17　容器里的中文正常

上述的配置都是在容器本身的文件系统中进行的修改，还没有提交到镜像中。为了让镜像中也产生文件修改的效果，需要执行 docker commit 命令，将容器的文件系统生成一个新的镜像。退出当前的容器，在本地机器的命令行执行：

```
[root@519722df6589 /]#exit
[root@localhost ~]#docker commit  519722df6589 fedora21-base: release
[root@localhost ~]#docker images
REPOSITORY       TAG            IMAGE ID         CREATED          SIZE
fedora21-base    release        184825b2abb1     22 seconds ago   506.5 MB
fedora21-base    new            9c096e74527f     About an hour ago 208.1 MB
```

可以看到，docker commit 命令生成了一个新的镜像，名称仍为 fedora21-base，而 Tag 为 release。这个镜像比 Tag 为 new 的镜像要大一倍，主要原因就是使用 yum 命令额外安装了 glibc-common 等软件包。

以后再创建容器就应该使用 Tag 为 release 的镜像。

10.2.3 制作常用命令行工具镜像

在前面创建的 fedora21-base 镜像中不包含一些常用命令，如 ping、ifconfig、w3m、wget、vim 等命令，对于用户来说很不方便。当在 fedora21-base 容器的命令行中输入这些命令时，会有如下"找不到命令的"错误提示：

```
[root@c6f646635bf1 /]#ping
bash: ping: command not found
[root@c6f646635bf1 /]#ifconfig
bash: ifconfig: command not found
[root@c6f646635bf1 /]#w3m
bash: w3m: command not found
[root@c6f646635bf1 /]#wget
bash: wget: command not found
[root@c6f646635bf1 /]#vim
bash: vim: command not found
```

本节创建一个包含常用工具命令的镜像 fedora21-tools，增加上述的常用命令。由于镜像文件本质上就是 tar 包，有多种不同的方法来制作镜像。下面将演示制作 Docker 镜像的另一种方法：使用 Dockerfile。Dockerfile 是一种描述镜像制作过程的脚本文件，必须符合一定的语法定义，由一条一条的指令组成，运行 docker build 命令来制作镜像。

在本机创建一个目录作为制作镜像的工作目录，例如在 /root/image 目录下创建一个 tools 文件夹，将 Dockerfile 和一个 run.sh 文件存放到 tools 文件夹内，具体步骤为：

```
#mkdir /root/image/tools  -p
#cd /root/image/tools/
#vi run.sh
```

编写 run.sh 文件，内容如下：

```
#!/bin/bash


export LC_ALL=zh_CN.UTF-8
export LANG=zh_CN.UTF-8


/bin/bash
```

run.sh 将作为容器运行后执行的第一个程序，有两个作用：首先是设置 vi 所需要的环境变量；其次是运行 bash 命令行。

下面编写 Dockerfile 文件，内容如下：

```
FROM fedora21-base: release


RUN yum install -y "net-tools"
RUN yum install -y "w3m"
RUN yum install -y "wget"
RUN yum install -y "vim-enhanced"
RUN yum install -y "tar"
RUN yum install -y "git"


ADD run.sh /
RUN chmod 777 /run.sh
CMD ["/run.sh"]
```

Dockerfile 文件中每一行是一条描述指令，解释如下。

1. FROM 指令：指定基础镜像，格式为"镜像名称：镜像标签 TAG"。此处指定前面已经创建好的 fedora21-base: release 镜像。

2. RUN 指令：指定在制作镜像的过程中运行的命令。本文件中运行多条 yum install 命令，下载安装 net_tools、w3m、wget、vim 等需要的软件包。读者也可以根据需要增加更多的软件包。

3. ADD 指令：指定向镜像的文件系统中添加的文件。由于 run.sh 是事先编写好的文件，所以要添加到镜像的根目录下，即 /run.sh。再后面的一条 RUN 命令给 run.sh 增加了可执行权限。

4. CMD 指令：指定容器启动时默认执行的应用程序。本文件指定了在容器启动时运行 run.sh 脚本。

下面通过运行 docker build 命令来创建镜像。命令如下：

```
#docker build -t fedora21-tools .
Step 1 : FROM fedora21-base: release
```

```
  ---> 184825b2abb1
Step 2 : RUN yum install -y "net-tools"
   Installing : net-tools-2.0-0.28.20140707git.fc21.loongson.mips64el 1/1
Step 3 : RUN yum install -y "w3m"
   Installing : w3m-0.5.3-18.fc21.loongson.mips64el              35/35
Step 4 : RUN yum install -y "wget"
   Installing : wget-1.15-3.fc21.loongson.mips64el               1/1
Step 5 : RUN yum install -y "vim-enhanced"
   Installing : 2: vim-enhanced-7.4.475-2.fc21.loongson.mips64el  4/4
Step 6 : RUN yum install -y "tar"
   Installing : 2: tar-1.27.1-7.fc21.loongson.mips64el            1/1
Step 7 : RUN yum install -y "git"
   Installing : git-2.1.0-2.fc21.loongson.mips64el                6/6
Step 8 : ADD run.sh /
Step 9 : RUN chmod 777 /run.sh
Step 10 : CMD /run.sh
  ---> Running in 128e4beccbe8
Removing intermediate container 128e4beccbe8
Successfully built 60486f45b23f
```

可以看到，docker build 命令会读取 Dockerfile 文件中的所有指令，依次执行，最终创建出新的镜像。可以使用docker images 命令验证 fedora21-tools 镜像是否创建成功，如图10-18 所示。

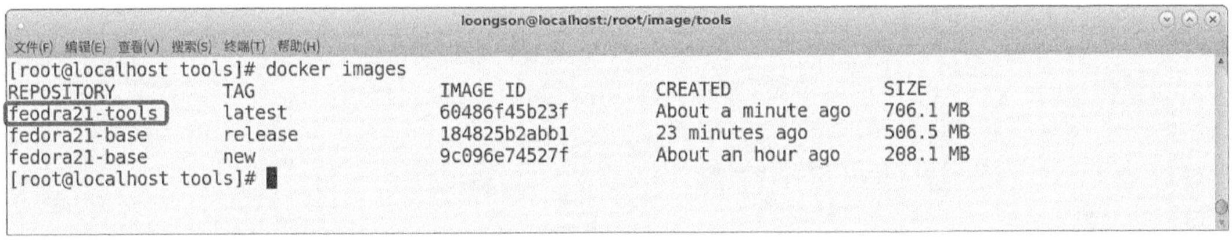

图 10-18　常用工具镜像

上面的命令显示出，fedora21-tools 镜像的体积达到了 706.1 MB。以后就可以使用 fedora21-tools 镜像创建容器，并且在容器里的命令行分别输入 ping、ifconfig 等命令来测试是否可以正常使用。需要注意的是，由于在 Dockerfile 中已经使用 CMD 指定默认运行 run.sh 文件，所以在 docker run 命令中不再需要指定：

```
[root@localhost tools]#docker run -i -t fedora21-tools
[root@3582de094cc4 /]#ping www.baidu.com
```

ping 命令的运行结果如图 10-19 所示。

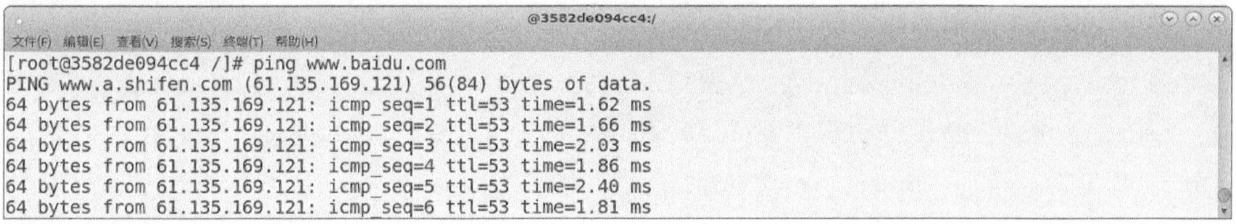

图 10-19　镜像支持 ping 命令

可以看到，ping 命令已经包含在用 fedora21-tools 镜像创建的 docker 容器中。而且由于 run.sh 设置了解决 vi 乱码问题的环境变量，使用 vi 打开含有中文的文件显示正常。

10.2.4　制作 Apache/PHP/MySQL 服务器镜像

前面已经创建的 fedora21-tools 镜像中只包含常用命令，并不包含 Apache、PHP、MySQL 这样的 Web 服务器和数据库。执行 Apache、PHP、MySQL 相关命令会有"command not found"错误提示：

```
[root@3582de094cc4 /]#httpd -v
bash: httpd: command not found
[root@3582de094cc4 /]#php -v
bash: php: command not found
[root@3582de094cc4 /]#mysql -u root
bash: mysql: command not found
```

为了方便开发者和管理员快速部署 PHP 应用程序，本节制作一个 Apache+PHP+MySQL 服务器的镜像，所采用的方法仍然是编写 Dockerfile，具体步骤如下。

STEP 1 在本机创建一个 apache-php-mysql 文件夹，将 Dockerfile 和 run.sh 文件存到 apache-php-mysql 文件夹内，命令如下：

```
#mkdir /root/image/apache-php-mysql -p
#cd /root/image/apache-php-mysql/
```

STEP 2 编写 run.sh 文件，内容如下：

```
#!/bin/bash

cd '/usr'; /usr/bin/mysqld_safe --datadir='/var/lib/mysql'&
/usr/sbin/httpd &

export LC_ALL=zh_CN.UTF-8
export LANG=zh_CN.UTF-8

/bin/bash
```

与 fedora21-tools 镜像的 run.sh 文件相比，增加了运行 mysql 和 httpd 的两条命令，分别实现数据库和 Web 服务器的自动启动。最后仍然是设置语言编码，并且运行 /bin/bash 文件。

STEP 3 编写 Dockerfile 文件如下：

```
FROM fedora21-tools: latest

RUN yum install -y httpd php php-mysql mysql  mariadb-server

RUN mysql_install_db --user=mysql --datadir=/var/lib/mysql

RUN sed -i /datadir=/a"character_set_server=utf8\ninit_connect='SET NAMES
utf8'"/etc/my.cnf
RUN sed -i /pid-file/a"[client]\ndefault_character_set=utf8"/etc/my.cnf
RUN sed -i 's/upload_max_filesize = 2M/upload_max_filesize = 500M/g'/etc/
php.ini
RUN sed -i 's/post_max_size = 8M/post_max_size = 800M/g'/etc/php.ini

ADD run.sh /
RUN chmod 777 /run.sh
CMD ["/run.sh"]
```

上面的 Dockerfile 文件中，RUN 指令通过 yum install 命令安装 Apache、PHP、MySQL 的软件包，再通过 mysql_install_db 命令设置 MySQL 服务器默认的数据存储目录为 /var/lib/mysql，这是 MySQL 需要的配置。后面的几条 sed 命令是修改数据库配置文件 /etc/my.cnf 的相关字段以正常支持 UTF-8 语言编码，并且修改 PHP 的配置文件 /etc/php.ini 以实现支持大文件上传，这几项配置都是用于开发 PHP 应用程序所需要的。

STEP 4 通过 docker build 命令创建镜像，如下所示：

```
[root@localhost apache-php-mysql]#docker build -t fedora21-apache-php-
mysql .
......
Successfully built 204d157f7074


#docker images
REPOSITORY                  TAG      IMAGE ID     CREATED        SIZE
fedora21-apache-php-mysql   latest   0148acf1c8ca 3 minutes ago  1.011 GB
fedora21-tools              latest   60486f45b23f 32 minutes ago 706.1 MB
fedora21-base               release  184825b2abb1 53 minutes ago 506.5 MB
fedora21-base               new      9c096e74527f 2 hours ago    208.1 MB
```

通过查看 docker images 的执行结果可以确定 fedora21-apache-php-mysql 镜像创建成功，体积增大到 1.011 GB。

STEP 5 使用 fedora21-apache-php-mysql 镜像创建容器。它和以前的镜像有一个关键区别：Apache 服务器需要绑定 80 网络端口，为了使局域网上其他机器也能够访问到容器内的 Apache 服务器，需要在创建容器时使用 -p 参数指定"端口映射"，具体命令如下：

```
[root@localhost apache-php-mysql]#docker run -i -t -d -p 8081: 80
fedora21-apache-php-mysql
5f2e5c7ffcf8473641ef1bd7a355c752365eab96d160d51251dd8172906b0d62


[root@localhost apache-php-mysql]#docker ps
CONTAINER ID   IMAGE                    COMMAND       CREATED       PORTS
5f2e5c7ffcf8 fedora21-apache-php-mysql "/run.sh" 3 seconds ago 0.0.0.0: 8081->80/tcp


[root@localhost apache-php-mysql]#docker attach 5f2e5c7f
[root@5f2e5c7ffcf8 usr]#
```

上面的 docker run 命令中，第一次遇到 -d 参数，这是指定以后台方式运行容器，只在终端上打印容器 ID（5f2e5c7f……），不会像以前那样显示容器的命令行，这适合于很多的服务器型容器；另外，-p 8081：80 是将容器暴露的端口 80 桥接映射到物理机的 8081 端口上。使用 docker ps 查看 PORTS 一列显示为"0.0.0.0：8081->80/tcp"，这代表端口映射已经正确建立。

由于使用了 -d 参数，默认无法操作容器的命令行，可以使用 docker attach 命令截取容器的标准输入、输出，这样可以再次捕获到容器的命令行，在容器中执行所需的命令。

STEP 6 验证容器内的 Apache 和 MySQL 服务是否正常启动。在容器内部使用 ps 命令查看运行的进程：

```
[root@5f2e5c7ffcf8 /]#ps aux | grep httpd
root     10   0.0  0.2  49376 19680 ?   S  08: 52  0: 00 /usr/sbin/httpd
apache   135  0.0  0.1  49520 11392 ?   S  08: 52  0: 00 /usr/sbin/httpd
apache   136  0.0  0.1  49520 11392 ?   S  08: 52  0: 00 /usr/sbin/httpd
apache   137  0.0  0.1  49376 9440  ?   S  08: 52  0: 00 /usr/sbin/httpd
apache   138  0.0  0.1  49376 9440  ?   S  08: 52  0: 00 /usr/sbin/httpd
apache   139  0.0  0.1  49376 9440  ?   S  08: 52  0: 00 /usr/sbin/httpd
apache   148  0.0  0.1  49376 9424  ?   S  09: 09  0: 00 /usr/sbin/httpd
root     152  0.0  0.0  3552  528   ?   S+ 09: 14  0: 00 grep --color=auto httpd


[root@5f2e5c7ffcf8 /]#ps aux | grep mysql
root     9    0.0  0.0  4432  2576 ? S 08: 52 0: 00 /bin/sh /usr/bin/mysqld_safe
 --datadir=/var/lib/mysql
```

```
mysql    110   0.0  1.7 911856 138176 ?    Sl 08: 52 0: 00 /usr/libexec/mysqld
--basedir=/usr
 --datadir=/var/lib/mysql  --plugin-dir=/usr/lib64/mysql/plugin
--user=mysql
 --log-error=/var/log/mariadb/mariadb.log --pid-file=/var/run/mariadb/
mariadb.pid
--socket=/var/lib/mysql/mysql.sock
root     154   0.0  0.0    3552     512 ?    S+  09: 14   0: 00 grep --color=
auto mysql


[root@5f2e5c7ffcf8 usr]#mysql -u root
MariaDB [ (none ) ]> show databases;
+--------------------+
| Database           |
+--------------------+
| information_schema |
| mysql              |
| performance_schema |
| test               |
+--------------------+
```

可见 Apache 和 MySQL 的服务进程都正常启动了,并且 MySQL 的客户端工具也可以正常操作。现在可以像第 8 章介绍的方法一样在 /var/www/html 目录下编写 PHP 应用程序。为了简单起见,直接在本机启动浏览器访问 http://localhost: 8081,正常显示出了容器内的 Apache 网站页面,如图 10-20 所示。

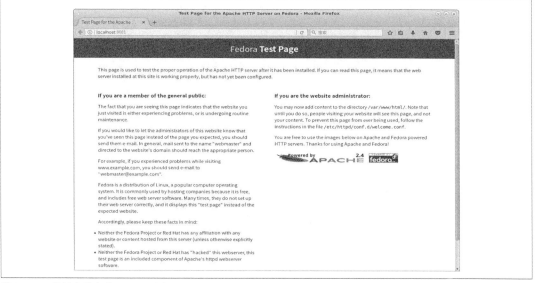

图 10-20　访问容器内的 Apache 服务

如果是在局域网中的另一台机器上，则可以使用网址 http://< 本机 IP >：8081 进行测试，显示的页面和图 10-20 完全相同。

10.2.5　龙芯镜像提交社区

Docker 官方鼓励开发者将有用的镜像提交到 Docker 社区平台（ https://hub.docker.com ）上，方便其他开发者通过互联网进行下载和安装。这样的平台是一个 Docker 镜像服务器，在服务器上面集中存储了很多个镜像，形成一个公共仓库，如图 10-21 所示。

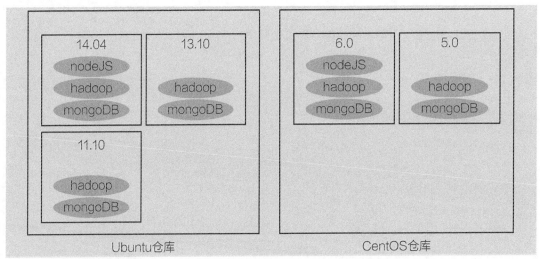

图 10-21　Docker 镜像服务器

龙芯已经将本书制作的几个典型镜像向社区提交，如图 10-22 所示。

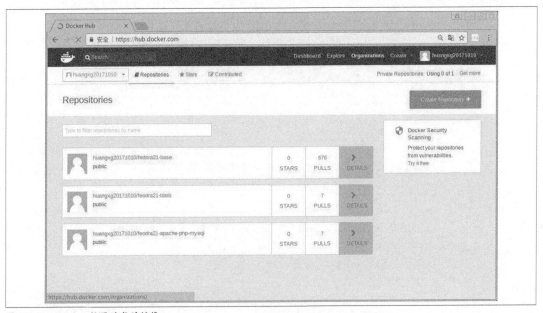

图 10-22　Docker 社区的龙芯镜像

今后如果有其他开发者需要使用这些镜像，不必再从头制作，只需要通过 docker pull 命令进行网络下载。例如在一台没有安装过任何镜像的服务器上执行以下命令：

```
#docker pull huangxg20171010/fedora21-base
Trying to pull repository docker.io/huangxg20171010/fedora21-base ...
sha256: 6ec30e213ad3df532c8c: Pulling from docker.io/huangxg20171010/
fedora21-base


Digest: sha256: 6ec30e213ad3df532c8c
Status: Downloaded newer image for docker.io/huangxg20171010/fedora21-base


#docker images
REPOSITORY                    TAG      IMAGE ID      CREATED       SIZE
huangxg20171010/fedora21-base latest   65e35642a4da  12 days ago   206.9 MB
```

可以看到，docker pull 命令指定下载镜像 huangxg20171010/fedora21-base，其中 huangxg20171010 是镜像提交者的账号名称，fedora21-base 是镜像的名称。下载后在本机的镜像库中生成了相同名称的镜像，可以直接使用 docker run 命令创建容器来运行。

任何人都可以在 Docker 官方平台上注册账号和提交自己的镜像，Docker 官方对镜像审核很宽松，只要提交者自己保证镜像内容正确，基本上都可以通过审核。

> **提示：搭建私有 Docker 镜像仓库**
>
> 由于有众多的开发者向社区提交镜像（具体提交的方法可以参照 http://ask.loongnix.org/?/article/87），形成了开发者提交镜像、使用者拉取镜像的互动模式，对应于 docker 的命令 push、pull。
>
> 多数情况下，用户会从 Docker 公有仓库进行镜像的获取，只需要使用公有仓库上的镜像就完全能够满足需求了。但是有很多公司开发的商业应用不希望提交到公有仓库，这时候就需要维护一个私有镜像仓库，只为本单位内部用户使用。
>
> 私有镜像仓库是用于实现私有云平台的必备组成部分。
>
> 搭建私有镜像仓库的软件是 Docker registry，具体搭建方法参见社区文档《在龙芯电脑上部署 Docker registry》 http://ask.loongnix.org/?/article/88

10.3 龙芯的云平台：搭建 Swarm 集群

在龙芯电脑上搭建云平台主要基于 Docker 容器技术，并且使用 Swarm 来实现集群管理。Swarm 是 Docker 公司在 2014 年 12 月初发布的一套工具，用来管理 Docker 集群，并将一组 Docker 物理机变成一个逻辑上单一的虚拟主机。

10.3.1 Swarm 集群架构

图 10-23 是 Swarm 集群架构。

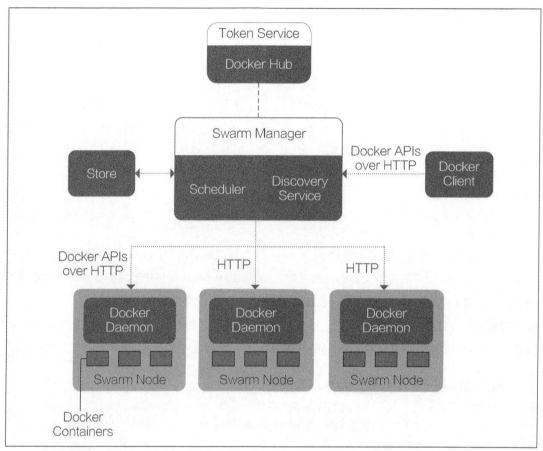

图 10-23　Swarm 集群架构

对图中的关键组件解释如下。

1. 每一个物理服务器称为一个节点（Node），每一个节点上运行多个 Docker 容器（Containers）。

2. 每一个集群（Cluster）由多个节点组成，在一个单独的管理节点（Manager）的控制下，将应用镜像分发（Schedule）到不同的物理服务器节点运行。

3. 一个集群内部往往要搭建一个私有镜像仓库（Docker Hub），集中存储云平台上可能使用的所有镜像，各个节点上容器运行的镜像都是通过网络从这个仓库中获取。

4. 集群的管理者利用客户端工具（Docker Client）来实现节点的管理操作，向管理节点发出控制命令或者查看集群状态信息。客户端工具和管理节点之间的通信要遵循 Docker 定义的一种标准接口（Docker API）。基于这个接口可以编写各种形式的 Docker Client，包括 docker 命令行工具，以及 Portainer 等基于 Web 的图形化工具，只要符合 Docker API 就可以与 Swarm 管理节点通信。

Swarm 的源代码采用 Go 语言开发。

Swarm 的管理节点包括一个调度器（Scheduler）和路由器（Router），Swarm 自己不运行容器，它只是接受 Docker 客户端发送过来的请求，调度适合的节点来运行容器，这意味着即使 Swarm 由于某些原因停止运行，集群中的节点仍然会照常运行，当 Swarm 重新恢复运行之后，它会收集重建集群信息。

Swarm 只是提供集群管理服务器，不提供可视化的管理页面，所有操作都需要使用命令行，因此学习成本较高。为了方便管理员的使用，Portainer 是一款较为完善的 Docker 容器和 Swarm 集群管理平台，基于 Web 服务器的图形化管理，包含了 docker 命令行的所有功能，占用资源少，支持集群，可以基本满足中小型云平台的使用需求。图 10-24 所示为 Portainer 集群管理软件的主界面。

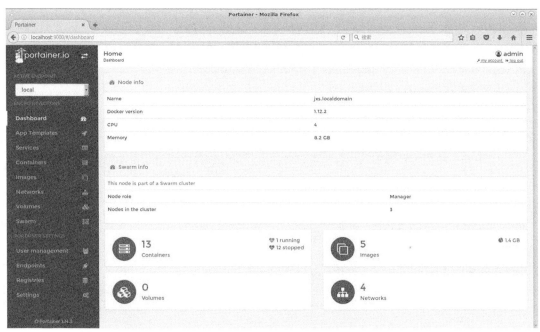

图 10-24　Portainer 集群管理软件

10.3.2　Swarm 集群管理

本节带领读者学习常用的 Swarm 命令，在实例中完成如下工作。

1. 初始化一个 Swarm 集群。

2. 添加节点到 Swarm 集群；实验中使用 3 台龙芯节点，其中一台主机同时作为管理节点。

3. 部署 Swarm 服务。

4. 管理 Swarm 集群。

下面按步骤进行 Swarm 集群的实验。

1. 准备工作

3 台机器都已经安装好 Loongnix，并且已经启动 Docker 服务。

Swarm 需要主机使用表 10-2 所示的几个网络端口。

表10-2　Swarm 网络端口列表

端口号	类型	功能
2377	TCP 端口	用于集群管理通信
7946	TCP/UDP 端口	用于节点间通信
4789	UDP 端口	用于 overlay 网络通信

为了保证这些端口可以访问，执行下面的命令来配置防火墙开放这些端口（每一个节点上都要执行）：

```
#iptables -A INPUT -p tcp --dport 2377 -j ACCEPT
#iptables -A INPUT -p tcp --dport 7946 -j ACCEPT
#iptables -A INPUT -p udp --dport 7946 -j ACCEPT
#iptables -A INPUT -p udp --dport 4789 -j ACCEPT
```

2. 初始化集群

选择一台主机作为管理节点，假定主机名称为 manager1，IP 地址为 10.20.42.45。输入命令 docker swarm init 来初始化 swarm 集群。

```
[root@manager1 ~]#docker swarm init --advertise-addr 10.20.42.45
Swarm initialized: current node（892ozqeoeh6fugx5iao3luduk）is now a manager.

To add a worker to swarm, run the following command:

    docker swarm join \
    --token SWMTKN-1-5vs5ndm8k5idcxeckprr61kg6a7h90dp3uihdhr3kwl1ejwtwg-58jqj86p1 \
    10.20.42.45: 2377

To add a manager to swarm, run 'docker swarm join-token manager'and follow
the instructions.
```

--advertise-addr 配置管理节点的广播地址为 10.20.42.45，其他节点要想加入集群都需要能够访问该地址。输出信息显示了其他节点分别作为管理节点和工作节点加入该集群的方法。

输入命令 docker info 以查看当前集群的状态信息，部分关键信息如下：

```
[root@manager1 ~]#docker info
Containers: 10
 Running: 0
 Paused: 0
 Stopped: 10
```

```
Images: 22
Server Version: 1.12.2
......
Swarm: active
 NodeID: 250tj9l3mnrrtprdd0990b2t3
 Is Manager: true
 ClusterID: atrevada8k0amn83zdiig6qkb
 Managers: 1
 Nodes: 1
 Orchestration:
  Task History Retention Limit: 5
......
```

输入命令 docker node ls 查看节点信息：

```
[root@manager1 loongson]#docker node ls
ID                              HOSTNAME   STATUS   AVAILABILITY   MANAGER STATUS
250tj9l3mnrrtprdd0990b2t3*      manager1   Ready    Active         Leader
```

可以看到当前的集群中只有一个节点，即管理节点本身。

3. 添加另外两个节点到 swarm

另外选择第二台机器作为工作节点（worker1），第三台主机也作为工作节点（worker2）。

上文在初始化集群时，输出信息中提示了如何作为工作节点加入 swarm。在 worker1 上执行下面命令：

```
[root@worker1 ~]#docker swarm join \
--token SWMTKN-1-5vs5ndm8k5idcxeckprr61kg6a7h90dp3uihdhr3kwl1ejwtwg-
58jqj86p1nqfh225t51p5h8lp \
10.20.42.45: 2377
This node joined a swarm as a worker.
```

在 worker2 上重复 worker1 的步骤，也作为工作节点加入 swarm。

现在回到管理节点 mgnager1，重新输入命令 docker node ls 查看 swarm 内所有节点状态：

```
[root@manager1 ~]#docker node ls
ID                              HOSTNAME   STATUS   AVAILABILITY   MANAGER STATUS
250tj9l3mnrrtprdd0990b2t3*      manager1   Ready    Active         Leader
a24i9nu2943niy8eq239bbpwv       worker1    Ready    Active
e0lh6c2zb57qg8db7usvg17r6       worker2    Ready    Active
```

可以看到，现在的集群中已经成功加入了 3 台节点。MANAGER STATUS 一列为 Leader 表示该节点为管理节点，为空则代表工作节点。其中 * 号代表当前命令所运行的节点。

10.3.3 Portainer 图形化管理工具

为了更直观地观察集群的服务状态，使用基于 Web 的集群管理工具 Portainer，这个工具包含的 swarm visualizer 模块能更直观地查看每个节点的服务详情。

Portainer 一定要在管理节点上运行。在管理节点 manager1 上，使用 docker pull 命令从 Docker 社区拉取面向龙芯电脑的 portainer 镜像：

```
[root@manager1 ~]#docker pull jiangxinshang/portainer
```

启动 portainer 容器，默认要在 9000 端口启动 Web 服务：

```
[root@manager1 ~]#docker run -t -i -p 9000: 9000 -v
     /var/run/docker.sock: /var/run/docker.sock docker.io/jiangxinshang/
portainer
2018/7/3 07: 55: 28 Starting Portainer 1.14.3 on : 9000
```

打开浏览器访问 http://127.0.0.1:9000 就能看到 Portainer 管理工具的界面，显示了集群的概要信息，如图 10-25 所示。

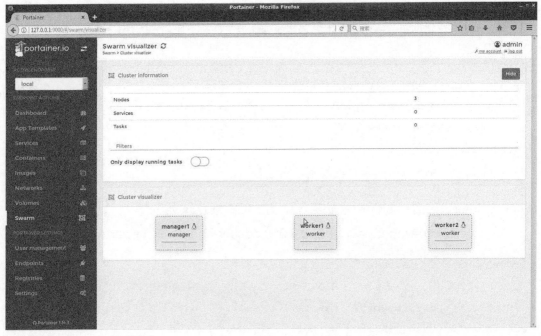

图 10-25 Portainer 集群概要信息

在集群中直观的显示了 3 个节点，但是都没有运行任何应用，都处于空闲状态。下面就在节点上部署应用服务。

10.3.4 部署服务

在 Swarm 集群中，服务（Service）是一个术语，专门指一个应用程序以容器方式在一个或者多个节点上运行。为了提高可靠性和性能，一个容器可以克隆出多份相同的实例，分别在不同的节点上运行，每一份克隆的容器称为一个复制（Replication）。

1. 创建一个服务

在 manager1 上打开终端，输入命令：

```
[root@manager1 ~]#docker service create  --replicas 1 --name hello  \
   10.20.42.45: 5000/fedora /bin/bash -c "ping loongnix.org"
an85njt7e5dadfpwcfyr21sfs
```

上面的命令中，--replicas 指定容器运行的实例个数为 1 个；--name 指定服务的名称为 hello；后面的 10.20.42.45: 5000/fedora 是镜像的名称，其中包含的 IP 地址 10.20.42.45 表示这是在局域网中搭建的一个私有镜像仓库，本书没有描述其具体搭建过程，在道理上与使用 Docker 官方的镜像仓库是相同的；最后的 /bin/bash -c "ping loongnix.org" 是容器运行后启动的第一个程序，会持续不断地对 loongnix.org 进行 ping 查询，永远不会结束。

上述的 docker service create 命令创建了第一个服务，执行如下命令可以查看当前服务状态：

```
[root@manager1 ~]#docker service ls
ID              NAME       REPLICAS   IMAGE                      COMMAND
an85njt7e5da    hello      1/1        10.20.42.45: 5000/fedora   /bin/bash -c ping
loongnix.org
```

上面的命令显示了集群中正在运行一个 hello 服务。下面查看该服务的详细信息：

```
[root@manager1 ~]#docker service ps hello
ID                 NAME         IMAGE                     NODE        DESIRED
STATE   CURRENT STATE
cwk9d8b67n20lmg    hello.1      10.20.42.45: 5000/fedora  worker2     Running
Running 5 minutes ago
```

由于 hello 服务只运行一个实例，所以只需要一个工作节点，NODE 一列表明当前的服务只运行在 worker2 上。

如果使用 Portainer 管理工具，可以在 swarm visualizer 上更直观地显示当前 3 个节点的服务运行状态，如图 10-26 所示。

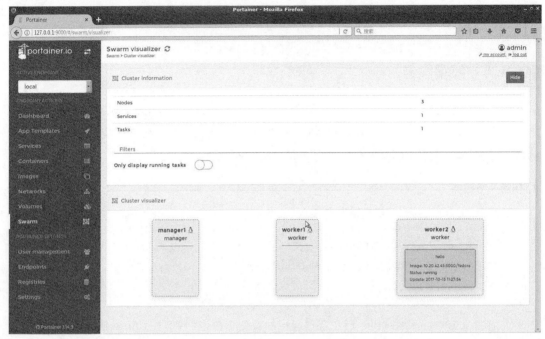

图 10-26　第一个服务

2. 服务伸缩

一个应用的容器可以指定运行任意多个实例，这样可以在多台节点上运行相同的应用，作用是提高可靠性和性能。对于已经运行的服务，可以在管理节点上执行 docker service scale 命令来动态改变其实例个数。仍然以上面的 hello 服务为例，执行下面的命令：

```
[root@manager1 ~]#docker service scale hello=5
hello scaled to 5
```

通过命令查看当前运行的任务个数，确认 REPLICAS 变为了 5 份：

```
[root@manager1 ~]#docker service ls
ID            NAME    REPLICAS  IMAGE                COMMAND
an85njt7e5da  hello   5/5    10.20.42.45: 5000/fedora   /bin/bash -c ping loongnix.org
```

再查看 hello 服务在各节点的分配情况：

```
[root@manager1 ~]#docker service ps hello
ID                    NAME      IMAGE              NODE
DESIRED STATE      CURRENT STATE
cwk9d8b67n20lmglh     hello.1   10.20.42.45: 5000/fedora    worker2    Running
Running 7 minutes ago
9wyodmvvf77ucbums     hello.2   10.20.42.45: 5000/fedora    worker1    Running
Running 41 seconds ago
```

```
19ev4tcj0be2t1xbd    hello.3    10.20.42.45: 5000/fedora    manager1    Running
Running 44 seconds ago
1tm1tc2r8xdgdry2h    hello.4    10.20.42.45: 5000/fedora    manager1    Running
Running less than a second ago
cfqh34h9e6jv7l0ii    hello.5    10.20.42.45: 5000/fedora    worker2     Running
Running less than a second ago
```

可以看到，Swarm 的调度器将 5 个实例尽量平均分配到 3 个节点上，每个节点上都运行一定数量的容器（图 10-27）。通过 swarm visualizer 可以更直观地查看服务的运行状态。

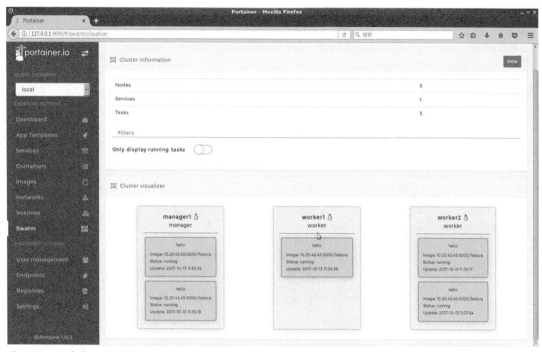

图 10-27　服务伸缩到 3 个节点

3. 停止服务

在管理节点 manager1 上，删除服务通过 docker service rm 命令实现：

```
[root@manager1 ~]#docker service rm hello
hello
```

现在服务器 hello 已经完全删除了，如果再尝试查看该服务的信息则会报错：

```
[root@manager1 ~]#docker service ps hello
Error: No such service: hello
```

10.3.5 节点下线和故障容错

在前面所有的步骤中，工作节点都是运行状态（可用性为 ACTIVE），Swarm 管理器在创建服务时只会向 ACTIVE 状态的节点分配任务。

实际的云平台中有时候会发生服务器死机等故障，或者管理员根据需要暂时停止某些工作节点执行任务。比如，某台机器 CPU 温度过高而发出报警，管理员需要先排查原因、消除报警后才能恢复使用这台机器。这就需要对某个工作节点做出"下线"的处理动作，下线是使工作节点暂时脱离集群的任务调度、不再接收新的任务，如果工作节点上还有正在运行的任务，管理器会将任务暂停执行，重新迁移给其他 ACTIVE 的节点后继续运行。下线的标志是可用性由 ACTIVE 变为 DRAIN。

1. 运行服务

做实验之前，先确认集群中各工作节点状态都是 ACTIVE，重新部署之前的服务，将实例个数设定为 3，保证每个工作节点都被分发任务。命令如下：

```
[root@manager1 ~]#docker node ls
ID                        HOSTNAME   STATUS   AVAILABILITY   MANAGER STATUS
250tj9l3mnrrtprdd0990b2t3 * manager1  Ready   Active          Leader
a24i9nu2943niy8eq239bbpwv   worker1   Ready    Active
e0lh6c2zb57qg8db7usvg17r6   worker2   Ready    Active


[root@manager1 ~]#docker service create --replicas 3 --name helloagain
10.20.42.45: 5000/fedora \
    /bin/bash -c "ping loongnix.org"


[root@manager1 ~]#docker service ps helloagain
ID                          NAME            IMAGE                    NODE
DESIRED STATE   CURRENT STATE
8xszceewi2dj9xhb   helloagain.1   10.20.42.45: 5000/fedora   worker1
Running         Preparing 6 seconds ago
6mwhdnseq3wkkxbc   helloagain.2   10.20.42.45: 5000/fedora   worker2
Running         Running 1 seconds ago
395a7pk7e4vby3jd   helloagain.3   10.20.42.45: 5000/fedora   manager1
Running         Running 5 seconds ago
```

上面的命令运行了一个新服务 helloagain，实例是 3 个，每个节点上都运行一个实例。

2. 节点下线

现在执行命令 docker node update --availability drain <NODE-ID>，将一个存在任务的

工作节点强行下线：

```
[root@manager1 ~]#docker node update --availability drain worker1
worker1
```

这个命令将 worker1 从集群中下线。查看下线节点的详细信息，其中 Availability 显示为
Drain：

```
[root@manager1 ~]#docker node inspect --pretty worker1
ID:               a24i9nu2943niy8eq239bbpwv
Hostname:         worker1
Joined at:        2017-10-13 01: 16: 01.272489 +0000 utc
Status:
 State:           Ready
 Availability:    Drain
Platform:
 Operating System:   linux
 Architecture:       mips64
Resources:
 CPUs:            4
 Memory:          7.598 GiB
Plugins:
  Network:        bridge, host, null, overlay
  Volume:         local
Engine Version:        1.12.2
```

再查看该服务在各个工作节点上的实例分配情况：

```
[root@manager1 ~]#docker service ps helloagain
ID                          NAME            IMAGE                NODE
DESIRED STATE   CURRENT STATE          ERROR
e6mh01ekb4dcpnnu3yez7qqdx   helloagain.1        10.20.42.45: 5000/fedora
worker2    Running          Running 4 minutes ago
8xszceewi2dj9xhbce53rkq1a     \_helloagain.1   10.20.42.45: 5000/fedora
worker1    Shutdown         Shutdown 4 minutes ago
6mwhdnseq3wkkxbc3dmxhwoey   helloagain.2        10.20.42.45: 5000/fedora
worker2    Running          Running 10 minutes ago
395a7pk7e4vby3jd1sihv0gic   helloagain.3        10.20.42.45: 5000/fedora
manager1   Running          Running 10 minutes ago
```

可以看到，工作节点 worker1 的状态变成"Shutdown"，而原来在 worker1 上运行的实例

helloagain.1 迁移到了 worker2 上面。现在实例的总数仍然是 3 个，在 manager1 上运行着一个实例，在 worker2 上则运行着两个实例。这就是由 Swarm 管理器将 worker1 节点的实例关闭，重新分发到了 worker2 上。在 Portainer 中显示的节点状态更直观，如图 10-28 所示。

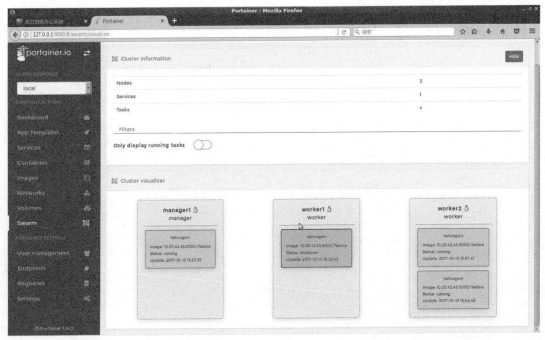

图 10-28　节点下线

下线的工作节点还可以再重新启用。重新将 worker1 的 Availability 从 DRAIN 改回为 ACTIVE，再观察：

```
[root@manager1 ~]#docker node update --availability active worker1
worker1
[root@manager1 ~]#docker node inspect --pretty worker1
ID:             a24i9nu2943niy8eq239bbpwv
Hostname:       worker1
Joined at:      2017-10-13 01: 16: 01.272489 +0000 utc
Status:
 State:         Ready
 Availability:  Active
Platform:
 Operating System:   linux
 Architecture:       mips64
Resources:
 CPUs:              4
 Memory:        7.598 GiB
```

356

```
Plugins:
  Network:        bridge, host, null, overlay
  Volume:         local
Engine Version:       1.12.2


[root@manager1 ~]#docker service ps helloagain
ID                               NAME                    IMAGE
NODE        DESIRED STATE   CURRENT STATE
e6mh01ekb4dcpnn   helloagain.1       10.20.42.45: 5000/fedora   worker2
Running         Running 8 minutes ago
8xszceewi2dj9xh    \_helloagain.1   10.20.42.45: 5000/fedora   worker1
Shutdown        Shutdown 8 minutes ago
6mwhdnseq3wkkxb   helloagain.2       10.20.42.45: 5000/fedora   worker2
Running         Running 13 minutes ago
395a7pk7e4vby3j   helloagain.3       10.20.42.45: 5000/fedora   manager1
Running         Running 13 minutes ago
```

可以看到，worker1 的 Availability 状态重新变回 Active，这代表 worker1 已经重新投入运行。但是读者会发现一个问题，当前集群中服务的实例分配没有变化，实例 helloagain.1 仍然在 worker2 上运行，并没有像预想的迁移回到 worker1 上，导致 worker1 暂时还没有被分配任务，节点的状态还是"Shutdown"。这是 Swarm 有意设计的结果，一个可用性为 Active 的节点只有在以下 4 种情况下才会接收新的实例。

1. 当伸缩一个服务时。

2. 当任务滚动更新时。

3. 当其他某个节点被设为 Drain 时。

4. 当某个任务在其他 Active 节点上启动失败时。

一个工作节点重新上线并不属于上述情况。一旦上述 4 种情况之一发生，则 worker1 会立即分配新的服务实例。

3. 集群的故障容错

前面的实验是管理员手工执行命令来下线一个节点。在实际应用环境中，节点有可能发生硬件故障，比如网络断开、机器死机、硬盘坏掉等。这种情况下，集群管理器可以自动监测节点的异常状态，自动将节点进行下线处理，这是在云平台中实现故障容错的必备机制。

需要注意的是，在本节的实验环境中，虽然工作节点总共有 3 个，但是管理节点只有 1 个，因此管理节点不具备故障容错能力。如果管理节点所在的服务器发生故障，则整个集群的管理功能将失效，各工作节点上的容器仍然会正常运行。

> **提示：多个管理节点**
>
> 就像计算节点可以支持多个备份一样，Swarm 管理节点也支持多个备份，这样才能防止一台管理节点的单点故障而导致整个集群失去控制。在初始化 Swarm 集群的管理节点之后，可以使用 #docker swarm join-token manager 命令来添加更多的管理节点。具体使用方法参见该命令的输出信息。

故障容错的具体处理过程和手工下线节点非常相似，本书不再展示，读者可以做以下实验来检查 Swarm 集群的故障容错功能。

1. 在集群中启动一个服务，实例个数为 5。

2. 将 worker1 的网线断开。

3. 将 worker2 强行关机。

4. 将 worker1 的网线插上。

5. 将 worker2 重新开机。

在 Portainer 管理器中观察上面每一个操作后的节点状态变化。

故障容错机制保证集群在任何时刻都有指定数量的容器个数在运行，明显缩短错误的发现和解决时间，极大地提升云平台的管理自动化水平。

10.3.6　Swarm 和 Kubernetes 的对比

Docker 支持 Swarm 和 Kubernetes 两种集群管理平台，龙芯电脑对这两种方案都是支持的。两者在很多功能是等价的，区别在于 Swarm 是 Docker 官方开发的，是 docker 命令内置的原生集群工具，而 Kubernetes 是 Google 开发的，需要额外安装软件包才能使用。另外经过调研和实验，Kubernetes 相比 Swarm 设计更为复杂，提供的功能也更丰富，适用于集群的精细管理、复杂的网络场景。但是 Kubernetes 也有明显的劣势，即学习曲线更陡峭，运维的成本相对较高。

针对龙芯当前的发展阶段和使用情况，总的来说，龙芯首先应该在专用云、私有云和行业环境中普及使用，Swarm 在功能上基本能够满足，而且 Swarm 更轻量、容易学习的优势就比较合适。如果是基于龙芯搭建公有云，或者是面向高可靠、跨地域服务的场景，Kubernetes 会更合适一些。

总之，龙芯提供的 Swarm 方案可以满足一般的 OA 系统和信息处理应用的云平台，并不一定使用 Kubernetes。

> **提示！**
>
> 如果用户项目需要使用 Kubernetes，龙芯电脑已经提供 Kubernetes 的运行环境，以及在项目中一些应用实例。
>
> 具体搭建方法参见以下两篇社区文档：
>
> 《龙芯电脑 Kubernetes 集群编译及部署方案》　　http://ask.loongnix.org/?/article/105
>
> 《搭建分布式存储服务 etcd 》　　http://ask.loongnix.org/?/article/93
>
> 需要注意的是，由于 Kubernetes 需要内核支持一种和网络相关的 vxlan 特征，需要最新版本龙芯内核，有可能需要在 Loongnix 中升级内核软件包。具体使用方法在上面的文档中有相关描述。

10.4 项目实战

10.4.1 案例 1：龙芯电脑移植 Portainer

前面多次使用的 Portainer 集群管理工具是使用 Go 语言开发的 Web 服务应用程序，用户通过浏览器的形式访问网页。Portainer 也是通过在互联网上分发镜像的方式提供使用产品，但是官方提供的镜像只能在 X86 电脑上运行，需要在龙芯电脑上完成移植才能运行。本节展示在龙芯电脑上移植 Portainer 的过程，可以为同类 Go 语言项目的迁移提供参考。

1.Go 语言

Go 语言是 Google 公司于 2009 年推出的一款开源的编程语言，是由 Robert Griesemer、Ken Thompson 和 Rob Pike 等计算机专家精心打造的编程语言（图 10-29）。Go 语言的特点是编码简洁迅速、支持高效并发和自动内存管理等特性。此外，Go 语言还面向网络服务器、存储系统和数据库等领域的编程进行了优化设计，并且简化了

图 10-29　GO 语言形象标识

应用系统的安装和部署。Go 语言既能做系统级编程也能做应用编程，既能做 Web 编程也能做本地编程，因此受到开发者的广泛青睐。

很多开发者使用过 Go 语言后，都认为其有取代 C/C++ 的希望。像本章介绍的 Docker 引擎、Swarm、Portainer 管理工具都是使用 Go 语言开发的。

Loongnix 已经集成了 Go 语言工具，可以运行一下 Go 命令，打印版本信息：

```
$ go version
go version go1.7.5 linux/mips64le
```

接下来测试一下 Go 语言版本的"Hello World"，编写 hello.go 文件如下：

```
package main
import "fmt"
func main ( ){
    fmt.Printf («Hello World!\n»)
}
```

Go 和 C/C++ 语言一样属于静态编译型语言，Go 的源程序经过编译后才能执行。编译源代码 hello.go 的命令如下：

```
$ go build hello.go
$ ./hello
Hello World!
```

上述编译和运行的过程也可以使用 go run 命令一次性完成，例如：

```
$ go run hello.go
Hello World!
```

上面的过程展示了 Go 语言在龙芯电脑上的运行能力，编译 Portainer 的过程中需要 Go 语言支持。

2. Portainer 官方镜像在龙芯电脑上运行错误

Docker 官方网站提供了 Portainer 镜像，尝试在 Loongnix 上直接拉取运行，会出现错误信息：

```
[root@loongson ~]#docker pull docker.io/portainer/portainer: 1.14.3
Using default tag: 1.14.3
Trying to pull repository docker.io/portainer/portainer ...
unauthorized: authentication required
```

上面命令输出的错误信息"unauthorized: authentication required"，本意是提示无权限，实际原因是因为该镜像不支持龙芯 mips64 平台，所以无法下载运行。

如果是在一台 X86 机器上，则可以正常下载该镜像：

```
[root@X86 ~]#docker pull docker.io/portainer/portainer: 1.14.3

[root@X86 ~]#docker images
REPOSITORY                        TAG     IMAGE ID
docker.io/portainer/portainer   1.14.3 457fb8fa57b0

[root@X86 ~]#docker run -i -t docker.io/portainer/portainer: 1.14.3
```

上面的命令是在 X86 机器上运行，可以看到成功下载了镜像 docker.io/portainer/portainer，并且能够运行起来。

为了排查在龙芯电脑上无法运行的原因，可以把镜像的文件导出来分析，首先使用 Docker export 命令导出当前镜像创建的容器为 tar 包：

```
[root@X86 ~]#docker export 36ceef361070 > loongson-portainer.tar
```

上面命令中 36ceef361070 是运行的容器 ID。再将 loongson-portainer.tar 包通过网络复制到龙芯电脑上，这里使用 scp 命令进行传送：

```
[root@X86 ~]#scp loongson-portainer.tar root@10.20.42.19: /root/portainer/
```

上面命令中的 10.20.42.19 是龙芯电脑的 IP 地址。在龙芯机器上解压缩 loongson-portainer.tar：

```
[root@loongson portainer]#tar xf loongson-portainer.tar
[root@loongson portainer]#file portainer
portainer: ELF 64-bit LSB executable, x86-64, version 1 (SYSV), statically
linked, stripped
```

可以看到，镜像中确实包含 X86 指令的可执行文件 portainer，这样的文件必须在龙芯电脑重新编译才能运行。

3. 在龙芯电脑上重新编译 Portainer 源代码

从 github 下载 Portainer 源代码重新编译。为了编译 Portainer 的 Go 语言的源代码，首先设置 Go 语言的环境变量 GOPATH，具体命令如下：

```
#export GOPATH=/usr/share/gocode
```

然后使用 go get 命令从 github 中下载源代码：

```
[root@loongson portainer]#go get github.com/portainer/portainer
package github.com/portainer/portainer: no buildable Go source files in /
usr/share/gocode/src/github.com/portainer/portainer
```

上面的命令出现了一个错误提示，但是没有关系，go get 命令相当于合并了下载和安装两个步骤，上面的提示是安装失败，而我们需要的只是源代码、不需要安装，因此可以忽略此提示。

进入下载的源代码目录，通过分析源代码发现，只需要编译源代码中的 api 目录部分即可，所以将此目录下的其他内容全部删除：

```
[root@loongson portainer]#cd $GOPATH/src/github.com/portainer/portainer
[root@loongson portainer]#rm -rf app assets bower.json build build.sh \
    codefresh.yml CODE_OF_CONDUCT.md CONTRIBUTING.md gruntfile.js      \
    index.html LICENSE package.json README.md test vendor.yml distribution
```

因为 Go 语言文件中目录的相对路径和源代码中的相对路径不同，所以需要对源代码的相对路径做调整：

```
[root@loongson portainer]#cp -rf api/* $GOPATH/src/github.com/portainer/
portainer
```

删除源代码中的 api 文件夹：

```
[root@loongson portainer]#rm -rf api/
```

下面开始编译 portainer 源代码。进入 main.go 所在目录，执行 go build 命令开始编译代码，出现错误信息：

```
[root@loongson portainer]#go build main.go
../../../../../gopkg.in/alecthomas/kingpin.v2/usage.go: 10: 2: cannot find
package "github.com/alecthomas/template"in any of:
      /usr/lib/golang/src/github.com/alecthomas/template（from $GOROOT）
```

可以看到，直接编译源代码会出现一些错误，原因是缺少编译依赖的包。执行下面的命令安装所需要的包：

```
[root@loongson portainer]#go get github.com/alecthomas/template
[root@loongson portainer]#go get github.com/alecthomas/units
[root@loongson portainer]#go get github.com/asaskevich/govalidator
[root@loongson  portainer]#go get github.com/boltdb/bolt
#github.com/boltdb/bolt
../../../../boltdb/bolt/db.go: 101: undefined: maxMapSize
../../../../boltdb/bolt/db.go: 101: invalid array bound maxMapSize
```

上面最后一条 go get 命令提示缺少变量 maxMapSize，原因是 Portainer 的源代码中包含与平台类型相关的判断，而官方没有考虑龙芯 mips64 平台，需要手工修改源代码。进入 boltdb 所在目录，参考 Amd64 等平台的源代码进行修改：

```
[root@loongson  portainer]#cd $GOPATH/src/github.com/boltdb/bolt
[root@loongson  bolt]#cp bolt_amd64.go bolt_mips64el.go
[root@loongson bolt]#cd $GOPATH/src/github.com/portainer/portainer/cmd/
portainer/
```

再次安装编译的依赖包：

```
[root@loongson portainer]#go get github.com/dgrijalva/jwt-go
[root@loongson portainer]#go get github.com/gorilla/mux
[root@loongson portainer]#go get github.com/gorilla/securecookie
[root@loongson portainer]#go get github.com/orcaman/concurrent-map
[root@loongson portainer]#go get github.com/robfig/cron
```

再次执行 go build 命令，会出现新的错误：

```
[root@loongson portainer]#go build main.go
../../crypto/crypto.go: 4: 2: cannot find package "golang.org/x/crypto/
bcrypt"in any of:
      /usr/lib/golang/src/golang.org/x/crypto/bcrypt（from $GOROOT）
      /usr/share/gocode/src/golang.org/x/crypto/bcrypt（from $GOPATH）
```

```
../../http/handler/websocket.go: 21: 2: cannot find package "golang.org/x/
net/websocket"in any of:
        /usr/lib/golang/src/golang.org/x/net/websocket （from $GOROOT）
        /usr/share/gocode/src/golang.org/x/net/websocket （from $GOPATH）
```

根据错误提示，需要加载 golang.org/x/crypto/bcrypt 和 golang.org/x/net/websocket。注意此时 $GOPATH 的路径已经不再是 /usr/share/gocode/src/github.com/...，而是 /usr/share/gocode/src/golang.org/x/...。所以需要先创建目录：

```
[root@loongson portainer]#mkdir -p $GOPATH/src/golang.org/x/
[root@loongson portainer]#cd $GOPATH/src/golang.org/x/

# 下载 golang.org/x/crypto/bcrypt
[root@loongson x]#git clone https: //github.com/golang/crypto.git

# 下载 golang.org/x/net/websocket
[root@loongson x]#git clone https: //github.com/golang/net.git
```

最后切换至 main.go 所在目录，再次执行 go build 命令进行编译：

```
[root@loongson x]#cd $GOPATH/src/github.com/portainer/portainer/cmd/
portainer/
[root@loongson portainer]#go build main.go
```

至此不再出现任何错误信息，编译工作成功结束，当前目录下生成文件名为 main 的二进制可执行文件，是在龙芯电脑上运行的可执行文件，需要把 main 文件复制到 loongson-portainer.tar 解压出来的目录下，替换掉原有 X86 的二进制文件 portainer 即可运行。

4．替换镜像中的二进制文件

手工编译出来的 main 文件就是能够在龙芯电脑上运行的二进制文件，但是在镜像中的文件名为 portainer。这个文件可以复制到镜像解压缩的目录中直接运行：

```
[root@loongson portainer]#mv main portainer

#/root/portainer/ 是 loongson-portainer.tar 解压目录
[root@loongson portainer]#cp -f portainer /root/portainer/
[root@loongson portainer]#cd /root/portainer/

# 运行 portainer 服务
[root@loongson portainer]#./portainer
```

现在打开浏览器，输入网址 http://localhost：9000，可以看到 Portainer 已经成功运行了，如图 10-30 所示。

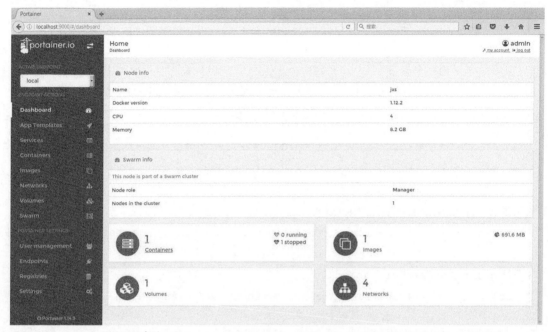

图 10-30　Portainer 编译运行成功

5. 制作龙芯版本的镜像

为了方便其他用户在龙芯电脑上使用 Portainer 工具，应该将编译好的目录制作成镜像，并且提交到 Docker 社区。方法如下：

```
[root@loongson portainer]#cd /root/

# 压缩整个 portainer 文件夹
[root@loongson ~]#tar -cvf portainer.tar portainer/
```

上面的命令把包含所有运行文件的 portainer 目录压缩成 tar 包备用。

在 loongnix 上下载 fedora21-tools 基础镜像，并且运行一个容器，使用 scp 命令把 portainer.tar 文件传递到容器内部，并解压缩：

```
[root@loongson ~]#docker pull docker.io/huangxg20171010/fedora21-tools
REPOSITORY                                    TAG
docker.io/huangxg20171010/fedora21-tools      latest
[root@loongson ~]#docker run -i -t docker.io/huangxg20171010/fedora21-
tools

# 进入容器的命令行
```

```
[root@1cb98e167e49 /]cd /root/

# 将 tar 包从龙芯电脑传递到容器内部
[root@1cb98e167e49 ~]#scp root@10.20.42.19:/root/portainer.tar /root/
[root@1cb98e167e49 ~]#tar xvf portainer.tar
[root@1cb98e167e49 ~]#cd /root/portainer
[root@1cb98e167e49 ~]#vi /root/portainer/run-portainer.sh
```

编辑 run-portainer.sh 脚本文件的内容如下：

```
#!/bin/bash

export LC_ALL=zh_CN.UTF-8
export LANG=zh_CN.UTF-8

cd /root/portainer
./portainer
```

编辑完成后，设置 run-portainer.sh 脚本文件的可执行权限：

```
[root@1cb98e167e49 ~]#chmod +x /root/portainer/run-portainer.sh

# 创建 portainer 运行所需的一个文件夹
[root@1cb98e167e49 ~]#mkdir -p /data/tls
[root@1cb98e167e49 ~]#exit
```

现在容器的文件系统已经准备好，下面的命令在本机上运行，使用 docker commit 命令生成龙芯电脑的 Portainer 镜像：

```
[root@loongson /]#docker ps -a
CONTAINER        IMAGE
1cb....          docker.io/huangxg20171010/fedora21-tools

# 使用 Docker commit 生成一个新镜像，并设置容器运行时启动的程序
[root@loongson /]#docker commit --change='CMD ["/root/portainer/run-
portainer.sh"]'1cb98e167e49 portainer

[root@loongson /]#docker images
REPOSITORY      TAG      IMAGE ID      CREATED
portainer       latest   085a675a35d7  12 seconds ago
```

可以看到，新的镜像 portainer 已经成功创建出来。

提示：上传镜像到 Docker 社区

面向龙芯电脑的 portainer 镜像已经制作出来并且提交到 Docker 社区。提供方法参见社区文档：
《龙芯电脑 portainer 部署方案》　http://ask.loongnix.org/?/article/90

10.4.2　案例 2：专用云平台的典型架构

龙芯在国产信息化应用中的使用规模不断扩大，对于整个应用系统的性能提出了严格的考验。例如，某项目要考虑建立服务于某一个省内用户的信息系统，用户分布在全省几十个地市，数量超过 5000 人，显然一台龙芯服务器是不能承受访问压力的。解决方法有以下两种。

首先是通过多台服务器搭建负载均衡集群，使用第 4 章介绍的技术提高性能。这在技术上称为横向扩展，即通过增加多台机器来增大计算能力，从而突破单台机器的计算能力上限，满足应用系统的性能指标。

另外，从业务角度看，则采用分布式架构，即将全省的所有用户进行分解，通常是以每一个地市为中心建立一个子集群，每一个子集群只服务于本市的用户，这样的压力就比全省用户的压力要小很多。

这种"省—市"两级分布式架构是龙芯在实际应用场景中的一个典型性能优化方法，如图 10-31 所示。

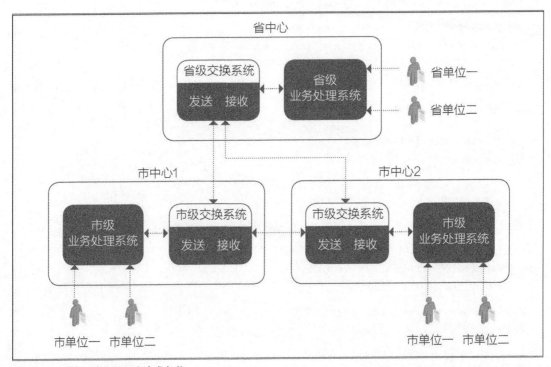

图 10-31　"省—市"两级分布式架构

从图10-31中可见，面向跨地域、多用户的业务系统已经实现了"从一机到多机，从多机到多地"的跨越。

1. 多地。整个系统包含一个省级中心，以及多个市级中心。省级中心只服务于省单位用户，市级中心只服务于本市单位用户。

2. 各中心之间的通信。每一个中心都至少包括两套系统，一个是业务处理系统，用于处理公文、OA 等政务信息化的应用；另一个是交换系统，用于处理各中心之间的数据交换，包括省一市之间以及市一市之间的数据交换。数据交换的协议由应用系统自行定义。

这种分布式架构不仅提升了云平台的性能，而且提升了它的故障应对能力。由于各个中心的业务处理系统是独立工作的，假设两个中心的交换系统之间发生链路故障，那么各个中心所辖范围内的业务不受影响，只有数据交换无法进行，各个中心只需要将数据暂时保存在本中心的交换系统中，等待链路恢复正常后，即可在第一时间完成数据交换。

这种分布式架构中的所有服务器，在物理上有两种部署方式：一种是在物理上分布于多个市中心，每个市中心单独建设机房，并独立负责服务器的维护；另一种是采用集中的形式，在某省的某一个地理位置建立统一的数据中心，把全省所有地市使用的服务器都放置在数据中心统一管理。这样的数据中心由于服务器数量很多（一般超过几百台），通常会使用本章介绍的 Docker 云平台进行集群管理，这就构成了专用云、政务云的雏形。

其于这种层次化、分布式架构的原理，还可以衍生成其他几种变体，区别仅在于划分的层次和单位的属性不同，如表 10-3 所示。

表 10-3　分布式架构的实例

实例	层次数量	层次		
某省业务系统	2	省	市	
某市业务系统	3	市	县	乡镇
某大型企业集团业务系统	3	一级单位	二级单位	三级单位

以表 10-3 中最后一行为例，对于某个大型企业集团，如果要建设服务于集团内所有用户的业务系统，可以按照"一级单位—二级单位—三级单位"的层次进行切分，每一个单位建立中心，在各上下级单位之间、各平级单位之间设计交换系统。龙芯在这样大规模的业务系统中已经有上万台电脑的使用案例。

> **提示：关于 Docker 的更多话题**
>
> Docker 是一个复杂的工具，目前市面上已经有很多书籍专门介绍 Docker 的使用。本书在撰写过程中汇总了很多有价值的文档材料，限于篇幅无法全部收入本书，读者可以根据需要参考社区文档：
>
> 1.《龙芯电脑制作龙芯应用公社镜像》http://ask.loongnix.org/?/article/86
>
> 将 PHP 应用程序"龙芯应用公社"制作成镜像并且提交 Docker 社区。
>
> 2.《龙芯电脑解决 Docker 官方代码的退出 Bug》http://ask.loongnix.org/?/article/80
>
> 解决了 Loongnix 运行 docker 1.12.2 无法正常退出容器的问题。

3.《龙芯电脑搭建容器管理工具 DockerUI》http://ask.loongnix.org/?/article/84

DockerUI 是 Portainer 的前身，是一个比较简单的 Web 管理工具，相比 Portainer 功能更为简单，不支持集群。在龙芯电脑上移植 DockerUI，发现官方代码有一个 Bug，按钮"start"不能正常启动容器，最后发现是原作者编写 JavaScript 代码的一个人为错误，修改后正常。

思考与问题

1. 虚拟机和容器技术对比有哪些优点和缺点？

2. Docker 常用命令有哪些？

3. 怎样制作 Loongnix 最小镜像？

4. 怎样创建和运行容器？

5. 镜像为什么要设计成层次结构？

6. Dockerfile 有哪些指令？

7. 怎样制作 Apache/PHP/MySQL 服务器镜像？

8. 搭建 Swarm 集群的常用命令有哪些？

9. Swarm 集群支持哪些故障容错机制？

10. Go 语言有哪些优点？

11. 怎样移植 Portainer 图形化管理工具？

12. 什么是层次化、分布式的架构？有哪些典型实例？